U0191970

工程招标投标实战博弈丛书

高质量工程招标指南

吴振全 著

中国建筑工业出版社

图书在版编目（CIP）数据

高质量工程招标指南 / 吴振全著 . — 北京 : 中国建筑工业出版社 , 2021.5
（工程招标投标实战博弈丛书）
ISBN 978-7-112-26096-6

Ⅰ . ①高… Ⅱ . ①吴… Ⅲ . ①建筑工程－招标－指南
Ⅳ . ① TU723-62

中国版本图书馆 CIP 数据核字（2021）第 074960 号

本书以工程建设领域全面深化改革为背景，从行政监管、建设管理和咨询服务三视角对高质量实现工程招标组织与管理过程做了详尽的阐述。面向实践，注重基础性研究和前瞻性思考，深刻地揭示了工程招标活动的固有本质与内在特征，系统地梳理了当前发展中存在的主要问题，总结提炼出大量的咨询理论方法。摒弃招标活动一贯的形式化、表面化做法，突出其在实现建设项目管理策划、推进建设过程中所发挥的核心作用，系统地诠释了工程招标活动丰富的价值内涵，科学回答了建设项目管理与工程招标关系问题。

策划编辑：徐仲莉
责任编辑：王砾瑶
责任校对：焦　乐

工程招标投标实战博弈丛书
高质量工程招标指南
吴振全　著
*
中国建筑工业出版社出版、发行（北京海淀三里河路 9 号）
各地新华书店、建筑书店经销
北京蓝色目标企划有限公司制版
河北鹏润印刷有限公司印刷
*
开本：787 毫米×960 毫米　1/16　印张：22¼　字数：396 千字
2021 年 6 月第一版　　2021 年 6 月第一次印刷
定价：**85.00** 元
ISBN 978-7-112-26096-6
（37601）

作者简介

吴振全，男，1980年出生，北京市人，毕业于北京大学工学院，管理学硕士，多年从事工程招标代理及建设项目管理咨询工作。曾主持多个超大型政府投资建设项目商务管理，具有丰富的实战经验。多年来，紧密结合自身实践，持续总结提炼咨询理论方法，始终坚持深度研究与思考。在建设项目的工程招标、合约管理、造价咨询、全过程咨询、项目管理等领域观点颇丰。撰写学术论文近二百篇，典型主张包括：三维管理论、管理协同论、精细管理论、合约管控论等。

前　言

Preface

在全面深化改革背景下，工程建设领域同样需要正确处理好政府与市场的关系。行政主管部门以招标投标（以下简称招投标）交易监管为切入点，采取必要的措施着力激发市场主体活力，促进交易潜能释放。在高质量发展的背景下，建设单位抓住招投标市场的有利时机，通过缔约方式对各参建单位做出一系列管理部署，着力构建面向合同约束力的高标准项目治理体系。招标代理等中介咨询服务机构更是积极实施业务创新，努力打造核心竞争力。实现高质量的工程招标就是要确保行政监管落实改革要求，确保招标管理统一于建设项目管理全过程，确保招标代理服务始终围绕建设单位的管理要求展开，彻底实现一个有价值的缔约交易过程。

本书共分9章52节，对实现高质量工程招标始末做了全面而系统的阐述。第1章，是引领全书的宏观思想框架，从揭示工程建设领域主要矛盾入手，立足高质量发展能力建设基本逻辑，概括了高质量工程招标实现的总体思路。第2章，揭示了招标活动的固有本质和内在特征，总结了工程招标在建设项目中发挥的重要作用，阐述了工程招标与项目建设的关系问题。第3章，为科学把握招标管理原则，详细地介绍了工程建设项目管理协同及三维管理理念，这是实施高质量工程招标的根本遵循。第4章，对标工程建设领域深化改革要求，深入探析监管改革的必要性，为明确监管方向、解决监管问题提出了对策建议。第5章，进一步对照时代发展需要，详细地介绍了招标代理服务转型的思路，为面向未来的企业创新与发展指明了方向。第6章，作为工程招标管理的顶层设计，详细地介绍了项目招标管理策划的总体思路和具体方法，并分别从建设单位和施工总承包单位两个层面展开。第7章，聚焦工程招标组织活动，将组织工作前后延展至前期准备与后期评价阶段，详细地阐述了中介咨询机构委托管理、招标沟通管理、文档管理等核心管理任务。第8章，立足建设项目管理协同并依托三维管理理念，详细地介绍了各类工程招标文件的编审方法，指出项目管理策划如何通过工程招标实现的关键环节。第9章，立足于增强对复杂管理局面的驾驭能力，逐个剖析工程招标组织与管理典型问题。从第2章开始，各章所引用案例均源自笔者所经历的项目实践。案例观点鲜明、形象生动、发人深省，通过背景描述、问题提出、要点剖析而最终给出结论或对策。

本书内容全面、观点丰富、时代性强，既具有广泛的实践性，又不乏深刻的理论阐释。书中所述观点朴素，源于实践、指导实践。依托深度思考，逐渐逼近问题的本质。通过客观分析，揭示出工程招标管理的内在规律。在宏观方面，内容涉及工程建设领域改革要求与国家战略，充满了对工程建设领域和咨询服务行业发展的展望。在微观方面，总结提出了一系列具有指导价值的理论方法，从多元视角阐述了高质量工程招标的各方面。系统地回答了新时代应该开展什么样的工程招标，以及如何开展工程招标的问题。本书旨在为行政主管部门主持改革及实施科学监管提供参考；为建设单位高效组织与管理工程招标提供借鉴；也为广大咨询服务机构实施高水平服务、实现企业创新发展提供指引。

本书能够出版，要衷心感谢笔者所在单位即北京市工程咨询有限公司领导和同事的支持与帮助，他们中的很多人都曾和笔者在项目上并肩作战，也曾与笔者就业务观点进行过深度地交流，这些思想的碰撞，对于本书观点的形成大有裨益。

受笔者能力及本书撰写条件的限制，书中部分观点仍有待验证，部分内容可能存在疏漏与错误，望读者批评指正。对于书中的问题，读者可以发邮箱：457292123@qq.com或添加微信参与讨论。

2021年5月

目　录
Contents

第1章 高质量工程招标

导读

在我国经济社会高质量发展的今天，工程招标作为工程建设领域市场交易的重要方式，需要高质量地开展。实现高质量的工程招标，首先要树立对工程建设高质量发展的正确认识，深刻领会工程建设高质量发展能力建设的基本逻辑。对于工程招标，无论是参与主体，还是过程事项、面临问题均是高质量发展进程的重要组成部分。总体来看，高质量的工程招标是顺应全面深化改革要求，深入贯彻新发展理念，以供给侧结构性改革为主线，以建设现代化经济体系为目标的招标过程，是有价值，有品质、有影响力、规范化、科学化的招标过程。

1.1 工程建设高质量发展

当前，我国经济发展已由高速增长阶段转为高质量发展阶段。**工程建设领域主要矛盾转变为日益增长的高标准建设要求与行政主管部门对项目监管的科学性不足、建设单位管理能力存在局限以及各参建单位服务能力较低之间的矛盾。**只有立足工程咨询高质量发展，才能有效地破解这一主要矛盾。以建设领域供给侧结构性改革为主线，着力实现咨询服务质量、效率、动力变革。**工程咨询高质量发展在宏观层面是指各类咨询市场主体服务能力处于发展结构均衡状态，达到对项目建设的有力支撑；在中观层面是指各类咨询市场主体所提供的服务能够围绕建设单位管理予以紧密协同，构建了系统的咨询服务体系；在微观层面则是指各类咨询市场主体服务效能处于较高水平，形成多样化的服务特色。**

1.1.1 工程建设高质量发展三大能力

行政主管部门全过程监管能力、建设单位全过程管理能力以及参建服务单位全过程咨询能力构成工程建设领域高质量发展的三大能力。

1.全过程监管能力

当前，作为监管主体的行政主管部门主持“放管服”改革，工程建设项目审批制度改革持续深入，审批过程更加科学，审批效率逐步提升。全过程监管能力要立足科学的发展战略规划，依托更加合理的监管方式，推行以建设单位为中心的管理模式，确保行政监管与项目实施有效衔接。在项目前期，应重点搭建协同监管机制。在实施阶段，应着力构建协调推进机制。抓住项目实施关键环节有针对性地开展过程管控，通过介入项目的方式实现事中、事后深度监管。要着力构建监管保障体系，努力通过信用管理及评价等手段促进监管能力不断地提升。

2.全过程管理能力

建设单位作为实施主体，其能力水平是确保项目科学实施的基础。提升全过程管理能力需重点做好项目管理规划，通过面向项目各参建主体、项目事项及建设要素三维度实现全方位管理过程。在参建单位管理方面，通过管理制度安排，促进各参建单位形成围绕建设单位管理的协同局面。在针对实施事项管理方面，要力争面向重点事项，合理安排好实施时序，科学把握好实施时机。在要素管理方面，则应从关键路径入手，平衡好各管理要素之间的相互关系。

3.全过程建设服务能力

参建单位服务能力体现在方式创新、特色形成、质量提升、内容拓展、手段变革及新技术应用等方面。要深入贯彻新发展理念，推动全过程建设模式创新，着力破除制度性障碍，摒弃建设服务碎片化弊端，牢牢抓住建设服务内在联系，确保咨询过程更加系统，为建设创新营造发展空间。在咨询服务能力建设中，企业经营管理十分重要，积极实施与改革背景相契合的发展战略，力争建设现代化的建设领域企业治理体系。

1.1.2 工程建设高质量发展能力要求

工程咨询高质量发展三大能力之间具有深刻的内在联系。弄清联系、理顺关系将有利于高质量发展能力的建设过程。

1.发挥行政监管引导作用

在市场化改革中，行政主管部门全面实施行业监管，应创新监管体制机制，不断增强监管能力。**监管能力决定着社会需求满足与实现程度，更影响着改革力度与成效。宏观能力是工程建设高质量发展的根本能力，在三大能力中处于统领地位，为建设单位开展项目管理及参建服务企业拓展业务指明了方向，引导着项目管理及建设服务能力发展并形成有力调节。**监管能力提升必然带动工程咨询领域发展，工程建设高质量发展应充分发挥行政主管部门监管主导作用。

2.发挥项目管理协同作用

项目管理能力是建设单位的根本能力，直接决定了项目组织实施的成败。鉴于建设单位在知识结构、管理认知及实践经验等方面的局限，聘请专业化的项目管理咨询机构是提升管理能力最直接的手段。专业化管理咨询机构通过运用先进理念及科学有效的管理方法确保项目顺利推进。各参建单位围绕建设单位及其委托的管理咨询机构的协同过程有效地确保了决策能力全面提升，例如，以投资管理为核心，以合约管理为手段，通过精细化管控过程使得咨询服务有效集成，服务效能实现最大化。相比监管能力，建设单位的管理能力则属于中观能力，其提升集中体现在监管的引导与约束方面。由此可见，工程建设高质量发展也要充分发挥建设单位管理的协同带动作用。

3.发挥咨询服务支撑作用

在监管能力引导下，参建服务主体与建设单位密切协同，服务能力得以充分展现，服务价值得以彰显。参建服务主体对行政监管及建设单位管理形成全面支撑。在性质上，咨询服务能力是全过程监管及项目管理的支撑能力。项目实施中，服务主体既要直接满足建设单位各类管理的需要，又要落实行政主管部门对项目建设的各项要求。在工程建设高质量发展能力建设中，相比前两者，参建服务能力则相对更为直接且是处于底层的微观能力。充分发挥服务能力就是满足项目综合性、跨阶段、一体化的咨询需要，有效地保障行政监管成效及项目管理目标实现。因此，工程建设高质量发展更要充分发挥建设服务的支撑作用。

1.1.3 工程建设高质量发展能力建设

1.坚持创新驱动

创新作为发展第一动力，工程建设高质量发展能力建设要始终秉持创新驱动思想。在监管能力建设方面，要不断创新监管方式方法，推行科学发展理念，优化发展战略与规划。不断创新监管机制，依托社会咨询机构有力支撑促进监管资源得以持续丰富。要面向项目前期阶段大力推行协同审批，面向实施阶段搭建协调推进机制。要加强对重点事项、关键路径的管控，通过介入项目的方式实现事中事后深度监管。要加快监管保障体系建设，充分依托信息与新技术手段构建监管平台及大数据系统，实现监管效能提升。在项目管理能力建设方面，要进一步强化管理策划，改进管理模式，打造面向合约管理的协同体系。在建设服务能力建设方面，要不断拓展单项服务内容，尽快形成成熟的全过程服务模式。依托信息与新技术变革实现服务快速转型。参建单位要不断地开发咨询服务新产品，努力使得服务提质增效。要结合自身优势形成发展特色，深入探索治理之道。

2.深化监管改革

深化工程建设领域各项改革，尤其是将工程建设项目审批制度改革引向深入，确保工程建设领域改革制度常态化。大力优化工程建设领域交易资源，加速交易平台整合与咨询共享，营造公平、高效的交易环境。通过信用体系建设构建新型监管机制，加快监管向以服务市场主体为中心转变，改善监管导向、避免监管本位、消除过度监管倾向、扭转监管便利化趋势。要更加科学地行使裁量权，释放交易自由空间，促进市场主体权利回归。要进一步优化工程建设法律体系，增加必要实体条款，提升促进高效交易及资源配置能力。将监管深入到面向建设主体、事项及要素的三维度管理领域。

3.鼓励全过程咨询

要推行全过程工程咨询模式，探索单项咨询内在联系，拓展单项咨询伴随服务，为实现咨询服务围绕项目管理的协同过程提供条件。探索通过“投资咨询＋技术评估”方式实现投资决策综合性咨询，探索通过“项目管理＋监理”方式实现项目监管合一，以及通过“设计＋造价咨询”方式实现设计总包与限额设计管理。要着力构建基于“项目管理＋N”模式的全过程咨询服务体系。进一步推行由行政主管部门全程监管、使用单位全程参与、代建单位全程主导的新型代建制模式。大力推行全过程项目管理模式，鼓励多样化管理模式创新应用。

4.完善保障体系

突出咨询服务对行政监管及建设单位管理的支撑作用，完善工程建设保障体系，为实现高质量发展创造良好条件。保障体系内容十分丰富，应形成持续优化与改进机制，体系建设将全面提升行政监管科学化水平，确保项目管理高效推进。要充分发挥工程建设领域市场主体的能动性，确保服务资源有效利用，并构造自我约束的监管与服务生态环境。监管保障系统的打造将使得项目监管与实施形成优良环境，依托信息及新技术手段，也必将使得保障体系应用更加高效。

5.完善理论方法

创新源于实践，实践驱动创新。咨询理论方法是通过面向实践不断总结提炼形成的，并通过对实践的指导与验证丰富和发展。行政主管部门应以供给侧结构性改革为主线，加强监管课题研究，形成行之有效的监管理论方法。建设单位及管理咨询机构应结合项目实践，从破除工程建设领域主要矛盾出发，总结提出适用的管理理论方法。咨询企业更应尽快完善理论方法创新激励机制及管理制度，并形成丰富的企业治理之道，着力构建知识系统，加快推进高端智库转型进程。工程建设高质量发展能力应立足实践驱动创新，通过方法改进确保各项能力长足发展。

全面实施行政监管、项目管理及咨询服务能力建设是确保工程建设高质量发展的必要前提。只有立足高质量发展才能确保建设领域主要矛盾最终化解，才能使得“放管服”改革顺利推进，供给侧结构性改革更加彻底。坚持以实践驱动创新，坚持以创新驱动发展。相信随着高质量发展能力的不断提升，工程建设领域在我国现代化经济体系中的地位将更加突出。

1.2　高质量工程招标思路

自2000年《中华人民共和国招标投标法》（以下简称《招标投标法》）正式实施以来，招标投标（以下简称招投标）制度在我国经济社会发展中发挥了关键作用。多年来，工程招投标领域虽取得长足发展，但也暴露出不少问题。新时代围绕全面深化改革与高质量发展，需要更加前瞻性、系统性地考虑这些问题。《招标投标法》修订拉开了招投标制度优化的序幕，伴随着市场化改革的不断深入，高质量发展要求越来越高，招投标制度优化也必将持续开展。行政主管部门将着力提升监管能力，建设单位将不断增强科学决策与管理水平，招标代理机构更要立足创新驱动，不断提升专业化服务能力，以加速实现转型发展。

1.2.1　总体考虑

工程招投标是我国工程建设领域市场交易的重要方式，涉及范围广泛，参与主体众多，制度完善需考虑诸多因素。**高质量工程招标是以提升缔约质量、增强交易效能为根本，需要深入贯彻新发展理念，不断创新制度安排，力求实现市场配置最大化和交易效率最优化。**

一是深入分析工程招标定位，明确其在项目建设中所发挥的重要作用，深度剖析其本质特征与潜能，确立其在营造项目全过程管理中的主动局面，明确其在管理策划落地方面的决定性地位。

二是重点从行政主管部门主持的改革入手，面对招投标监管核心问题探索有效路径，厘清招投标法律体系优化主线，明确新时代交易主体信用特征，加强全过程咨询、工程总承包等新型标的交易监管，加快信息与新技术深度应用。

三是引导招标代理机构转型发展，鼓励其通过咨询方法、组织模式和业务手段创新实现转型升级，引导其全方位拓展服务范围，促进与其他单项咨询有效融合。

四是强化建设项目招标总体策划，从全过程管理视角，采取必要措施确保建设单位权利回归，充分实现其项目管理核心利益，争取招标活动组织主动地位，营造招标活动管理积极局面。

五是科学组织、精细安排招标活动，推行精细化工程招标组织与管理理念。全面分析影响工程招标品质的因素，扎实做好招标相关准备工作，切实提高招标代理服务和管理评价水平。

六是尊重项目客观规律，有针对性地开展招标过程文件尤其是招标文件的编审。明确编审基本原则，统一编审具体思路，强调项目招标文件及合同条件的系统性和关联性，为构建以建设单位管理为中心、各参建单位协同奠定基础。

七是解决好项目招投标组织中若干重点、难点问题，特别是高风险及关系后期履约管理全局的问题，要在促进招标活动管理效果方面提出卓有成效的解决方案。

八是形成以建设单位为主导的履约评价体系。**通过体系构建形成从招标管理策划、招标过程组织、过程问题处理、工程招标评价及履约评价管理的完整管理闭环，从而彻底提升建设项目商务管理水平。**

1.2.2 具体思路

基于上述考虑，从工程建设领域高质量发展要求出发，结合多年项目实践提出以下具体思路：

一是突出工程招标在项目建设中重要作用。招标活动具有强制性、缔约性、程序性、时效性、竞争性的本质特征，一方面在面向招投标监管中，成为处理政府与市场关系、实施市场监管的重要抓手。另一方面也是调节建设项目各参建单位关系，构建以建设单位为中心管理协同局面的重要手段。此外，成功的招标过程也充分展现了项目管理咨询和招标代理机构服务的专业化水平。

二是落实工程建设高质量发展要求。系统梳理工程建设领域深化改革要求，从招投标活动监管入手，坚持问题导向，着力构建新型监管模式。完善项目招投标协调机制，通过以《招标投标法》为首的工程建设法律体系优化，不断加强监管保障体系建设。要确立新时代市场主体信用特征，加强信息及新技术在交易与监管领域应用，增强全过程咨询及工程总承包等新型标的监管力度。

三是引导招标代理机构创新转型发展。招标代理机构是促进招投标活动品质提升，实现高水平开展的核心力量。要始终确保其与项目管理保持密切协同，持续提供精细化服务。抓住全过程咨询发展契机，引导代理服务由“程序履行”向“合同咨询”转变，由“单次交易”向“项目管理”转变，由“法定义务”向“确保优选”转变，由“线下操作”向“电子方式”转变。

四是强化工程招标的总体策划。强调工程招标与管理策划有效衔接，全面落实管理规划部署。明确各参建主体基本立场和工程招标主体责任，促进建设单位管理权利回归及合理诉求实现。确立项目各类标的招标范围，有针对性地编制项目招标方案，前瞻性地识别过程风险，提出卓有成效的对策措施。此外，要科学编制合约规划，特别是对项目暂估价内容做出合理安排。

五是科学精细安排工程招标活动。将完善项目招标管理制度放在首位，消除影响招标活动不利因素，扎实开展各项招标准备工作，特别是要确保招标活动具备成熟的前置条件。要重视招标代理机构委托，将精细化管理与伴随服务要求纳入代理委托合同条件。要注重对招标过程文件的系统整理，尤其是加强对管理类过程文件整理，通过面向招标代理机构开展履约评价和项目招标管理评价，提升工程招标的品质与成效。

六是尊重规律、针对性编审招标文件。招标文件编审要始终确保与项目管理策划保持紧密衔接，全面落实项目管理各项要求。提倡将项目技术、经济、商务管理要求、招标制度体系、管理伴随服务等纳入合同条件，有针对性地探究各类招标文件编审方法，统一编审思路，明确编审方向。通过招标文件编审过程维护交易主体利益，激发交易活力，从而促进缔约品质提升。

七是处置好工程招标各类难点问题。高质量的工程招标需要针对招标中的棘手问题形成有效的对策。要结合长期招标实践不断总结和完善咨询方法，针对典型问题优化并形成系统解决方案。这些典型的重点、难点问题一般包括：多标段定标、评标代表拟派、招标环节造价控制、投标限价设置、暂估价招标推进及中标单位履约管理等。

在工程建设高质量发展背景下，无论是对于行政主管部门实施的招投标监管，还是对于建设单位实施的工程招标管理，或是对于招标代理机构提供的咨询服务，均提出了更高要求。在宏观方面，工程招标肩负着建设高标准市场体系的重任，在微观方面则发挥着构建各参建单位协同体系的作用。因此，实现高质量工程招标至少需要从上述方面持续发力。

第2章 工程招标本质特征与重要作用

导读

作为法定缔约过程，招标活动具有强制性、缔约性、程序性、时效性、竞争性五大固有本质特征。投标过程作为对招标的响应，在招标活动固有本质的影响下，投标行为呈现出竞争性、积极性、响应性、对抗性、趋同性等特征。从深层次看，招标人组织的招标活动对投标人实施的投标行为具有很强的牵制力和引导性。招标活动五大本质特征决定了其在实现建设项目管理策划、落实项目管理要求等方面发挥着重要作用。建设项目管理全过程对招标活动产生了很强的依赖。可以说，项目的招标环节是建设项目实现管理部署、落实管理策划的关键窗口期，是奠定项目管理局面的重要切入点。因此，做好工程招标各项准备、做好招标管理对建设项目推进具有十分重要的意义。

2.1 招标活动本质特征

在招标活动中，招标代理机构受招标人委托，代理其履行法定程序。项目管理咨询机构同样接受建设单位委托，从项目管理角度对招标代理服务实施专业化管理。在实践中，无论是招标人、招标代理机构，还是项目管理咨询机构，在处置招标问题上常常机械地照搬法律条款，对法条理解趋于表面化，导致在关键问题上未能坚守原则和底线，处置问题不够灵活。因此，工程人员只有加深对招标活动本质的深刻认识，才可能进一步探究其潜能，掌握以不变应万变的处置方法，从而确保招标活动在建设项目中发挥更大的作用。

2.1.1 招标活动本质特征

招标活动的固有本质是指能够概括和揭示招标活动所具有的最根本、最直接的属性。招标活动类型不同、项目属性各异，但均具有统一的本质特征，无论招标活动所表现出的现象如何，均可理解为是其固有本质特征的体现。可以说，对本质的理解是处置招标问题的关键。**大量实践表明，招标活动至少有五个本质特征，即强制性、缔约性、程序性、时效性及竞争性。**招标活动内在特性是指通过上述固有本质所呈现出来的招标活动所独有的特性，是针对本质的进一步显现，也可理解为是对招标行为的抽象总结。了解和掌握内在特性有利于更好地组织招标活动，也有利于科学实施招标管理。通过对上述五方面本质特征的分析，可以得到有关招标活动组织和管理的重要启示。

2.1.2 投标行为基本特性

1.竞争性

投标人期望胜出，就必须采取必要手段施展投标优势，极尽所能地展现自身特点，这种投标竞争性为投标行为提供了外在动力，激发了投标能动性和潜能。

可以说，投标行为是排他性竞争行为。

2.积极性

竞争性直接决定了投标积极性，而积极性又是投标人实现竞争目标的前提，投标人为了争取经济利益，就必须积极响应招标要求。积极性决定了投标人的态度与行为取向，而行为取向又源自对招标行为的反应。相比竞争性而言，该特性为投标过程提供了内在驱动力，同样激发出投标行为潜能。可以说，投标行为是主观意识行为。

3.响应性

投标行为在施展竞争性及积极性时均以特定目标为前提，招投标过程作为法定程序，法律强制要求投标过程须对招标要求做出响应。响应招标要求是投标行为目标，具体而言，投标文件编制应以招标文件为基准，对其做出严格回应，以确保响应的完整性、系统性和针对性。响应特性为投标行为的实施指明了方向。可以说，投标行为是客观性目标行为。

4.对抗性

作为缔约主体的买卖双方均格外关注各自利益。交易中必然出现利益矛盾与对立的情形，此称为投标行为的利益对抗性。对抗性决定了投标人为维护其自身经济利益而采取必要措施的可能，从而施展利己的投标策略。可以说，投标行为是利己保护行为。

5.趋同性

招标人通过招标文件提出要求，招标活动围绕标的实现展开。在工程建设领域，作为招标人的建设单位更是明确了建设实施的详细要求与目标。标的实现离不开招投标双方的共同努力，双方具有广泛而共同的价值利益。从深层次来看，良好的履约过程带给缔约双方积极影响，这种趋同性表明投标行为是共赢利益行为。

2.1.3 招标活动本质特征分析

1.强制性

以《招标投标法》为首的法律体系分别对招标范围、程序等招标活动涉及的必要内容做出详细的规定。招标行为由于受法律约束，故其具有法定强制性本质，表现在活动参与主体、程序执行顺序、时效、内容及招标方式等的强制性。招标活动可被理解为是一种法定缔约活动，招标人与投标人等参与主体各自履行法定权利、义务并承担相应的法律责任。

强制性本质是招标活动公正性原则产生的根源。它规定了招标活动各法定程序及环节，即公告发布（投标邀请）、资格预审、招标文件发出、投标答疑、投标、开标、评标、定标、中标等。每一程序环节的执行均彰显法律威严，具有无可辩驳的强制力。强制性本质表明，法定招标行为在一定程度上不随主体意志而转移，具有很强的客观实在性。工程招标涉及的风险数量多、范围广，每一程序及环节均有着对应成果或结论，招标活动的过程导向性也体现出其还具有可记录性、参照性、结论性及策略性等特性，这决定了招标过程文件所具有的需审核、确认和决策特性。一般而言，招标过程环节合法有效，则结果合法有效。

工程人员必须熟悉招投标相关法律、法规，认真学习法理与内涵，深入理解条款内容，要从立法理念和原则上体会条款订立的初衷。不仅要领悟基本含义，还要弄清订立的原因。在任何条件下，招标问题处置均应回到合法合规框架下，要排除主观因素、尊重事实、实事求是。法律是维护公正性的手段，只有合法、合规组织招标活动才能充分体现立法原则。依法、合规组织招标活动也向投标人传递了招标过程的严肃性与权威性，有利于交易秩序的维护。此外，工程人员要注重招标过程文件编审，及时形成过程记录，为行政主管部门实施监督和建设单位开展履约管理提供条件。

2.缔约性

招标活动作为法定缔约过程，本质上是缔约双方围绕合同订立所开展的一系列签约准备活动，这便是缔约性本质。《招标投标法》作为特别法，详细规定了法定缔约的程序。法律规定的招标活动围绕要约人、受要约人及标的等关键方面展开。明确了招标人针对缔约方式选择、缔约标的说明、要约邀请发出、缔约要求提出及缔约响应确认等环节，也明确了投标人接受要约邀请、响应缔约要求的过程。此外，缔约优选机制也确保了中标成果应为最优品质。

缔约性本质是诚实信用原则实现的保证，是公告发布、招标文件发放、投标答疑、投标文件递交、中标通知发出等各环节之间形成逻辑关系的基础。该本质特征明确了招标活动各参与方责任为过失性质，并通过担保机制确保缔约双方利益得以保护。它还决定了投标行为的自愿性以及招投标行为对称与平等性。缔约性本质将招标活动定位为合同签订的准备，体现出招标活动在合同履约与管理方面的前瞻性。它还决定了各类过程及成果文件在针对项目商务、经济、技术等管理要素上的广泛性。此外，它还决定了活动参与各方在权利、义务和责任界定方面所表现出的责权性等。

弄清缔约性本质有利于深入理解法定程序及环节间的逻辑，找准重点，避免孤立静止地看待和处置招标问题，更加客观而科学地评估各环节间的相互影响，差别化地审视活动中各程序性工作，有侧重地分配工作重心，抓住时机，争取缔约活动的主动性。领会责任过失性、行为自愿性、条款对称性及地位平等性的内涵，将有利于在招标活动组织中把握各参与方关系尺度，尊重和维护交易主体利益。领会前瞻性就是要站在全过程管理视角，将管理理念、策略及要求落实到缔约过程中，进而在未来履约全过程及项目管理中赢得主动，并创造积极良好的管理局面。鉴于招标成果文件组成要素的复杂性及涉及管理领域的广泛性，招标文件编审应由建设项目各专业技术人员共同参与。

3.程序性

招标程序是指法律所规定的、招标活动所需遵从的具有法定关系的一系列逻辑行为的集合。招标程序有始有终，各环节相互关联，环环相扣，前置环节是前提和基础，后续环节是结论与发展，这便是程序性本质。程序环节逻辑性和顺序性是导致程序性本质的根源，程序间不仅存在因果、递进、假设等关系，还呈现出充分、必要的逻辑关系。

程序性本质是招标活动公开原则形成的根源，决定了招标活动一旦在前置环节完成，则后续环节的结果不再对前置环节造成影响。由此可见，程序性本质决定了招标过程的严谨性和封闭性，还决定了招标行为的连续性和不可逆转性，招标程序环节不应随意增加或省略，更不应倒置或跳跃。程序性本质尤其决定了招标活动“一次性”，即一个合法有效的招标活动其程序环节仅应执行一次，该特性成为招标活动与其他合同缔约方式的重要区别之一。程序性本质说明招标活动组织具有较强的原则性，“按原则办事，坚持底线”已成为科学组织招标活动的广泛共识。

招标活动具有的公开性、保密性及对立特性均是招标人所应恪守的原则。公开性与保密性需彼此参照理解，加深对封闭性的认识有利于工程人员抓住法定程序所赋予的有利时机。招标行为的连续性将使得招标人有必要在招标前就要精心谋划、周密准备，并对风险做出评估，程序一旦执行即按照法定时限完成，切忌肆意中止、倒置、遗漏、增加或重复程序内容。鉴于“一次性”特性，实践中所称的“二次公告”应被理解为“公告延期”，所称的“二次评审”应被理解为“评审修正”。

4.时效性

招标相关法律对程序及环节执行时限做出了规定，招标活动中各程序、环节及投标行为均应在法律规定的既定时限内完成，招投标行为与既定时限所关联的特性称为时效性。时限的把握是决定招标活动成败的又一重要因素。

时效性本质反映出招标程序受时间约束，即招标活动逻辑行为普遍存在开始与截止时间，凡未按开始时间要求启动的程序行为应被禁止，凡未按照规定时间截止的行为应被判定为无效；时效性表现出时限的一次性，即每一程序环节均与唯一时限对应。法定时限还决定了招标行为实施与程序的可操作性。由于固定了各程序环节时限，招标活动呈现出周期性规律，从而使得其具备了计划性特点。此外，该本质特征还反映出各程序及环节的时间弹性，由于各程序或环节时限长短不一，时限分布与比例反映出执行效率的高低，凸显了程序的轻重缓急。实践表明，诸如开、评标被赋予的行为时限短暂，这需要招标活动组织人员提高组织效率，在有关问题处置及反应上需要更加敏捷。建议在招投标领域的法律体系完善上，进一步考虑对部分程序及环节时限的优化，避免由于时限不合理而导致程序执行得不彻底。此外，时效性还决定了招标程序及环节的不可延迟性。实践表明，任何程序及环节的时间延迟均可能导致招标活动风险概率的提升。

对于时效性的把握是招标活动组织和管理的重点，应努力评估时间因素对招标活动开展及项目管理的影响。严格遵守法定时限，重点关注起始与终止时点。有针对性地编审进度计划，估算活动效率与时限弹性，特别要重视短暂程序环节，在任何情况下不得拖延程序执行，尽量避免无故推迟或延误情形的发生。此外，时效性本质特征也使得在多标段条件下招标活动时间计划的并行编排成为可能。

5.竞争性

在招标活动中，投标人全面收集信息，争取一切有利资源，尽其所能地施展投标策略，谨慎实施投标行为，争取有利局面，全力响应招标要求。招标人则有针对性地提出要求，择优确定入围单位，通过评审比较最终优选中标单位。可以说，招标活动是一种典型的由招标人组织的竞争性市场交易活动，这便是招标活动竞争性本质。如果说强制性是维系招标程序执行的外在力量，那么竞争性就是确保招标规则实现的内在动力。导致标的物对投标人的吸引力及中标资格获取的排他性是竞争性本质的根源。

竞争性是招标活动公平性原则确立的原因。竞争性使得投标人在主观上对中标产生渴望，进而导致其在投标行为上施展主观能动性，具体表现为：自愿参加投标报名、主动领取提交文件、积极参与现场踏勘、努力获取投标信息、详细提出投标疑问、积极响应招标要求、全力响应评标澄清、努力施展投标技巧、扭转不利投标局面等。竞争性本质特征还将导致投标人彼此排斥，增加了扰乱秩序、恶意投诉、围标、串标等行为发生的概率，给维护招标秩序、确保过程公平性与稳定性带来挑战。从招标人角度来看，竞争性本质决定了招标活动的保密性，也决定了评审的择优性，择优性尤其是在评标、定标、中标环节是应重点把握的重要特性。

招标人对于每一程序环节的履行均应尽可能排除主观干扰因素，尊重客观实际，有理有据地组织招标，确保公平原则的实现。工程人员应善于观察投标人所表现出的竞争性欲望，尊重投标人发挥其主观能动性，慎重对待投标人竞争性反应，努力获取和了解投标人所关切的，密切关注投标人为了竞争而做出的不利举动，遏制非法竞争，并采取必要措施消除不利影响。通过换位思考，从关心投标人出发，为投标人争取自身利益营造公平环境。总体来看，尊重投标人主观意愿，有利于缓和和化解缔约双方矛盾。此外，竞争性本质为招标人在缔约过程中占据主动地位赢得筹码，是向投标人提出要求并寻求响应的利器。工程人员应合理利用评审择优特性，在落实建设项目管理策略以及响应管理要求等方面抓住有利时机并占据主动地位。

招标活动是适用于针对各类标的物的缔约过程，其固有本质特征决定了其尤其适用于大型复杂标的缔约过程。需要指出的是，**招标活动五大本质特征并非彼此孤立，而是在本质间彼此存在着密切的联系。在招标活动组织过程中，工程人员应始终抓住固有本质特征，并由此形成科学处置过程问题的潜意识，从而为工程招标科学开展创造良好局面。**

2.2 工程招标潜能与作用

建设项目实施过程十分复杂，尤其对于大型项目，只有依靠有效的管理手段才能确保建设目标顺利实现。工程招标是项目基本建设程序中承上启下的重要环

节，是项目建设由计划走向现实的关键一步。作为法定缔约活动，其过程包含丰富的本质特征，决定其拥有实现项目管理的强大潜能。建设单位通过招标管理促使项目管理策划落地实现，利益诉求得以充分满足。**招标活动的本质特征决定了其在项目建设中所发挥的巨大作用，为建设单位营造主动的管理局面奠定了坚实的基础。**

2.2.1 项目管理对工程招标的依赖

建设项目管理是指建设单位或其授权的项目管理咨询机构组织各参建单位按照既定目标完成全部建设任务的过程。由于各类建设事项依托于各参建单位主观能动完成，因此，构建以建设单位为中心、各参建单位有效协同的管理体系是组织项目实施的核心，也是推动项目建设实施的重要出发点和方向。**通过工程招标，建设单位与各参建单位之间构建了合约约束体系，其内涵就是通过对合同主体权利、义务及责任约定，形成建设单位对各参建单位协同制约的管理关系。工程招标是实现管理策划的根本手段，是建设单位营造有利管理环境的必要过程。**因此，成功的项目管理过程对工程招标存在着高度的依赖。

2.2.2 工程招标的管理潜能

工程招标的管理潜能是指招标活动助力项目管理目标实现的潜在能力，是由招标活动本质特征所决定的。每个本质特征所决定的管理潜能详见表 2.2.1。工程招标的管理潜能为实现建设项目科学策划、优化管理过程指明了方向，有力地印证了其在推动建设进程中所发挥的重要作用，彰显出其举足轻重的地位。招标管理是挖掘招标活动管理潜能的过程，作为全过程项目管理的重要组成部分，正是通过对工程招标的科学管理，迫使其潜能充分释放，以期对项目建设产生积极影响。

工程招标主要管理潜能一览表 **表2.2.1**

潜能	管理潜能内容
强制性潜能	利用法律赋予的招标人权利，通过确定投标资格条件、定制招标文件、拟派评标代表、确定中标单位等环节为项目管理过程服务，形成项目管理依据以及明确法律责任与义务，规避或转移相关管理风险等
缔约性潜能	将招标人利益诉求在缔约过程中体现，将管理策划纳入合同条件，部署全过程管理各项要求，设置有利于管理的缔约内容，将各类风险对策纳入缔约文件，争取管理主动局面，构建各参建单位围绕建设单位管理协同的合约约束体系

续表

潜能	管理潜能内容
程序性潜能	充分利用程序方式化解缔约分歧或矛盾，规避法律风险，解决重大问题，通过程序推动并促进管理利益实现，特别是应重点抓住促进招标人利益实现的关键程序
时效性潜能	招标活动时间具有一定的弹性，尤其是各项程序步骤前置时间，要确保合理安排落实管理策划、部署全过程管理要求的时间，重点是将招标活动周期和项目管理各项工作时序统筹安排，增强时间管理的科学性
竞争性潜能	充分利用投标竞争性争取更多的管理利益，获取超值投标回报与承诺。抓住投标人竞争心理，利用好这一有利时机，转移和规避重大风险，谋求管理诉求实现，提出相关管理条件，以建设管理为中心部署各项参建单位管理伴随服务

2.2.3 工程招标的重要作用

发挥工程招标在建设项目中的关键作用是促其回归《招标投标法》立法初衷的重要宗旨。管理潜能的无限性决定了其发挥作用的无限性，也正是由于其在构建各参建单位围绕建设单位的管理协同中的重要潜能，使其必然成为实现项目管理策划、落实全过程管理要求最重要的手段。工程招标在建设项目管理中所发挥的作用体现在以下方面：

一是确定中标单位。实践表明，参建单位的主观能动性决定着建设项目实施的成败，优秀中标单位具有优质的企业运营管理体系，拥有实现项目建设管理要求的实力，是决定管理协同体系有效运行的根本因素。工程招标首要作用就是优选确定中标单位。为做好中标优选，工程人员应结合项目管理策划及全过程管理要求，合理确定投标资格条件及评审方法，将有效满足建设单位利益诉求等作为优选中标单位的重要考量方向。

二是形成管理关系。招标文件中，合同条件揭示了招标人与中标单位的管理关系。作为招标人的建设单位具有项目全过程管理的权利、义务和责任，是典型的管理人角色并在项目层中拥有最高管理权限，而中标单位则具有对应的被管理人权利、义务和责任。最典型的，勘察、设计、监理及施工总承包单位之间的管理关系是：建设单位对设计及监理单位实施直接管理，而监理单位则直接对施工总承包单位进行监理，建设单位对施工总承包单位的管理通过监理单位间接完成，上述管理关系也体现在项目各项建设管理制度中。通过招标过程将各项管理制度纳入合同条件，强化了招标人与中标单位的管理关系，各参建单位围绕建设单位管理协同体系由此形成，作为工程招标的重要成果，为项目管理开展提供依据。

三是落实管理要求。合同条件是由招标人在招标文件中编制形成的，必然充分体现出招标人利益及管理诉求，发挥招标活动潜能就是通过缔约方式实现其项目管理目的。招标人管理策划及全过程管理要求均应充分纳入合同主体有关责任、权利及义务约定中，该方式将使项目管理要求得到有效部署。在投标过程中，投标人响应招标文件中招标人的管理要求，有针对性地提出应对方案或措施。可以说，投标过程就是管理要求落实的过程，这一作用是招标活动服务于项目全过程管理的体现。工程人员应结合项目特点，从全过程、全要素各管理维度领域梳理管理要求，并确保在招标过程中得以落实。

四是形成合同条件。通过招标缔约，合同双方订立合同。合同是双方各自责任、权利和义务约定在主体间管理约束关系的描述，使得双方具备了具有法律效力的履约依据。可以说，有关项目重要履约内容均应以书面形式纳入合同条件。合同条件的形成是构建管理协同体系的基础，是项目管理合同约束体系的重要组成部分。

五是履行法定义务。招标人必须依法履行招标程序。作为我国现行基本建设程序的必要环节，其同样是行政主管部门对项目实施监管的切入点。从广义上看，勘察、设计招标是落实项目规划条件和投资估算的过程，施工招标则可视为初设概算的执行过程。招标活动承接基本建设程序前置环节，更为下一阶段工作提供条件和依据。工程人员应充分认清建设程序与招标活动的关系，并确保在前置条件成熟后再开展后续招标活动。

六是形成合同价格。通过投标竞争，中标单位报价最终成为合同签订的依据，合同价格是招标活动又一重要成果。尤其是房建项目施工总承包招标，招标人通过编制工程量清单及招标控制价等经济文件有效落实造价管控策略，通过竞争性报价使得项目投资得到一定程度的管控，合同价格更是双方结算的依据。工程人员应高度重视招标阶段经济文件编制，充分结合项目特点，将全过程管理要求纳入编审过程，确保形成科学可控的中标价格。

七是获取超值回报。引导投标人充分发挥优势，突出自身特质，中标单位围绕项目管理需要展现其价值，形成有利于落实全过程管理要求的投标超值回报。谋求超值回报应充分估量投标人实际能力，突破传统标的范围与投标束缚，从项目管理策划出发，使投标人为标的实现提供特色化的精细服务。通过谋求投标承诺方式使投标人对招标人重点关切做出承诺，谋求超值回报旨在借助招标活动提升项目管理效果，确保其在项目建设中发挥积极作用。

招标活动本质特征是鲜明的，所具备的管理潜能更是无限的。工程人员应正确认识工程招标在建设项目管理中所发挥的作用，认清其作为实现项目管理策划、落实全过程管理要求的根本手段。以此为基础，科学开展招标管理，将项目全过程管理与招标活动有机结合，合理促进工程招标在项目建设中发挥更大的作用。

2.3 案例分析

案例一 设计管理有效实现

案例背景

某大型房屋建筑工程项目，建设单位委托招标代理机构组织开展设计招标活动。建设单位希望通过设计招标来提升设计管理的质量与成效，尤其是要有效控制项目总投资，并力争对设计单位形成有效的合同约束力，要求设计单位对其管理予以全面配合。建设单位询问招标代理机构如何才能实现上述目标，招标代理机构向其提议参照项目成熟的设计招标文件示范文本，以吸收优秀项目设计管理的成功经验。

案例问题

问题 1：建设单位将针对设计单位的后期管理寄希望于招标环节实现是否合理？

问题 2：招标代理机构对建设单位的建议是否科学？

问题 3：如何通过招标环节实现设计管理质量提升，并形成有效的管控约束力？

问题解析

问题 1：建设单位重视设计管理，并寄希望于通过招标环节实现管理部署，这一思想认识是值得鼓励的。正是由于设计环节对项目全过程管理的基础性作用，重视设计工作是组织实施好项目建设的重要前提。

问题2：招标代理机构给建设单位的建议具有一定的合理性。可以说，通过借鉴类似项目优秀示范文本的良好做法，不失为一种高效而快捷的方式，但实践中更需要结合项目特点，从若干重要方面形成对设计管理的策划，有必要针对设计单位提出较为系统的管理要求，并将此纳入设计合同条件，唯有此才能解决有关设计管理的根本问题。

问题3：一般而言，需要从以下方面加强对设计招标文件的约定：①多维度界定设计范围，包括从空间、投资、阶段以及深度多个维度对设计单位服务范围和内容进行详细定义。②实施设计总承包模式，设计服务范围应涵盖设计自行实施的内容、自行分包内容以及强制分包内容。③提出设计配合服务清单，要求设计单位围绕建设单位，针对项目管理及组织全过程提供配合服务，并全面落实管理要求。④细化完善设计费用支付方案，将费用支付与建设单位管理阶段及设计服务成效全面关联，运用经济手段对设计单位行为及服务予以管控。⑤针对设计服务实施履约评价，将评价结果与费用支付关联，促进履约效果实现。⑥详细谋划设计单位违约追偿方案，对设计单位违约形成有效制约。⑦要求设计单位全面实施限额设计，建设单位提出详细的限额设计要求，对因设计单位原因导致项目超投资情形追究其经济责任。⑧针对责任追偿和项目损失，部署设计履约担保及责任保险机制。⑨要求设计单位采用信息及新技术手段（如BIM技术）组织开展设计服务，优化设计成果，确保设计目标实现。⑩要求就分包费用单独报价，以利于设计费用准确计量与支付。⑪要求设计单位就上述内容提交承诺，保证按照建设单位要求落实执行。⑫对设计团队人员最低资格提出要求，对人员能力提出标准等。

案例二　深入认识工程招标

案例背景

某房建项目施工招标，建设单位为提升工程招标质量，希望优选到最优良的施工企业，于是聘请了优秀的招标代理机构组织招标，并在施工招标完成后委托项目管理咨询机构开展项目管理。招标代理机构具有丰富的经验，尤其是在组织招标活动、代理履行招标程序方面业务娴熟，其快速完成招标文件编制，并向招标人推荐套用其所习惯使用的文件范本，基于该范本所编写的文件已多次经行政主管部门备案。本项目招标活动进展顺利，并如期产生施工中标单位，但在后期施工过程中，项目管理咨询机构发现施工单位很难管理，其履约效果并不理想。最终通过对施工总承包合同梳理发现，合同约定存在着诸多漏洞，暴露出大量的实施风险。

案例问题

问题1：建设单位对招标活动的认识是否正确？

问题2：建设单位委托项目管理咨询机构的时机是否合理？

问题3：如何面向施工总承包单位建立有效的合同管理约束力？

问题解析

问题1：案例中建设单位对招标活动的认识是不正确的，至少其没能从招标活动本质特征出发领会缔约真谛，更没有充分认识到工程招标在项目实施过程中所发挥的建设性作用。建设单位没有把握好缔约时机，盲目套用类似项目文本，也未能有针对性地对招标文件加以详细定制。需要指出的是，仅仅要求招标代理机构组织好招标活动、实现招标程序顺利执行显然是不够的。招标代理机构并非项目管理咨询机构，而招标活动是要通过将项目管理要求和理念融入缔约过程，尤其是将有关思想纳入招标文件，以确保建设单位管理利益的实现，从而对施工总承包单位形成有效的合同约束力，并通过这一约束实现对其有效的管控。

问题2：建设单位委托项目管理咨询机构的时机不合理，应将委托时间尽量提前。在管理授权条件下，项目管理咨询机构能够代表建设单位对招标代理机构及其组织开展的工程招标实施科学管理，尤其需要进一步会同招标代理机构并结合项目管理总体策划和具体要求对过程文件实施精细化定制，将管理思想充分融入招标文件，确保评标方法、合同条件、投标须知以及技术标准与要求等各招标文件组成内容完整一致。

问题3：应将全过程、全要素管理要求全部且系统地纳入施工总承包合同条件，完善合同中有关施工总承包单位责任、权利和义务的约定，加强对违约责任的追偿。要充分运用履约担保和工程保险机制，重视履约评价，有必要将履约评价结果与合同价款支付关联，充分利用经济手段管控施工过程。

案例三　持续提升招标能力

案例背景

针对某大型房屋建筑工程项目，建设单位成立了专门负责基建管理的团队，并由分管领导A负责基建工作的统筹协调与指挥。A安排商务负责人B负责招标管理工作。B刚从学校毕业，严重缺乏业务经验，于是B向A请教如何做好招标管理的技巧，询问A招标管理应分哪些阶段展开？于是A向B解释并指出：招标管理需全面依靠专业化招标代理机构，并建议B集中精力做好招标活动过程文档和签章管理，配合招标代理机构执行好招标程序。对此，B感到压力全无，并按照A的要求开展招标管理，但在后期项目实施中，B却发现其根本无法对工程招标活动的进展实施有效掌控，在科学管理上显得力不从心，对管理失控状态也感到无能为力。

案例问题

问题1：建设单位领导A的认识存在什么问题？招标管理应分哪几个阶段进行？

问题2：做好招标管理的要点及原则是什么？

问题解析

问题1：建设单位分管领导A在态度上缺乏对项目招标管理的足够重视，在认识上对如何科学实施招标管理似乎并不深刻。招标活动在项目实施中起到承上启下的作用，是建设项目实施进程中的重要转折点，是项目管理顶层设计和整体策划落实的重要时机。建设单位必须高度重视该环节。一般而言，招标管理分为三个主要阶段，即招标准备阶段、组织阶段及履约阶段。

问题2：招标管理内容主要包括：实施招标合约管理策划、开展必要前置准备、编审缔约过程文件、组织开展相关谈判、协调缔约过程事项、实施招标活动机构管理评价、组织开展履约管理评价等。招标管理的原则是要站在建设单位全过程管理视角，维护建设管理利益诉求，立足实现项目实施整体目标，通过实施科学的招标管理促进项目全过程管理顺利开展和建设目标的顺利实现。

第3章 建设项目管理策划

导读

将建设项目科学管理起来并达到既定目标，需要以周密的策划为前提，而这一前提建立在对项目管理内涵准确认识的基础上。本章结合我国建设项目管理特点，从项目管理内容与范围出发，提出项目管理策划所应贯彻的核心思想，即“管理协同”。**所谓“管理协同”是指各参建单位以建设单位为中心，对其所实施的管理工作全面协作的过程，其核心是对建设单位的管理支撑，其方式是在其管理下的相互配合，其优势是摒弃了各参建单位利益本位。在协同条件下，各单位优势互补并形成合力。可以说，“管理协同”是建设项目各参建单位合作共赢的重要方式，充分体现出全过程工程咨询业务融合理念。**在此基础上，本章进一步介绍项目管理“三维度”理念，并详细介绍该理念的项目策划具体思路，所谓“三维度”是指建设项目管理中参建主体、实施事项过程和管理要素的三维度。

招标过程作为项目缔约的重要方式，只有将“管理协同”思想和“三维度”理念贯穿其中，才能使得项目真正构建起具有合同约束力管控体系，才能营造以建设单位为中心、各参建单位与之协同的管理积极局面，才能确保三维度管理策划真正落地实现。“管理协同”思想和“三维度”理念成为实现高质量工程招标的基本出发点，充分诠释了其核心要义。

3.1 建设项目管理协同思想

专业化的项目管理咨询机构协助建设单位开展项目管理，将确保建设全过程更加规范和高效。但由于项目管理咨询机构在我国工程建设现行法律中缺乏明确地位，加之其服务市场发展并不十分成熟，长期以来，业内对管理咨询机构缺乏足够认识。实践中，在项目管理咨询人员与项目各参建单位协作关系定位上并不清晰，有些问题尚不明确，如监理单位与咨询服务人员职责分工与实际管理关系如何？管理咨询人员能否直接对施工单位进行管理？建设单位对管理咨询机构授权程度的高低等。上述问题得不到解决可能导致各参建单位协作效率降低、诱发管理矛盾、阻碍项目实施进程。**理顺各参建单位管理关系是明确各方职责的基础，也是确保项目平稳实施的保障，是高质量工程招标所要实现的根本目标，各参建单位管理关系的核心是“管理协同”，这一思想将对各类咨询业务深度融合的全过程咨询发展产生积极影响，更是实现高质量工程招标的重要遵循**。

3.1.1 参建单位之间的管理关系

1.管理咨询机构与监理单位关系

从工作内容及服务范围上看，管理咨询机构所实施的项目管理主要围绕主体、过程、要素管理三个维度展开。当前，业内尚无对建设项目管理内容和范围做出强制性规定的相关规范性文件。现行国家标准《建设工程监理规范》GB/T 50319 明确了监理单位重要服务范围包括“三控、三管、一协调”，其中“三控”是指进度、质量、造价控制，“三管”是指安全、合同、信息管理，“一协调”则是指参建单位关系的协调。相比监理单位而言，项目管理咨询机构服务内容更为繁杂，范围更加广泛。管理过程是以项目建设全过程为基础，管理主体则包括各参建单位，管理环节涉及整个建设周期。经过多年发展，监理单位侧重面向项目施工实施管理，管理对象仅限于施工单位。管理咨询机构则受托于建设单位，其服务代表建设单位管理利益。从项目管理层次上看，管理咨询机构高于监理单位。鉴于二者服务分工各有侧重，有必要构建项目管理与监理单位协同管理的模式，又称监管协同模式。在该模式下，一方面，项目管理咨询机构依托于监理单位对施工实施管理，将监理服务作为项目管理工作的基础，根据项目管理需要，监理单位向项目管理咨询机构提供相关管理伴随服务。另一方面，监理单位组织施工单位落实有关三维度管理要求。项目管理咨询机构与监理单位共同组建管理工作群组，成为各参建单位实施协作的重要方式。

2.管理咨询机构与设计单位关系

项目管理咨询机构所实施的三维度管理离不开设计单位的密切配合，设计管理是实现项目管理策划及建设目标的重要手段。因此，应将设计服务直接纳入管理咨询服务范畴，以便于其向项目管理咨询机构直接提供各类管理伴随服务。设计单位以总承包服务模式开展工作，允许将部分无法自行承担的设计内容另行分包给其他主体。项目管理咨询机构对其实施限额设计管理。虽然设计单位与建设单位具有合同关系，但专业而系统的管理需要通过管理咨询机构实现。有关设计单位按照管理要求开展工作并服从其管理的义务应纳入设计合同条件，并在项目管理委托合同及设计合同中关联约定，进而增强项目管理咨询机构与设计单位之间的管理协同约束力。此外，为实现精细化管理，应颁布一系列强化设计履约的项目管理制度。需要指出的是，设计单位虽位于项目管理咨询机构的管理项下，其仍可与其他各参建单位保持必要的沟通，而正式的管理指令则需由项目管理咨询机构代表建设单位发出。

3.管理咨询机构与施工总承包单位关系

项目管理咨询机构对建设项目的现场协调管理，是通过监理单位对施工总承包单位的管理实现的。由于监理单位负有依据监理合同及施工总承包合同对施工过程履行监理的义务，为避免管理重叠，不建议项目管理咨询机构对施工总承包单位实施常态化的直接管理，但例外情况包括：①通过对施工总承包单位保持监管，掌握项目进程，直接获取施工质量、进度等信息，进而周期性对监理服务做出检验。②面对超出监理、设计单位服务范围所无法开展的现场施工管理内容，项目管理咨询机构可对施工总承包单位直接实施管控，此时由施工总承包单位提供管理协同支持。③当监理单位失去对施工总承包单位管控能力，或管理效果无法达到既定要求时，项目管理咨询机构可实施对施工总承包单位的直接管理以扭转局面。总体来看，项目管理咨询机构对施工总承包管理应作为监理服务的补正，弥补监理管理乏力的影响。此时，有必要分析监理单位缺位与履约不善的原因，视情况追究其监理责任。有关项目管理咨询机构、监理单位及施工总承包单位管理关系详见图 3.1.1。

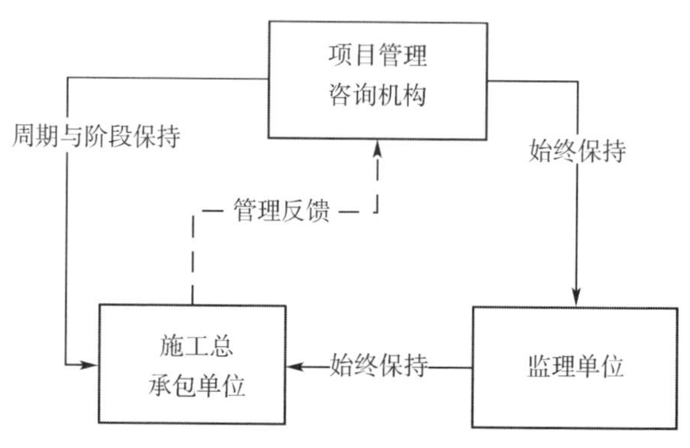

图3.1.1　管理人与施工总包方的关系

3.1.2　管理协同与伴随服务

1.管理策划与协同

建设项目管理的策划内容主要包括：制定项目实施与管理目标，确定项目管理模式，建立项目管理制度体系，理顺各参建分工并针对重点、难点问题提出对策等。项目管理策划是推动项目实施的顶层设计，其基于管理协同思想形成。首先，管理协同是策划的主要目标，协同局面的形成以各参建单位明确的分工为前提。其次，管理协同是策划实现的重要保障，各单位通过协同顺利实现策划目标。此外，策划为管理协同提供支持，引导各参建单位站在全过程视角，从管理利益实现出发，并通过一系列管理制度实施确保协同局面稳定。

2.管理协同的定位

定位各参建单位服务方向是协同局面形成的重要步骤，有利于充分发挥业务优势，消除对管理造成风险，并产生良好效果，有关主要参建单位管理协同服务优劣及定位详见表 3.1.1。

主要参建单位业务优劣及管理协同定位一览表　　表3.1.1

序号	参建单位	主要业务内容	优劣势分析		管理协同定位
			主要优势	主要劣势	
单位1	建设单位	负责建设项目的总体组织与实施	承担项目组织与管理的主体责任，拥有对应的权利、义务与责任，熟悉项目属性与特点及功能	缺乏科学建设管理经验与能力	充分运用其自身能力排除项目干扰因素，搭建项目外部协调推进机制。向单位2提出详细的工作要求，协助并支持其实施科学化管理，向单位6提供完整、稳定、详细的功能需求等
单位2	管理机构	受建设单位委托实施科学化建设组织与项目管理过程，向单位1提供各类管理咨询服务	具有完整、系统的管理业务体系，具有丰富的项目管理经验和能力，在建设单位支持下，实现项目科学管理	业务范围难以明确，管理服务深度界定较为模糊，管理服务定制化程度高、针对性强，管理单位的服务水平与能力差异大。在缺乏建设单位支持条件下，对各参建单位管理存在局限	发挥自身优势，与单位1保持密切沟通，满足单位1合理合法管理诉求与工作要求，凭借自身专业能力提供科学管理咨询意见，排除不利因素，实施项目总体策划，组织推动项目实施进程
单位3	造价管理单位	实施建设项目的投资管理与造价控制工作	具有造价核算经验，具备较丰富的投资管理及造价管控业务能力和手段	难以站在全过程视角兼顾其他管理过程与要素维度，造价本位和导向严重，管理视角较偏激	发挥核算能力优势，为单位2提供基础服务，统筹兼顾其他管理过程与要素，提供面向实现投资管理与造价控制目标实现的问题处置方案，可与单位2业务合并
单位4	招标代理机构	受招标人委托组织招标采购活动	具有丰富的活动组织过程经验与能力，侧重招标与采购程序代理服务	缺乏从合同主体履约及全过程管理视角提供相关服务的能力	发挥基于活动过程与程序组织的经验，确保招标采购过程顺利开展，进一步站在全过程管理视角，关切建设单位管理利益与诉求实现，强化与单位2配合，并提供缔约过程文件定制服务
单位5	造价咨询单位	受委托编制经济文件并提供相关造价咨询服务	侧重经济文件成果形成，强调文件编制前置条件与依据。具有丰富的经济文件编制经验以及提供丰富的造价咨询等	缺乏从项目全过程管理的宏观视角处置问题的能力，缺乏针对管理方的配合与支持	充分利用其造价咨询优势，充分发挥其准确掌握市场信息的能力，促使其咨询成果更加准确。扩展服务范围，加强对单位2的协作与服务，为全过程管理提供必要的基础分析与服务

续表

序号	参建单位	主要业务内容	优劣势分析		管理协同定位
			主要优势	主要劣势	
单位6	设计单位	编制设计成果，提供设计咨询服务及驻场服务等	侧重以设计成果编制为中心开展工作，强调设计理念创意与成果的合理性	设计深度不足，服务范围模糊，成果提交与建设管理过程脱节，未站在全过程视角提供服务。设计理念本位主义色彩，可能缺乏从对全过程管理利益的考虑	进一步增强服务深度、范围，对设计内容实施总承包模式。密切把握业务1需求，为单位2业务提供全过程配合服务，与单位3、5有效协同实施限额设计，并建议与单位5业务合并，施工环节与单位7保持密切沟通等，并对单位8的深化设计成果予以管理
单位7	监理单位	对建设施工过程实施“三控、三管、一协调”监理服务	工作范围明确，但仅侧重针对施工过程实施监理，施工管理侧重质量与安全方面。相对项目而言，其管理服务深度浅、范围窄	在关于造价、进度以及风险等方面管理效果不强，仅立足施工阶段缺乏对站在全过程视角提供管理服务	强化对施工进度控制、造价核算及认价组织，拓展工作范围，为单位2业务提供基础工作与配合服务，强化与单位6沟通协调，以施工为中心，实施各要素管控工作，全面实施诸如暂估价缔约、施工方案论证、竣工验收管理及各要素业务的协同管理模式
单位8	施工总承包单位	完成自行施工内容，围绕承包范围提供施工管理与服务等	具有丰富的施工经验，以施工可行为目标，具有施工实施过程的各类资源	逐利明显，综合管理水平低，缺乏与项目管理对接或提供相关服务，往往具有明显利益对抗性	将各类工作全部纳入总承包范围，服从单位2、7的部署，提供管理过程配合服务，强化深化设计管理，并提出设计良好建议等。加强与单位6沟通，委托单位4，在服从单位2、7管理的前提下，高效地组织开展暂估价招标等

3.参建单位协同分工

按照下列步骤实施有利于管理协同局面的形成。首先，为实现各参建单位协作，应从全过程管理需要出发梳理协同事项。其次，在同一事项基础上将各单位分工细化，明确管理协作关系与职责。最后，还要将各单位相同业务人员组成工作群组，从而为各单位协作提供必要的环境。简而言之，就是将全过程管理逐层分解成具体任务，并将具体任务安排给各单位人员实施。有必要针对各类协同任务颁布项目管理制度，使人员在制度约束下开展工作。总体而言，项目管理咨询机构按照管理策划实施协同总体部署，监理单位落实执行并按总体要求推动协同进程，有关建设项目管理协同过程说明详见表3.1.2。

建设项目各参建单位协同过程说明 表3.1.2

阶段	主要协同内容	角色类型与分工			主要协同过程说明
		主导	经办	协助	
全过程阶段	建设项目手续协调（含咨询服务管理）	2、1、8	1、2	6、7、8	单位2负责具体办理各项手续，审查相关咨询服务成果，单位1负责履行签章手续，对于特殊情况由单位1实施协调，单位2、6予以配合，与施工实施过程相关手续由单位8主导完成，单位1、2、7、6予以配合
	设计管理	2、1	1、2、3	7、8、5	单位2实施设计管理，提出详细的技术、商务等设计任务要求，并督促设计单位落实执行，单位1将功能需求与设计单位对接，对设计成果进行最终确认，单位3以限额设计为切入点对设计环节实施造价管控，单位7、8在施工阶段与设计单位密切沟通，施工中落实设计成果要求并提出意见或建议
	招标采购与合约管理	2、1	1、4、5	6	由单位1确认各类过程文件，采纳并组织实施单位2提出相关建议。单位4、5按照单位1、2要求具体组织招标活动或处置相关事项，单位6在诸如招标文件编制、投标答疑等环节提出意见或提供相关协助
	投资管理	2	1、3、6	2、5	由单位2提出投资管理计划并组织落实执行，单位3按单位2要求提出具体计划与方案。单位6全面参与经济工作，确保设计成果与经济成果的一致性，实施限额设计并落实单位2、3提出的投资管理要求，单位1负责需求提出，确认投资结果，参与投资事项决策等
	档案管理	2	1、2	7、8	由单位2对项目档案实施管理，协调单位7、8将建设项目各自档案按要求整理完善，单位1在档案保存、整理、签章等环节对单位2予以配合
	市政公用接驳管理	1	1、2	6、7、8	由单位1主导对外协调市政公用接驳事宜，由单位2协助其办理相关手续，审核确认相关成果，开展必要分析，辅助实施相关决策，为单位6在设计容量需求、分包管理、市政公用设计成果确认等方面予以协助，单位7、8组织开展分包招标与施工组织工作
	项目进度、质量与安全管理	2	1、2	6、7、8	由单位2进行主导，根据其管理总策划，按计划推进管理工作，单位1对相关成果予以确认，单位6根据进度计划、质量及安全需要提交符合施工及管理要求的设计成果，单位7、8负责按计划与要求予以落实执行

续表

<table>
<tr><th rowspan="2">阶段</th><th rowspan="2">主要协同内容</th><th colspan="3">角色类型与分工</th><th rowspan="2">主要协同过程说明</th></tr>
<tr><th>主导</th><th>经办</th><th>协助</th></tr>
<tr><td rowspan="7">施工实施阶段</td><td>暂估价工程招标采购管理</td><td>8、2</td><td>1、7、4、5</td><td>6、3</td><td>由单位8作为招标人主导整个暂估价招标采购过程，单位2从全过程管理视角，站在建设单位利益角度实施监管，单位1、4在单位7组织下按要求具体办理各类事项，单位3负责核算相关经济文件，提出造价管理意见。单位6提供设计成果，落实限额设计要求并提供招标阶段各类配合服务等</td></tr>
<tr><td>施工阶段设计管理</td><td>2</td><td>1、6</td><td>7、8、5</td><td>由单位2围绕设计管理的策划要求对设计单位进行管理，单位1负责对设计成果进行确认，单位6按要求予以落实，单位7负责开展设计变更、方案论证、成果确认等各类协调，由单位2、7组织、单位8参加设计交底，提出相关意见或建议，单位5、6协助核算相应经济成果，协助组织开展设计成果审查及限额设计管理等</td></tr>
<tr><td>造价管控[含支付、认价、结（决）算等]</td><td>3、7</td><td>1、2、8</td><td>5、6</td><td>由单位3按造价管理方案进行管控，单位7提供基础核算服务并协调相关事项。单位1负责确认，单位2从全过程管理视角进行审核与确认，单位8负责申报，单位5、6提供核算等相关协助性工作</td></tr>
<tr><td>施工安全管理</td><td rowspan="4">7、2</td><td rowspan="4">1、8</td><td rowspan="4">6</td><td rowspan="4">由单位7主导施工阶段各项管控，单位2按管理策划要求对该内容实施管理，对单位7工作或成果进行检查并提出相关要求，单位1对相关成果进行确认并提出意见或要求，单位8围绕上述内容负责自行施工范围及暂估价分包的管理，单位6在成果提交、优化论证、判断分析、决策形成等方面予以协助</td></tr>
<tr><td>施工进度管理</td></tr>
<tr><td>施工质量管理</td></tr>
<tr><td>竣工验收管理</td></tr>
</table>

注：角色类型编号：建设单位为1；项目管理咨询机构为2；造价管理单位为3；招标代理机构为4；造价咨询单位为5；设计单位为6；监理单位为7；施工总承包单位为8。

4.管理协同伴随服务要点

保持建设单位及其委托的项目管理咨询机构有效协同，就是以项目实施与管理目标为中心，各参建单位全面响应两单位所提出的管理要求，为项目管理提供各类伴随服务。所谓伴随服务就是各参建单位以其各自基本业务为基础，进一步结合项目管理咨询机构要求，为其管理过程提供必要协助的过程。特别指出，勘察、设计、监理及施工总承包单位是项目管理中提供伴随服务最重要的主体。相关伴随服务应从项目管理的过程、要素和实施主体三个维度梳理形成。

（1）**监理协同伴随服务**

针对表3.1.2中施工阶段协同，监理单位应在工作群组中发挥主导作用。项目管理咨询机构应依托监理提供的服务进行决策，并在其协同下，从维护项目整体管理大局及促进建设目标实现出发开展管理。监理单位应落实各项管理要求，执行管理策划并及时反馈监理情况，识别风险并提出有效的应对措施。监理单位积极开展设计协调，发挥施工与设计协同纽带作用，有必要进一步明确监理服务范围及深度要求，梳理具体伴随服务事项清单。

（2）**设计协同伴随服务**

设计在项目管理中发挥着极其重要的作用。针对表3.1.2协同内容，同样应梳理建设与管理各阶段设计管理伴随服务清单。为实现设计与管理的无缝对接，应提出全过程伴随服务详细方案，伴随服务应符合项目科学管理的需要。设计单位应拟派专人与各单位对接，对各单位提出的问题及时反馈、解决，打破以往仅围绕设计成果提供设计服务的惯例，进一步围绕管理需要前后延展设计服务范围，协助管理单位开展决策分析，强化以管理目标为导向的设计成果服务等。

（3）**造价协同伴随服务**

限额设计是各单位协同的重要方向，项目管理咨询机构应建立项目投资管理与造价控制目标体系，提出管控计划要求，对限额设计做出总体安排。造价咨询及监理单位组织审核施工总承包上报的各类经济文件，引导其提出优化建议。项目管理咨询机构还应全面协调各单位开展经济论证，将工程变更洽商所致的技术与经济管理密切融合，注重发挥设计主导成果的优化能力，科学评价限额设计管理成效等。

（4）**招标代理协同伴随服务**

只有将全过程管理要求纳入合同条件，才能切实提升各单位履约质量。作为缔约过程的招标活动对实现项目管理目标意义重大，有必要从项目管理视角对代理机构提出精细化要求，以使其能够更好地为管理提供支撑。因此，应将基于全过程管理视角的精细化要求纳入代理委托合同。招标代理机构实施管理协同服务的入手点包括开展招标活动总体策划、延展其服务范围、强化与各单位沟通、有针对性地从管理利益出发编制各类招标过程文件等。

管理协同是当前建设项目科学管理的重要方向，对于改进传统管理方法具有十分重要的意义。该思想体现出全过程咨询融合理念，为实现项目管理统筹及形成系统服务奠定了基础。各参建单位在项目管理中的职能定位更加清晰，关系更加紧密。相信随着全过程咨询服务体系日趋成熟，建设项目管理必将更加科学高效。秉持协同思想的高质量工程招标，其管理过程将更加科学，招标优选和交易品质将大幅提升。

3.2 建设项目三维管理理念

建设项目管理系统性强、复杂度高。实践表明，项目管理范围其实并非仅限于几个管理领域。尽管不同管理领域作用各异，但某些具有相同、相似性质的管理领域呈现出相似的特点。鉴于不同领域群间的非对称性及较强的内在联系，可将相同、相似领域群视为“维度”。这里所称“维度”是一种对相似特性管理领域的归集方式，是用于描述项目管理领域关系的概念。建设项目管理领域“维度”理念使得项目管理呈现出极其丰富的内涵，结合建设项目属性特征，确立项目管理维度将有利于深入探寻内在规律，提升项目管理成效，三维度管理理念同样是实现高质量工程招标的重要遵循。

3.2.1 三维度管理知识领域

一般而言，将建设项目管理知识领域划分为三个维度领域群，详见图 3.2.1。第一即“过程”维度，是从建设项目管理事物实施过程视角对一系列管理知识领域的归集；第二即“要素”维度，是从建设项目管理目标与实施效果视角对一系列管理知识领域的归集；第三即“主体”维度，是从建设项目各相关参建单位管理视角对一系列管理知识领域的归集。从实践来看，三维度共计数十个管理知识领域，涵盖建设项目管理的所有内容，具有十分丰富的内涵。三维度管理知识领域系统而完整地描述了建设项目管理的内容与范围，详见表 3.2.1。

建设项目三维度管理知识领域主要内容一览表　　表3.2.1

维度类型	维度编码	知识领域	概要说明
过程维度	A	项目管理策划	对项目整个管理与实施进行顶层设计的过程，包括管理模式、管理制度、职责分工、协调推进机制设计等
		建设手续管理	对项目各阶段建设手续组织办理的过程，包括计划制定、过程协调等
		投资管理	对建设资金实施一系列综合管理的过程，包括资金使用计划制定、对比分析、综合平衡、优化论证、经济成果审核等
		招标采购管理	组织对项目招标、采购并实施管理的过程，包括工作方案编制、代理机构委托、过程文件审核、事项协调、招标采购评价等
		合约管理	对缔约与履约过程实施管理的过程，包括合约规划、合同文件审查、合同谈判、合同履约评价等
		勘察设计管理	对设计工作所包含的招标、成果提交以及施工阶段的管理，包括设计模式确定、范围规划、成果审查与协调、优化论证、设计变更管理等
		施工管理	对项目实体建设实施全面管理的过程，包括质量、进度、风险管控及各类事项协调等
		收尾管理	对项目收尾阶段实施管理的过程，包括竣工验收、试运行、运营前保障等
主体维度	B	建设单位	围绕项目目标为项目管理咨询机构所实施的科学化管理提供协助或与之协同的过程
		项目管理咨询机构	作为项目管理咨询机构，围绕建设单位利益与诉求提供管理服务的过程
		咨询单位	对各参建单位实施管理的过程，包括履约评价、沟通协调管理、工作资源调配、必要资格条件管理等
		勘察设计单位	
		监理单位	
		施工总承包	
		行政主管部门	对行政主管部门或行业主管部门的监督管理实施应对的过程，包括明确监管目标与方向、梳理弄清监管诉求、接受现场检查、落实监管要求、配合监管过程、组织整改、开展沟通协调等
		主管部门	
		其他	对其他主体关系实施管理的过程
要素维度	C	质量管理	对各要素实施管控的过程，包括制定管控目标、编制管控工作计划、实施管控保障措施、实施成果检验或审查、进行综合影响分析、组织必要的论证与优化过程等
		进度管理	
		造价管理	
		安全管理	
		变更管理	
		档案管理	对项目档案实施管理包括整理、存档、借阅、文函收发以及相关手续办理等
		其他	对其他工作实施管理的过程

3.2.2 三维度管理知识领域间关系

总体而言，三维度关系是通过编号 B 维度构建，而管理内在联系则通过编号 A、C 维度相互作用形成。单独从 A 维度看，C 维度所有领域管理过程均需沿着维度 A 每一领域实施完成，而 A 维度每一领域管理过程正是针对 C 维度各领域的管控，将此称为“全要素过程管理”。从 C 维度看，A 维度每一领域各阶段正是沿着 C 维度每一领域管理过程实现，将此称为“全过程要素管理”。将所有维度领域全部管理问题及方法进行梳理，可以全面、系统地获取项目管理相应成果。

从 B 维度看，各领域主体角色大致分为四类，第一类即管理的主导者，包括建设单位及其委托的项目管理咨询机构。第二类即管理与实施的参与者，包括各类咨询单位如勘察、设计单位等。第三类为实施的主导者，即施工及监理单位。第四类是以政府管理者为代表的行政主管部门。鉴于管理主体均具有各主观能动性，因此，主体维度成为三维度中项目管理推进的动力源泉。**在 B 维度中，各参建主体在第一类主体组织下及项目建设实施目标指引下相互协同，完成整个项目管理过程。由于 A、C 维度的管理在 B 维度驱动下完成，因此，B 维度是核心维度，其通过深度参与 A、C 维度管理领域各项具体管理事项，实现“全要素过程管理”以及“全过程要素管理”，详见图 3.2.1。**

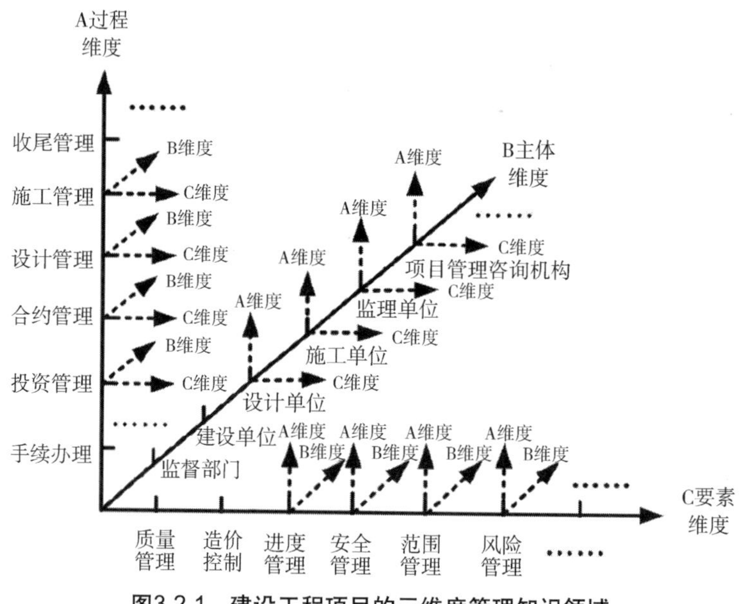

图3.2.1 建设工程项目的三维度管理知识领域

3.2.3 各维度管理领域内部联系

1. A维度内部关系

将维度内各领域间及领域内部管理关系统称为管理维度关系。A 维度中，基本建设程序执行及建设项目实施进程推进是形成这一维度关系的基础。总体而言，A 维度内部事项保持前置条件关系，即领域及内部事物推进与发展往往以其他领域发展状态为前提。只有将某些领域事项在一定程度上完成，后续领域管理任务才能启动。做好 A 维度各领域管理就是要处理好其他领域中影响该事项的前置任务，管理重点需前移至相关前置领域管理事项中。处理好 A 维度内部关系重点是分析各领域间关联影响的管理过程与因素，抓住制约整体进程的关键领域及核心管理过程，进而形成管理的关键路径。

2. C维度内部关系

相比 A 维度，C 维度内部关系较为复杂。多年来，学术界对于其内部规律的研究比较活跃，但迄今尚未形成系统的研究成果。通过两两比较 C 维度各领域内容，其相互间存在“积极影响”和“消极响应”两种相关关系。以“变更管理”领域为例，工程变更可能给“进度”“质量”等管理带来积极影响，但也可能带来消极影响。一种管理领域可能同时给其他各领域带来截然相反的影响，且在不同条件下影响程度存在差异。为掌握 C 维度各领域关系，分别构建完整且精细的量化基准体系十分必要，本质上，基准作为一种目标和要求，通过对各要素管理领域目标的量化，为相互影响条件下工程人员作出分析和决策奠定基础。当然，某一领域管理过程应以对其他领域的积极影响为出发点，应对关联领域实施管理影响的评价过程。构建管理量化的最优化决策方法是实现这一维度管理的重要思路。最典型的是可以借助运筹学“规划理论”，通过构建约束条件、目标函数的方式实施定量优化探索等。

3. B维度内部关系

缔约对等性建立在我国现行工程建设管理体制针对各主体定位基础上。B 维度内部关系相比 A、C 维度更加简单，其本质是主体间基于合同约束的管理协同关系，而这种关系由主体通过承担责任、履行义务及行使权利的过程决定。在 B 维度中，建设单位及其委托的项目管理咨询机构成为管理的主导者，通过确保一致的建设目标及利益实现手段将各主体管理关系进行统一。具体而言，就是通过项目管理制度设计、确保伴随服务、构建合同约束等手段形成管理协同体系，从而使得各主体有效凝聚。基于协同思想所构建的管理协同体系是设计、监理等各参建单位工作的基础，是以满足项目管理利益诉求为出发点。可以说，管理协同是B维度中构建各参建单位相互间工作及管理关系的核心。

3.2.4 建设项目管理特性

1.管理内容的系统性

项目管理的系统性是由三维度管理领域相互制约导致的。就全过程与全要素两维度间关系而言，全要素管理融于全过程管理中，每个过程管理存在于所有的要素维度管理过程，如在招标管理领域同样存在进度、质量等各要素管理内容。同样，完整且全面的要素管理是通过过程管理得以实现的，每个过程管理领域所包含的要素管理与过程管理目标相统一。项目管理内容系统性还表现为通过针对各参建单位的管理来完成全过程与全要素维度的管理过程。通过确定各角色分工与职责，并将针对全过程、全要素各方面实施一系列管理制度，以及通过制度执行来实现完整的项目管理过程。项目管理内容的系统性决定了它具有类似"系统工程"的属性。深入洞悉项目管理系统性将有利于全面深入地掌握项目管理的内涵。

2.管理过程的动态性

不同项目特点各异，所处环境条件不尽相同。在项目实施中，其自身状态及环境时刻变化，建设项目管理过程实质上是对复杂系统活动的管控过程。管理动态性要求权变应对环境变化，增加了探寻项目管理方法规律的难度。在全过程管理维度，有关项目手续办理、招标采购、现场协调中，不同阶段各类始料未及的事项往往使得管理计划被迫调整。在全要素管理维度，无论是质量、进度还是安全管理，科学决策依赖于对一定周期内项目现状的分析。最典型的是，即便当前某要素管理效果乐观，但随着时间推移，潜在风险也可能导致管控局面走向被动。了解项目管理动态性特征同样有利于认清管理的本质，为实施科学管理策划奠定基础。

3.管理局面的脆弱性

项目管理局面是指项目在围绕管理目标推进中管理所处的总体状态，反映管理进展的顺利程度。实践中，项目实施越偏离目标状态则管理局面越复杂，项目管理局面是由各种因素综合影响叠加的结果。其中，项目实施主体、行政主管部门等重要主体对管理局面影响最大。管理脆弱性是指局面受到各类因素影响而迅速向不利方向转变的特性。影响局面的因素十分广泛，任何与项目实施相关的因素均可能对局面产生影响。影响因素的微小变化也可能导致原本良好的局面向不利方向发展。**管理局面脆弱性表现为当管理过程受不利影响时，迅速波及其他关联管理领域，进而影响整个局面，也表现为当管理局面进展到不利程度时，扭转局面所付出的代价将可能高于确保项目始终处于良性局面的成本。每况愈下的局面往往难以扭转，而处于良性状态的局面则可能更利于控制。**了解项目局面的脆弱性将使得工程人员格外重视过程管理。

3.2.5 三维度项目管理策划

1.管理策划与三维度关系

专业化的项目管理策划是从建设单位管理视角出发，紧密围绕项目特点及环境条件，由管理咨询机构所实施的对项目管理过程系统而专业性的管理顶层设计。项目管理三维度理念和协同思想为管理策划指明了方向。在管理策划中，既要形成项目管理的总体策划，又要围绕各维度领域形成子策划。

2.管理策划的逻辑框架

建设项目管理总体策划与各维度领域子策划共同组成项目管理策划体系。鉴于B维度在项目管理中的主导作用，总体策划应从B维度入手，而各具体子策划则从A、C维度分别进行。需要指出的是，其中A维度“施工管理”是关于项目实体建设的管理领域，而C维度的大部分管理领域策划可直接纳入A维度领域进行，从而使得策划得以优化并具有较强的内在关系。有关项目管理策划体系的逻辑框架详见表3.2.2。

建设项目管理策划体系的逻辑框架 **表3.2.2**

序号	策划体系的逻辑框架	维度来源
第一部分	项目总体策划	B维度
第二部分	A维度各领域专项策划（施工管理领域除外，含C维度专项案例）	A维度
第三部分	A维度施工管理领域专项策划（含C维度专项策划）	C维度

3.管理策划的关键路径

项目管理策划的关键路径是指项目管理中各维度领域最关键、最优化管理事项的有序集合。由于具体项目属性和环境条件不同以及管理团队能力水平差异，各具体项目管理关键路径有所不同。即便同一项目，路径也处于动态变化中，针对管理过程找寻关键路径将提升管理效率、规避管理风险、增强管理效果。虽然关键路径选择对具体项目存在依赖，但若干关键管理领域中的必要事项构成了项目管理的通用路径，详见表3.2.3。通用路径作为项目管理策划体系框架，为项目确立关键实施路径奠定了基础。

建设项目管理策划的通用路径一览表 表3.2.3

管理类型	具体内容（路径）	进一步说明
项目总体策划	确定项目管理目标体系	明确项目管理的总目标以及各管理知识领域目标
	搭建协同工作体系	以项目管理利益实现为出发点，各参建单位构建协同机制
	管理流程设计与制度颁布	设计管理的流程，颁布一系列管理工作制度
	搭建组织机构与调整	设置专业化管理组织机构，并适时调整
	建立项目协调推进机制	搭建推进项目进程的外部与内部推进机制
	明确参建主体责任与分工	定位各参建主体的分工，明确责任、权利与义务
建设手续办理策划	提出手续办理方案与执行	提出行政许可、市政接用及竣工验收手续具体方案
	优化手续办理的实施顺序	提出具体手续办理问题的应对策略，调整办理顺序
	审查手续相关咨询成果	审核各类咨询成果并修正
	创建手续办理协调机制	搭建有利于手续办理的协调推进机制
投资管理策划	投资计划编制与实施	编制投资计划，明确管理方案并落实
	投资目标调整	在关键节点根据管控效果调整投资目标
	经济成果审核	针对经济成果文件进行审核并修正
	经济论证组织	针对经济成果或行为组织优化论证
	计量支付组织	组织实施工作计量与价款支付
	价款确认与调整	组织价款确认与价款调整
招标管理策划	合约规划编制与实施	基于项目管理实施总目标编制合约规划
	招标采购方案编制与实施	确定招标采购项目主体资格、交易平台、类型等
	招标代理机构委托	从项目管理全过程视角委托代理机构并提出精细化要求
	招标过程文件编审	从实现项目管理利益出发编审招标过程文件
合约管理策划	缔约准备	组织开展合同缔约各项准备
	缔约组织	组织开展缔约相关各项活动，包括谈判、询价等
	缔约文件审核与确认	对缔约过程文件进行审核、修正与确认
	履约评价	组织实施各项合同事项的履约评价
	合约变更与争议处理	组织合同变更实施工作并开展争议处理

续表

管理类型	具体内容（路径）	进一步说明
设计管理策划	构建设计总包模式	定义设计范围，实施总包设计模式
	设计协同方案与实施	提出设计单位为管理咨询机构提供必要的协同伴随服务
	约定设计责任并监督	约定设计单位各项违约责任如限额设计、设计缺陷等
	提出详细设计要求	从商务、技术及经济角度，全面提出各项详细设计要求
	开展设计成果审核	组织开展设计成果审查并组织优化或修正
	提出限额设计方案与执行	提出限额设计目标、具体措施及要求等
施工管理策划	制定进度管理方案	规划进度节点计划及保障措施
	制定质量管理方案	提出管理、服务以及实体质量要求并落实
	制定安全管理方案	构建全过程安全管理方案，并采取保障措施
	制定变更管理方案	规划变更、预测、实施影响评价，确定实施方案
	审核施工成果文件	审核施工组织设计、监理规划等施工管理过程文件，对有关施工过程事项组织实施论证等
收尾管理策划	制定竣工验收方案	制定验收计划、组织竣工验收程序、制定协调方案等
	制定项目决算方案	制定决算编制计划、组织编制及制定手续办理计划等
	制定项目移交方案	提出调试试运行、缺陷责任处置方案以及移交计划等

建设项目三维度管理理念实现了对项目管理概念全面、系统地界定，清晰地阐述了各管理领域间的关系，揭示了建设项目管理内在规律，创新了项目管理思维方式。基于这一理念探究项目管理规律，推动行业理论发展，必将使得建设项目管理内涵得以更加深刻地揭示，而由此构建的建设项目管理咨询服务体系也将更加完善。

3.3 建设项目管理策划实现

三维度管理理念为建设项目管理策划指明了方向，它是建设项目管理顶层设计，有效确保项目始终处于正确轨道并保持良好运行。实践中，建设单位通过一系列管理制度部署规范各参建单位协同行为，实现项目实施与管理最终目标。管理制度不仅依据我国现行工程建设领域法律法规，更紧密围绕项目合同体系展开。**建设单位通过与各参建单位缔约方式，将一系列项目管理要求包括管理制度体系纳入合同条**

件，构建出项目完整、系统的合同约束体系，通过合约方式实现对各参建单位的管理和项目治理过程。工程招标作为构建合约体系的重要方式，肩负着打造各参建单位围绕建设单位管理协同关系的重任，合同约束与制度设计的脱节将使得建设项目管理依据不足，也可能使得基于项目管理思想而设计的合同体系失效。

3.3.1 主体维度管理策划

围绕主体维度实施的管理策划是整个项目管理策划的重点，其核心是打造各参建单位围绕建设单位的管理协同体系。基于构建管理协同体系，实施主体维度管理策划应抓住以下重要方面：

（1）**构建协调推进机制。**在传统管理模式中，建设单位与项目管理单位分别在各自能力、各自地位及双方关系等方面存在局限。特别是政府投资建设项目，有必要借助政府及相关行政主管部门的行政公权力构建“调度机制”。该机制是针对传统模式的改良，即由建设单位全程参与，项目管理咨询机构为建设单位提供管理决策支持，并最终由行政主管部门主导协调推进项目的过程。具体而言，就是项目管理咨询机构在获得充分授权条件下对项目实施科学管理，由建设单位参与项目建设全过程并为其提供必要支持，并由建设单位针对法定事项实施的最终决策。由多个主管部门联动主导协调诸如公用市政接驳工程等超出建设单位及项目管理咨询机构协调能力的事项。

（2）**确立科学管理关系。**建设项目中科学管理关系应是由项目管理咨询机构对监理和设计单位实施直接管理，而监理单位对施工总承包单位实施直接管理。建设单位与项目管理咨询机构共同构成管理关系的“策划层”，建设单位协助项目管理咨询机构实施科学管理，而项目管理咨询机构则协助建设单位实施决策。由勘察、设计及监理单位共同作为管理协同方，形成“支持层”，三者通过提供管理伴随服务协助建设单位与项目管理咨询机构，落实各项管理要求，与施工总承包单位直接协作。“执行层”则由施工总承包单位作为主体，全面落实监理单位指令，并按照各项目管理要求实施施工分包管理。梳理科学管理关系，是确保项目建设沿着正确方向推进的基础。

（3）**成立协同工作群组。**将过程、要素两维度各领域管理作为协同事项，将同一事项中各参建单位进一步分工，明确各自协作关系，并将各参建单位相同业务人员组成工作群组，并建立日常联络关系。为确保管理实现，必须将管理行为扩展到三维度各管理领域。工作群组方式为实际管理创造了环境，也成为管理策划的核心内容之一。

(4) **规划管理制度体系。**三维度管理理念同样是构建管理制度体系的基础。每个领域应实施多项管理制度以确保该领域管理过程的顺利实现。管理制度体系应随着管理领域扩展而丰富，作为项目管理行为规则，是确保协同工作群组有效运行的保障。

(5) **确定协同伴随服务。**一般来说，设计、监理、造价咨询及施工总承包单位是提供伴随服务的重要参建单位。各单位伴随服务内容确定应以满足管理需求和要求，沿着三维度管理脉络进行梳理。可以说协同伴随服务方式为各参建单位实施协同提供了整体解决方案。

(6) **营造资源支持环境。**资源支持环境是指各参建单位所形成的针对项目实施的资源投入与保障的能力与条件的统称。应充分发挥各参建单位企业内部管理优势，强化对项目成果质量审核。一般来说，勘察、设计、监理等单位支持性资源包括方法库、经验库、案例库、文本库、工具库、专家库、供应商库等。不仅如此，各企业针对项目的管控模式也是营造资源支持环境的根本，支持性资源环境建设提升了项目管理质量等方面，同样是管理策划极其重要的方面。

3.3.2 过程与要素维度管理策划

（1）过程维度管理策划。过程维度包括全过程实施与管理全部事项，围绕A维度策划提出该维度各管理领域专项方案。作为全要素过程管理维度，其策划主要是根据各事项间关系找出关键路径，形成重点问题的对策措施。由于建设与管理事项十分复杂且过程动态变化，策划应重点围绕事项前置条件展开，判断事项处置时机。例如，为提升施工总承包招标活动质量，切实使项目施工阶段要素维度各管理领域处于受控状态，应尽量安排在图3.3.1所示成熟阶段发售招标文件。某房建项目施工总承包招标前期工作时序与成熟度分析过程详见图3.3.1。

（2）要素维度管理策划。要素维度领域体现了项目实施与管理的目标，达到要素维度管理效果需将其与过程维度管理融合，形成针对各要素管理的专项方案。以该维度中安全与质量要素管理为例，只有从项目前期咨询、设计管理及施工阶段全过程体现安全、质量管理理念才能达到管理终极目的，有关质量管理基本路径及安全管理脉络详见图3.3.2、图3.3.3。

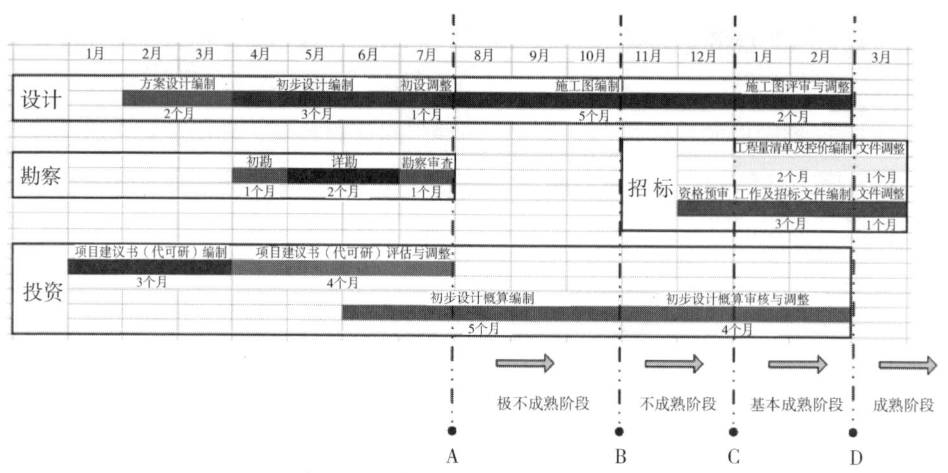

图3.3.1 建设项目施工总承包招标前期工作时序一览

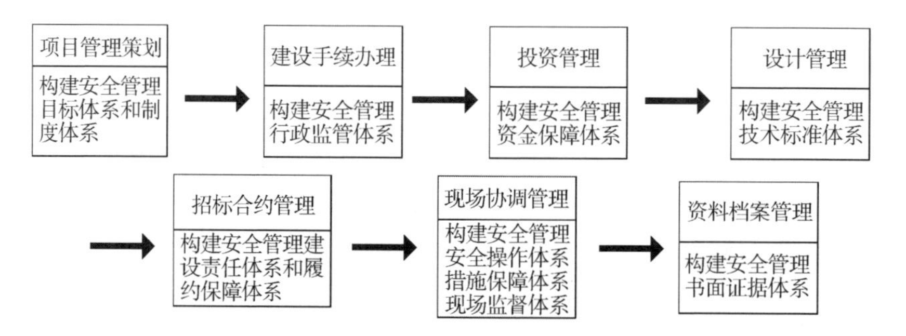

图3.3.2 建设工程项目全过程安全管理主要思想脉络

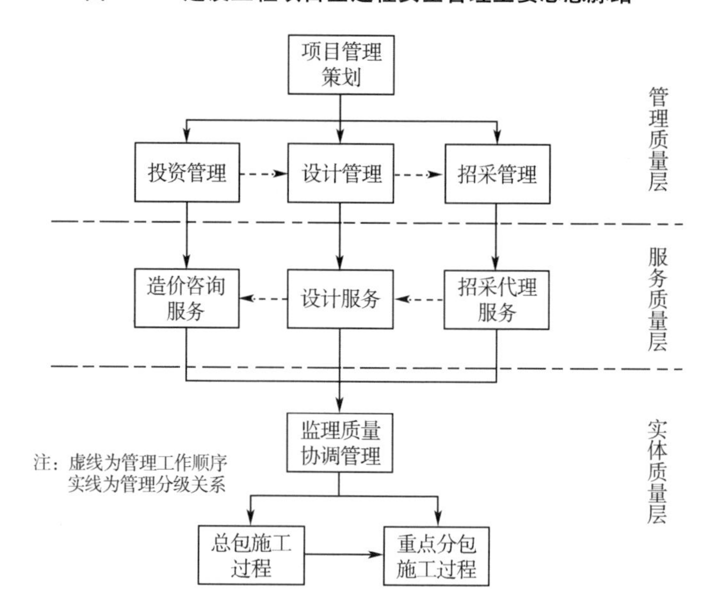

图3.3.3 建设工程项目质量管理的关键路径

3.3.3 管理策划的招标实现

招标活动是实现项目管理策划最直接、最根本的手段，这是由招标活动五大本质所决定的，使其在实现三维度管理理念及项目管理协同思想中展现出巨大潜能。有关工程招标管理的关键方面包括以下方面：

(1) **科学编制合约规划。**一般来说，建设项目缔约数量比较庞大。合约规划是将过程维度领域中各事项进行规划，形成有序缔约的组织实施方案，它是反映管理维度关系的重要管理成果，是建设项目实施的分解过程。建设项目合同一般包括委托管理、咨询服务、委托代理、检测监测、施工承包五个主要类别，通过合约规划，厘清各类合同之间的关系及签订的时序。合约规划是落实三维度管理策划尤其是主体管理策划的顶层设计。需要指出的是，当项目划分多个施工总承包合同段时，为确保专业工程系统、连续，建议采用联合招标模式，即由各施工总承包单位组成联合招标人，针对同一专业工程实施招标。

(2) **制定招标管理方案。**招标管理方案编制十分必要，对顺利推进招标活动具有重要意义。方案着重化解招标过程重大风险，立足解决重点、难点问题，尤其是为实现主体维度中优质参建单位确定提供了具体的解决措施，有关招标管理方案主要内容详见表 3.3.1。

招标管理方案主要内容一览表 **表3.3.1**

序号	框架性内容名称	具体说明
1	招标主体	明确招标项目的招标人，确定项目监管主体
2	资金来源与适用法律	明确项目资金来源，确定所适用的法律体系，梳理明确主要适用法规
3	招标方式与类型	明确项目招标方式以及拟组织招标的具体类型
4	招标准备与前置条件	梳理招标准备工作，明确必要前置条件及获取条件的具体措施
5	交易平台	确定招标交易活动所采用的交易平台并梳理明确主要交易规则
6	进度计划	明确整体招标与缔约时间进度计划以及具体合同段缔约进度计划
7	资格条件	明确各具体合同段投标人必要合格条件
8	招标范围	明确具体合同段招标范围与界面划分
9	招标代理要求	从全过程项目管理视角，明确招标代理工作要求并纳入合同条件
10	合同适用文本	明确招标项目以及具体缔约所需采用的适用文本
11	评审要素	结合招标项目特点以及标的物特征，确定评标的要素与分值
12	拦标方案	结合投资管理目标，确定项目控制价内容与金额

（3）**提出精细化要求。**招标代理机构是招标活动专业化组织主体，有必要从建设项目管理视角对其提出精细化要求，以便其在三维度管理中保持对建设单位的有效协同。这些要求一般围绕项目招标策划、服务范围、服务进度、服务质量展开，并重点从沟通、人员、文件以及风险防控方面进行约定。此外，还应强化对招标代理服务评价，将服务成效与报酬费用支付关联，以达到利用经济手段管控其服务的目的。精细化管理规范了招标代理服务，强化了其三维度管理理念，为项目管理策划落地提供保障。

（4）**全面编审合约文件。**应将项目管理策划所有内容纳入招标文件尤其是合同条件，以确保各项管理利益得到满足。编审思想的精髓是结合项目具体特点，从三维度管理理念出发组织招标过程文件编审，重点将协调机制构建、科学管理关系确立、协同工作群组建设、管理制度体系建立、伴随服务拓展以及支持性资源建设纳入文件编审考虑范围。尤其要将管理制度体系、协同伴随服务内容纳入合同条件，注重从合同履约范围、价款支付、责权利约定等方面贯彻管理要求。特别是要加强对勘察、设计、施工总承包及监理招标文件的编审。招标文件编审是落实三维度管理策划最根本的抓手，直接决定了三维度管理策划的实现效果。

（5）**全面评价缔约过程。**为全面衡量缔约质量，需对缔约过程实施评价，以促进缔约质量改进。评价重点应放在管理策划在缔约环节的实现程度及三维度管理要求落实等方面，应围绕招标代理机构服务、缔约活动管理及履约成效等方面展开，有关招标活动组织评价要素详见表3.3.2。评价是提升缔约质量和确保策划实现的重要保障措施。

（6）**引入履约评价机制。**建设项目履约评价是指依照合同关系及内容对合同缔约方履约情况做出的评价。作为履约状况考量，它是合约管理直接、有效的手段。通过引入履约评价机制，旨在对合同主体形成有效的约束力。通过违约责任追偿，迫使其改善履约过程，进而提升履约质量。履约评价将确保策划得以充分落实，尤其是针对主体维度实施有效管理的重要手段。履约评价同样应以三维度管理理念为出发点，围绕策划实现及全过程管理要求落实而展开。履约评价机制引入实现了合同主体缔约管理的期望。

（7）**形成合同约束体系。**建设项目合同约束体系通过对合同关系有效规划，充分利用缔约时机，构建以建设单位为中心、各参建单位围绕项目管理咨询机构有效协同的合约约束体系。其内涵是通过对每类合同主体权利、义务以及责任的

招标活动组织过程评价要素一览表 表3.3.2

序号	评价要素主要类型	评价要素的主要具体方面	
1	活动准备情况	招标合约策划、方案、计划及合约规划等活动纲领性文件的编制情况	招标条件的完备性
		招标代理机构工作准备情况	前置条件不充分性及影响情况
		涉及招标人事项准备情况	招标代理委托情况
2	程序执行情况	程序执行的连贯性	程序履行的全面性与完备性
		程序执行的效率	程序执行的正确性
		程序履行异常与风险性	程序执行的严谨性
3	事件处置情况	异议、投诉等处置情况	事件处置预案合理性
		重点难点问题处置情况	处理方案与计划合理性及执行情况
		必要沟通与协调效果	事件处置的效率与总体效果
4	行政监管与协调情况	检查接待与配合情况	交易平台的选择与执行情况
		行政检查与稽查问题处置	行政监管部门沟通与协调情况
		面向行政监管问题的预控情况	协调难度与风险影响
5	各参建单位沟通与协同情况	决策形成与落实	过程文件确认效率
		管理要求落实与效果	过程成果形成与汇报情况
		协同效率与成效	过程记录与依据

约定，形成各主体间相互约束关系的集合，本质上它是建设单位通过合同方式对各参建单位形成制约的手段。合同体系具有管理性、层次性及框架性等特点，为实现三维度管理策划奠定基础。

实施科学的管理策划是建设项目管理的首要任务，是确保项目建设目标顺利实现的前提。**三维度管理理念高度概括了建设项目的全部管理内容，深刻揭示了项目管理内在规律，它以主体维度管理为核心，以缔约管理为抓手，并通过构建以建设单位为中心、各参建单位有效协同的方式，确保管理策划最终实现。**相信沿着三维度管理理念不断深入，工程建设项目管理水平必将迈上新台阶。

3.4 案例分析

案例一 暂估价内容设置

案例背景

某复杂公共服务类建设项目，其投资来源为全额政府投资。建设单位委托了招标代理机构以及专业化的项目管理咨询机构。设计单位已经向建设单位提交施工总承包招标所需的部分施工图设计成果。但由于工期紧迫，建设单位希望抓紧完成施工总承包招标，并尽快开展现场施工。招标代理机构具备造价咨询资质，同时承担了工程量清单及招标控制价编制工作。在施工招标中，招标代理机构以建设单位所提供的设计成果不完善为由，在工程量清单中大量设置了暂估价内容。项目管理咨询机构在审查工程量清单时发现这一问题，并与招标代理机构沟通，提出尽量减少暂估价内容的设置，认为过多的设置暂估价内容将增加项目后期分包压力，并可能造成项目工期延误。但招标代理机构再次以设计成果不完善为由，坚持设置暂估价内容。因此，项目管理咨询机构会同建设单位与设计单位进一步沟通，希望设计单位尽快完善暂估价内容对应的设计成果。但考虑到项目工期紧迫，建设单位同时还要求招标代理机构务必针对部分暂估价内容编制虚拟工程量清单。

案例问题

问题 1：项目各参建单位在面对暂估价内容的设置上，各自存在什么问题？

问题 2：针对复杂公共服务类建设项目，应如何设置暂估价内容？

问题解析

问题 1：总体来看，案例中建设单位缺乏管理经验，盲目启动施工招标，一味追求项目实施进度，迫使招标代理机构采取不科学的手段编制工程量清单，为后期项目实施尤其是投资管控埋下风险隐患。

招标代理机构并未将设计成果不完善而导致被迫设置暂估价内容的情况及时告知招标人，而只是在被动判断设计成果程度的基础上，按照自身便利和主观意愿随意设置暂估价内容，其服务缺乏主动性，更缺乏对建设单位及项目管理咨询机构管理的配合意识。

项目管理咨询机构应对本案中暂估价设置造成的负面后果承担管理责任。作为专业化的管理咨询机构，首先其对设计成果缺乏科学管理，对设计成果的不完善情形未采取必要的管理措施，更未能识别并督促和组织设计单位提早改善设计服务方式。其次，也未对招标代理机构服务提出精细化管理要求，凸显出项目合约规划不深入、招标管理策划不彻底、对暂估价内容设置缺乏谋划等问题。

问题 2：暂估价内容设置应首先利于项目科学管理、全面服从并服务于过程管理目标与部署。从宏观上看，合约规划旨在化解或转移合同风险、提升管理效率，创造良好的管理局面。从微观上看，这项工作重在确定各参建单位合约关系。暂估价设置应须满足合约规划总体要求，确保与项目管理规划保持统一。施工招标过程中招标管理思想落实直接指导着暂估价内容设置。

案例二　提升监理服务质量

案例背景

某大型房屋建筑工程项目，建设单位希望通过监理招标提升监理服务质量和成效，尤其希望借助监理单位的能力有效控制项目的总投资，对监理单位形成有效的合同约束力，以及确保监理单位最终对建设单位开展的管理予以配合。基于这一期望，其询问招标代理机构应该如何实现，招标代理机构建议借鉴类似项目优质监理招标文件示范文本，充分吸收其他项目的成功经验。

案例问题

问题 1：建设单位将对监理单位后期的管理寄希望于招标环节是否合理？

问题 2：招标代理机构给建设单位的建议是否科学？

问题 3：如何通过招标环节有效提升监理服务质量和成效？

问题解析

问题1：建设单位重视对监理服务的管理，并寄希望于通过监理招标来实现其管理目的，这一认识是正确的。正是由于监理服务对项目全过程管理的重要支撑作用，重视监理服务是建设单位组织好项目建设的前提。

问题2：招标代理机构给建设单位的建议具有合理性，借鉴类似项目优秀示范文本、学习类似项目良好做法不失为捷径。但实践中更需要结合项目特点，形成针对监理管理的总体策划，并从若干要点入手对监理单位提出有力管理要求，且同时将上述要求纳入合同条件，才能使得面向监理单位的科学管理成为现实。

问题3：一般认为对监理单位实施有效管理需从以下方面入手强化合同约定：①搭建管理协同体系与工作群组方式，监管协同模式是管理咨询机构基于监理单位协助而实施管理的过程。②实施监理总包模式，所谓“监理总包”是指将项目中所包含的非本领域工程内容纳入监理范围的做法。③将履约评价结果与价款支付关联，履约评价是依照合同内容由主体一方对另一方履约情况的评价，作为对主体行为履约状况的考量，是合约管理最直接的手段之一。④提出团队配置与最低资格条件，监理单位服务成效与能力水平是依靠其团队实现的，团队合理配置及人员能力十分重要。⑤设置以项目管理成效为导向的支付方案，有必要从监管协同及管理伴随服务出发明确费用支付方案。⑥组织开展周期计量，所谓“周期计量”是指由监理单位主导实施，针对项目不同阶段设计成果及工程量差异，立足周期性对比分析优化设计成果，最终达到控制造价的目的。⑦明确管理协同伴随服务，有必要从项目管理三维管理领域梳理并明确监理管理伴随服务内容。⑧确保招标文件内容关联一致，所谓“关联一致”是指使招标文件各组成内容相互关联并一致，也可理解为以合同条件为中心，其他各组成部分与之呼应，以形成系统化的招标文件内容体系。

案例三　招标文件编审思想

案例背景

在建设项目中，招标管理是项目管理的重要组成部分，它不仅成为各项管理的前置条件，更是开展管理策划的重要切入点。科学实施招标管理有利于提升管理效率、规范管理过程、化解项目风险，从而确保建设目标最终实现。招标文件编审是通过合约手段落实管理策划的重要抓手。实践中，有些工程人员对招标文件编审缺乏重视，盲目套用范本文本，编审要点不突出，过程缺乏针对性，尤其未能将管理理念融入文件中，从而导致招标文件质量差，最终错失约束项目实施主体行为的缔约良机。采用何种思路和理念开展招标文件编审以及如何打造实现高质量招标文件，成了新时代工程招标所应关注的核心问题。

案例问题

问题1：招标文件编审最重要的目的是什么？

问题2：招标文件编审贯彻的基本理念是什么？

问题解析

问题1：招标文件编审的目的是将项目全过程管理要求纳入文件中，尤其是合同条件，从而对缔约方形成有效的合同约束力。同时也为基于全过程管理视角有针对性地优选中标单位奠定基础。

问题2：应从建设项目三维度管理视角全面审视招标文件，并将三维度各管理领域要求和理念分别纳入招标文件相应组成部分。第一维度即“过程”维度，是指从建设项目的实施及管理事物发展过程视角对一系列知识领域的划分归类；第二维度即“要素”维度，是指从建设项目管理目标与实施效果视角对一系列知识领域的划分归类；第三维度即“主体”维度，是指从建设项目各相关参建单位视角对一系列知识领域的划分归类。三维度共计数十个知识领域，涵盖了建设项目管理各个方面管理内容与过程。可以说三维度管理理念是招标文件编审最根本的思想理念，秉持这一理念开展编审将使得文件更加系统，也将更具项目针对性。

案例四　管理协同体系的实现

案例背景

某大型复杂公共服务类项目，建设体量庞大，项目资金来源为全额政府投资。考虑到项目建设复杂性和任务艰巨性，建设单位委托了专业化的项目管理咨询机构实施全过程管理。项目伊始，项目管理咨询机构向建设单位提出了详细的项目管理规划。规划中，项目管理咨询机构向建设单位提出构建各参建单位管理协同体系的思路。考虑到建设单位对这一概念并不了解，项目管理咨询机构解释“管理协同体系”是指围绕全过程管理将各参建单位有效分工，并通过业务间内在联系构建相互配合的管理模式，从而实现优势互补与协同工作的效果。项目管理咨询机构坚持认为，管理协同体系将开启各参建单位合同共赢的服务模式，使得各参建单位在面向项目全过程管理方面形成合力，通过凝聚力量、降低内耗，摒弃业务本位对项目造成的负面影响，最终实现管理效能提升。此外，项目管理咨询机构还强调指出，管理协同体系的建立必须依靠科学的招标管理过程实现。

案例问题

问题1：项目管理咨询机构所倡导的“管理协同体系”内涵是什么？

问题2：为什么说只有通过招标管理才能构建管理协同体系？

问题解析

问题1：管理协同体系建立过程包含三个主要理念。一是将全过程管理内容与要素两维度相同部分作为同一管理协同事项，即由各参建单位通过合作方式共同完成。二是在同一管理协同事项上将各参建单位工作进行具体分工，明确各参建单位间管理协作关系。三是面向分工将各参建单位相同管理专业人员组建工作群组，以便围绕业务快速协同。简而言之，为确保全过程管理目标实现，必须将管理行为精确到所有过程与要素的管控中。管理协同体系建立是将管理工作逐层分解成具体任务，并安排给工程人员按既定计划办理的过程。

问题2：只有通过招标管理，抓住项目缔约环节，才能使建设单位与各参建单位形成有效的缔约关系，将管理协同理念和管理思路纳入合同条件，最终形成管理协同体系。在管理协同体系中，监理单位将为建设单位及项目管理咨询机构提供各类协同服务，成为现场管理的主导者。设计单位除提交设计成果外，还将为建设单位以及项目管理咨询机构提供各类伴随服务。此外，包括项目造价咨询单位、招标代理机构及众多咨询服务供应商在内，在管理协同体系带动下均将业务进一步延展。从项目建设实施目标出发，以建设单位为中心，全面服从项目管理咨询机构统筹安排与管理，从而形成积极的管理局面。

案例五　参建单位管理关系

案例背景

某政府投资建设项目的勘察、设计工作已经展开，且施工总承包单位及监理单位已经产生。在施工与监理招标结束后，建设单位委托项目管理咨询机构开展施工阶段管理。建设单位作为招标人，其与各参建单位均直接建立了合同关系。但当项目管理咨询机构正式开展管理工作后，发现无论是勘察、设计、施工总承包或是监理单位均对其管理不予配合。参建单位纷纷表示，项目管理咨询机构只与建设单位签订了合同，且合同中也并未约定各参建单位应服从项目管理咨询机构管理的相关义务。因此，项目管理咨询机构管理局面十分尴尬。于是建设单位会同项目管理咨询机构与各参建单位为此展开了全面协调，在某管理例会上，项目管理咨询机构提议颁布一系列项目管理制度，并要求各参建单位遵照执行。各参建单位却一致认为，在与建设单位所签订的合同中均未约定有关项目管理制度执行义务的条款，并坚持认为项目在实施中所颁布的管理制度是无效的。

案例问题

问题1：建设单位针对项目开展的前期招标管理是否存在重大失误？

问题2：如何扭转当前被动局面？各参建单位真正的管理关系如何？

问题解析

问题1：建设单位在项目前期管理中，在与各参建单位签订的合同中并未明确约定各参建单位服从项目管理咨询机构管理的义务，也未能尽早委托项目管理咨询机构，而让其尽快介入针对各参建单位的招标管理，从而失去了将管理要求纳入针对各参建单位缔约过程的良好时机，这是造成案例中建设单位管理局面被动的根本原因，这一管理责任归于建设单位。

问题2：要扭转当前被动局面，只有通过与各参建单位签订补充协议的方式，并将各参建单位服从项目管理咨询机构的管理要求作为各参建单位的履约义务。

建设项目应构建以项目管理咨询机构对监理单位和设计单位直接管理、以监理单位对施工总承包单位直接管理的三层管理协同体系。建设单位与项目管理咨询机构共同构成体系最顶层即策划层，该层以项目管理咨询机构与建设单位（监理单位）间的管理协同为核心，主要包括项目管理咨询机构从项目之初与其共同开展管理策划，在项目实施阶段就有关事项保持协调，协助其做出重大决策部署。体系第二层即支持层，设计单位与监理单位作为项目管理咨询机构的重要管理协同方，全面协助项目管理咨询机构开展管理，分别向其提供伴随服务，落实各项管理要求，将有关指令向施工总承包单位传递。需要指出的是，针对设计单位在施工阶段中包括驻场服务的具体事项，监理单位均负有保持与施工及设计单位密切沟通协调的义务，但需向项目管理咨询机构披露并获准后实施协调。体系第三层即执行层，施工总承包单位应全面执行监理单位指令，按照各方管理要求工作，及时反馈施工信息。可以说，施工总承包单位工作不仅是工程实体实施过程，更是全面落实监理、设计单位尤其是项目管理咨询机构要求的过程。三层管理协同体系基于参建单位管理关系构建，而管理关系确立又以合同关系为基础，有关管理关系的形成需在缔约完成后正式形成约束力。需要指出的是，正是由于项目管理委托关系的存在，各参建单位之间存在的直接合同关系并非直接管理关系，有关建设项目主要参建单位管理关系详见图 3.4.1。

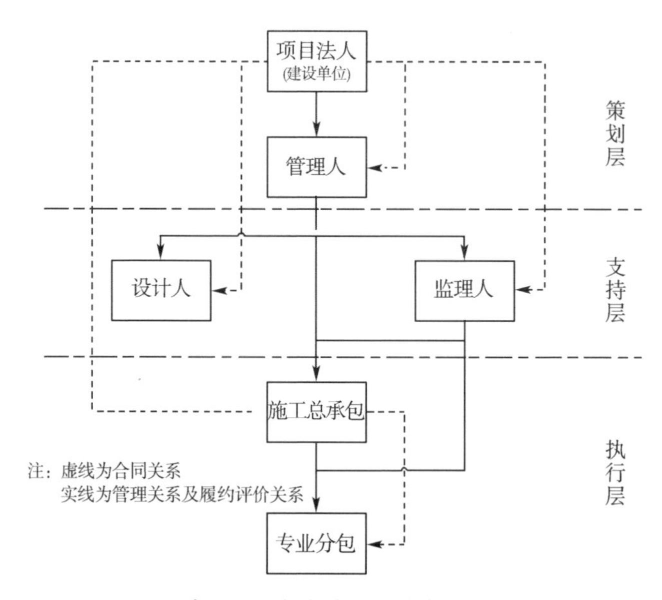

图3.4.1　建设工程各参建单位的合同及管理关系

案例六　管理审核意见未落实

案例背景

某房屋建筑工程项目，建设单位聘请了专业化项目管理咨询机构全面开展项目管理，委托优秀招标代理机构组织招标活动。项目管理咨询机构在施工总承包招标中加大了管理力度，尤其针对施工招标文件的编审环节，力争将全过程管理思想纳入施工合同条件。针对招标代理机构提交的招标文件，仅提出的审核意见就多达200多条，并会同招标代理机构逐一在招标文件中完善相关约定。可以说这200多条意见约定均属于站在全过程管理视角对后期阶段施工总承包单位提出的管理要求。然而在招标文件备案发售环节，招标代理机构在项目管理咨询不知情的情况下，私自将招标文件中已经完善的200多条审核意见对应约定的全部内容删除，并将已删除内容的招标文件进行备案发售。当项目管理咨询机构得知这一情况后十分气恼，但也束手无策。于是项目管理咨询机构只能要求招标代理机构将已经删除的200多条意见整理后以招标文件补充修改的方式备案并重新发放给投标人。然而由于200多条修改意见对应内容众多，一方面实施招标文件备案监管的行政主管部门不建议大规模修改招标文件，另一方面针对200余条意见重新整理并做出补充说明也需要一定的时间，更需要由招标人决定是否因补充文件发放而延长投标周期。由于该项目工期紧迫，招标人要求尽快实现开工建设，因此并未同意延长投标周期的请求，也未同意将200多条意见重新整理以招标文件补充修改文件的方式发放给投标人。

案例问题

问题1：有关项目管理咨询机构的200多条审核意见没有落实，直接反映了本项目在招标管理上存在什么问题？

问题2：招标人以项目着急开工为由决定不发售带有200多条审核意见的招标文件补充修改文件，且决定不予延长投标周期，如何看待这一决策？

问题3：在当前情形下，为实现科学管理项目管理咨询机构应如何做？

问题解析

问题1：项目管理咨询机构的200多条审核意见没有落实，直接反映出本项目在招标活动的组织和管理上存在重大问题和风险，凸显出项目管理咨询机构对招标代理机构的管控力不足。虽然招投标法律体系并未规定项目管理咨询机构在招标活动中的权利、义务与责任，然而在本项目中，其作为招标人委托的管理代表，有权利对招标过程实施科学管理。招标代理机构理应服从，并将招标文件报送其审阅，有义务听取并充分采纳其关于招标文件的审核意见。需要指出的是，在招标管理中，项目管理咨询机构针对招标文件的审核意见是代表招标人提出的，招标代理机构应视同招标人对招标文件的反馈并予以服从。招标代理机构在招标文件中私自删除200多条意见对应内容，若200多条意见中涉及项目中重大管理利益及后期履约风险，那么这一删除行为很可能直接给项目管理与实施导致重大损失。

问题2：招标人以工期紧迫为由，未能采纳项目管理咨询机构以招标文件补充修改文件方式向投标人发出200多条意见对应内容，而不顾其自身重大管理利益是一种得不偿失的表现。从逻辑上看，若项目确实出于其他目的或在较高社会关注度条件下，招标人反而应事先为招标文件编审预留充足时间。无论何种条件下，均要力争首先确保招标周期充足，尤其在对项目实施后期具有重要影响或关乎重大利益的问题上，应优先保障招标文件内容的科学性与完整性。

问题3：在当前背景下，一方面项目管理咨询机构应立即梳理200多条意见删除对本项目后期管理带来的重大损失和风险隐患，全面评估项目可能导致的被动局面和提升的管理难度，立即将这一情况向建设单位报告。另一方面，要针对后期风险提出对策。在这一时点上，项目管理咨询机构要坚决表明立场，只要招标活动未开标，就要坚持将带有200多条审核意见内容的招标文件补充修改文件发给投标人，要坚定地向招标人表明自身不承担由于200多条意见未落实而导致的项目管理风险。该案例也提醒招标代理机构应高度重视建设单位管理利益，唯有此才能切实提高招标代理服务质量，才能真正贯彻落实以招标人为中心的服务理念。

第4章 工程招投标监管改革

导读

深化经济体制改革是全面深化改革的重点，核心是处理好政府和市场的关系，使市场在资源配置中起决定性作用和更好地发挥政府作用。要深化经济体制改革，加快完善现代市场体系。在工程建设领域，上述改革目标的实现应从改善工程招投标交易入手。《招标投标法》明确了行政主管部门针对招投标交易实施监管的义务，法律将交易过程以法定程序确定下来，在本质上使其具备了强制性特征。行政监管的首要目标是要确保招投标交易合法合规。从深层次来看，激发市场主体活力、改善交易潜能就必须释放交易自由空间，摆脱过度监管局面，确保交易主体权利回归。因此，应深入探究监管改革的必要性，正视多年来出现的问题和顽疾，依照改革要求提出卓有成效的对策。要注重对市场主体和交易行为加以合理引导，围绕市场主体根本利益审视和确立符合时代要求的信用体征，唯有此，才能有效构建高标准的工程建设市场体系。要推动招投标法律体系不断优化，持续促进行政监管能力提升，为确保招投标交易活动高质量开展提供更加科学的机制保障。

4.1 招投标监管改革必要性

我国从20世纪90年代开始试点招投标制度，尤其是2000年《招标投标法》颁布以来，招投标交易领域取得了长足发展。时至今日，法律与政策日益健全，招投标制度在构建我国社会主义市场经济体制中发挥了重要作用。**随着需要调整的实体性事项逐渐增多，作为程序法的《招标投标法》，仅依靠其程序调节能力已显得乏力。目前在招投标交易领域，尤其是在行政监管方面暴露出若干问题，包括市场主体交易活力不足、监管便利化趋势尚存、法律与政策制度有待优化等，这些情形在一定程度上与改革要求不相适应**。因此，明确改革方向、解决突出问题、有序推进改革已显得十分紧迫。

4.1.1 改革文件与具体要求

回顾2013~2019年，工程建设领域全面深化改革持续发力，有关部门集中出台了一系列重要政策文件，梳理有关招投标交易方面的要求详见表4.1.1。可以看出，表中政策文件所包含的招投标交易领域监管要求主要围绕四方面展开：一是市场资源配置总要求，二是供给侧结构性改革总要求，三是“放管服”改革推进总要求，四是经济高质量发展总要求。在表中所示具体要求中，集中提出的时间在2019年。按照时序，有关招投标领域的要求分别从监管手段、标的类型、监管方式与机制、监管目标、监管与服务关系、信用手段、裁量基准及优化营商环境等方面展开。可以说，改革要求越来越具体，内容越来越详细，举措越来越有针对性。

招投标领域政策演进及具体要求一览表　　表4.1.1

政策文件名称	颁布日期	与招投标领域相关的发展要求
《中共中央关于全面深化改革若干重大问题的决定》	2013-11-15	提出市场资源配置中的决定性作用
《中央财经领导小组第十一次、十二次会议》	2015-11-10 2016-2-1	提出供给侧结构性改革总要求与方案

续表

政策文件名称	颁布日期	与招投标领域相关的发展要求
《中共中央国务院关于深化投融资体制改革的意见》	2016-7-5	提出“放管服”改革总要求
《中共十九大报告》	2017-10-27	提出高质量发展总要求
《电子招标投标办法》	2013-2-20	提出电子招投标方式与要求
中共中央办公厅、国务院办公厅印发《国家信息化发展战略纲要》	2016-7-27	提出信息化发展战略并涉及招投标领域
《工程咨询行业管理办法》	2017-11-14	提出全过程咨询模式，为招标领域开展全过程咨询奠定基础
《招标公告和公示信息发布管理办法》	2017-12-01	明确规范招标活动公告、公示要求
《必须招标的工程项目规定》	2018-3-30	统一法定招标规模与标准
《国务院办公厅关于促进建筑业持续健康发展的意见》	2017-2-24	提出建筑业全过程咨询、工程总承包、智能和装配式建筑的发展，迫使招投标交易满足交易新需要；提出加强政府履约监管
《中共中央办公厅　国务院办公厅印发关于创新政府配置资源方式的指导意见》	2017-1-11	提出创新政府配置资源方式问题，提高资源配置效益最大化和效率最优化问题；提出全过程监管，严格执行招投标法律法规；提出监管配套制度问题，为招投标监管保障体系建设提供思路
《国务院办公厅关于印发进一步深化“互联网+政务服务”推进政务服务“一网、一门、一次”改革实施方案的通知》	2018-6-22	提出整合构建一体化的网上政府服务平台以及移动应用；提出建设全过程数据共享交换体系、资源体系；提出事中、事后在线监管
《国务院关于在市场监管领域全面推行部门联合“双随机、一公开”监管的意见》	2019-2-15	提出全面推行部门联合“双随机、一公开”的监管基本方式和手段
《国务院办公厅关于全面开展工程建设项目审批制度改革的实施意见》	2019-3-26	提出精简审批流程实施联合审批、并联审批
《政府投资条例》	2019-5-5	对招标活动中实施投资管理与造价控制工作提出要求
《国务院办公厅转发国家发展改革委关于深化公共资源交易平台整合共享指导意见的通知》	2019-5-29	提出完善分类统一的交易制度规则、技术标准和数据规范；对交易、服务和监管三系统平台进行定性；提出实施协同与综合监管；提出加快交易领域信息建设；提出智慧监管要求
《国务院办公厅关于加快推进社会信用体系建设构建以信用为基础的新型监管机制的指导意见》	2019-7-16	提出建立健全信用承诺制度；针对信用分级实施分类监管；提出信用修复机制；提出采用互联网+助力信用监管

续表

政策文件名称	颁布日期	与招投标领域相关的发展要求
《国务院关于加强和规范事中事后监管的指导意见》	2019-9-12	提出创新监管方式和监管规则，形成协同监管新格局；提倡监管保护市场主体合法权益，维护权利、机会、规则公平；提出利用新技术推动监管创新；提出互联网+监管；指出重点领域监管问题；细化协同监管要求，明确指出裁量权基准的问题
《国务院办公厅转发住房城乡建设部关于完善质量保障体系提升建筑工程品质指导意见的通知》	2019-9-24	提出进一步落实招标人自主权；明确严厉打击围标、串标和虚假招标问题，并再次强调强化履约监管要求
《优化营商环境条例》	2019-10-23	提出减少政府干预；强调确保主体公平参与主体公平竞争，明确不得排斥潜在主体；提倡和鼓励市场主体创新行为；再次细化一体化在线服务平台建设的要求；指出创新和完善信用监管与支撑保障体系
《中共中央关于坚持和完善中国特色社会主义制度 推进国家治理体系和治理能力现代化若干重大问题的决定 》	2019-11-05	指出坚持和完善法制体系；将规范执法裁量权提升到国家战略高度

4.1.2　招投标交易总体问题

1.交易主体问题

（1）**招标人对招标活动缺乏认识。**实践中，部分项目招标人片面地认为招标活动仅仅是履行法定义务，招标人将大部分精力放在落实文件要求方面，忽视了组织招投标活动的初衷。招标人作为招标主体，通过招投标过程不仅是完成缔约过程，更是为了通过竞争方式优选中标单位，明确标的价格，实现履约诉求。由于部分招标人的片面认识，成了限制招投标交易能动性和阻碍招标人释放交易活力的障碍。

（2）**招标代理服务能力有待提升。**在工程建设领域，招标代理机构为招标人组织开展勘察、设计、施工、监理等招标活动。在代理服务范围上，仅围绕招标程序展开。在服务深度上，仅侧重程序性服务，而缺乏对过程的深度定制，未能与项目特点有效结合，也未能针对缔约环节进一步拓展服务范围。实践中，有些招标代理机构并不具备站在全过程管理视角开展服务的意识，专业化项目管理落实的能力仍有待提升。

2.监管导向问题

（1）**监管便利化趋势尚存。**部分专业领域的招投标行政主管部门过度行使招标过程文件备案监管裁量权，站在监管本位视角，单方面追求监管效率与便利而忽视了交易主体利益，未能尊重主体合理交易诉求，在一定程度上压缩了交易行为自由度。此外，还出现过度细化监管规则，烦琐设置交易条件，注重监管形式化而非实质等情形，上述情况给交易双方，尤其是招标人通过招标活动提升项目管理效能带来阻碍，也可理解为是对主体权利进行了限制，给交易造成干扰。

（2）**方法趋同构成优选壁垒。**我国建设领域交易市场已逐渐发展成熟，特别是施工企业数量规模已十分庞大。然而由于各类招标项目几乎采用了相似的资格预审办法或评标方法，对项目特点考虑不足，缺乏有针对性地评审方法定制与设计，使得各类项目优选过程相似，项目中标单位特征趋同，加上多年来招投标交易总是有一部分所谓"良好"响应评标方法的企业长期活跃在市场中，形成了中标优势群体，而其他企业则相对受到排斥。这种"优选壁垒"的形成是交易优选方式单一性造成的，成了扼杀交易能动性的杀手。趋同优选情形与促进交易方式多元化的发展不相吻合，使得招标活动沦为向特定优势群体发包的工具。

3.法律体系设计问题

（1）**原法律顶层设计局限。**《招标投标法》作为程序法，严格来讲是对招标活动中的程序性内容做出的规制，在调整招投标程序性内容方面发挥着重要作用。然而在实践中，招标活动涉及内容广泛，仅招标文件编制就涉及大量实体内容。为确保招标活动正常开展，仅依靠程序调节存在局限性。因此，《招标投标法》法律体系在完善中应适当考虑增加实体性调节内容，从而为合理规范和引导交易过程中的实体事项、为激发主体潜力与能动性创造条件。需要指出的是，缔约与履约过程存在着直接联系，履约成败很大程度上以缔约合理性为前提。因此，招投标作为重要缔约过程，在招标人与投标人形成的合同承诺与要约中，本意是以履约为目的，而原《招标投标法》仅对缔约阶段予以规制，未能实现从履约视角规制招标活动，致使缔约与履约在一定程度上出现脱节。

（2）**法律与政策规模欠平衡。**《关于国务院有关部门实施招标投标活动行政监督的职责分工意见的通知》（国办发〔2000〕34号）的颁布，标志着我国形成了由国家发展改革部门牵头，各级其他行政主管部门分管的招投标监管格局。虽然各部门围绕各自分管领域相继颁布了政策文件，但总体来看政策文件内容与规模尚不平衡。首先，如房屋建筑及市政基础设施工程领域的政策体系内容丰富、数量规模较大，但有些领域则政策规模较小。其次，就同一领域，有些主管部门已就某些内容进行规制，而有些则似乎监管缺位。再次，即便是针对同类型规制文件，其政策内容也存在较大差异，这不仅是因为行业特点差异而导致，更主要表现在语言表述、行文及内容完整性等诸多方面。此外，由于我国区域经济发展尚不平衡，地方政策文件颁布程度也欠平衡，进一步凸显出我国现行招投标交易监管顶层设计和统筹方面尚需完善。

4.1.3 招投标交易问题产生的根源

当前，我国招投标交易发展主要存在以下局限：

一是以强化主体监管可能造成的过度束缚与强调激发释放主体交易自由之间存在矛盾。从监管主体视角看，一方面希望通过完善法律与政策的方式规范交易主体行为，另一方面又希望激发其积极性，交还主体交易权利。对于建设项目，作为建设单位的招标人承担着建设主体责任，理应拥有建设主体相关权利，建设单位又具有针对项目建设管理的强烈利益与诉求，从而对缔约过程的合理性和科学性予以高度关切。而行政主管部门不是建设主体，无须承担建设管理责任。因此，招投标监管主体责任与交易主体自身利益、诉求的统一成为突破局限的根本。

二是对交易全面规范的迫切需要与原法律体系调整能力尚需增强之间存在矛盾。强调市场对资源配置的决定性作用，激发市场活力，迫切需要对工程招标各方面进行规范，尤其围绕捍卫主体利益诉求更需要通过监管过程合理引导主体行为，并采取有效措施维护其正当利益，只有立足以交易主体诉求为中心，才能实现对主体能动性的激发。因此，行政主管部门针对招投标交易进一步完善实体内容成为突破这一局限的根本。

三是招标活动优选机制单一与项目多元化优选需求之间存在矛盾。当前工程招标的优选过程为资格预审和评标两个环节。而资格预审与评标普遍采用的方法为综合评审法，尤其是对于房建及市政基础设施项目的施工与监理招标，评审方法已被固化到行政主管部门颁布的标准文本中。需要指出的是，由于招标项目属性不同，建设单位拟采取的管理理念存在差异，加上项目所处环境条件迥异，使得在中标单位优选问题上已经呈现出追求多元、差异化评审的趋势，显然单一评审方法已不能满足上述需求。因此，归还招标人结合实际需要自行定制优选方案的自由，成为突破这一局限的根本。

4.1.4 《招标投标法》修订与影响

随着我国市场化改革的不断深入，有关部门就《招标投标法》修订组织开展一系列卓有成效的工作。从当前已经形成的《招标投标法（送审稿）》来看，新法坚持问题导向，注重把握政府与市场关系，与改革要求相契合，充分实现了招投标交易对深化供给侧结构性改革、促进经济高质量发展的抓手作用。修订方向包括：推进招投标领域简政放权、提高招投标公开透明度和规范化水平、落实招标人自主权、提高招投标效率、解决低质低价中标问题、充分发挥招投标促进高质量发展的政策功能、为招投标实践发展提供法治保障以及加强和创新招投标监管等。

对原《招标投标法》的修订，导致以其为首的法律体系发生变化，招投标领域相关的法规、规章及政策性文件将按照新法调整。以某地区为例，其“招标投标条例”作为规范招标活动的地方性规章，于 2002 年颁布，由于颁布时间比较久远，相关条款内容已无法对现行市场化改革条件下的招投标交易活动进行充分调节，更无法满足高质量发展的需要。该地区的“招标投标条例”一方面将有关与上位法不吻合的内容予以修正，另一方面也要充分结合该地区市场交易特点及多年来该地区工程招标实践所面临的问题调整完善。最终既要与国家法律法规保持衔接，又要突出地方交易特点。

4.1.5 交易监管改革的必要性

一是释放交易主体潜能的需要。通过监管改革，进一步明确招标人与投标人在缔约交易中的地位，赋予交易主体行为更高的自由度，注重从履约视角对缔约监管实施改革，引导主体充分利用缔约交易过程满足正当利益诉求与需要。针对标的特点形成多元化优选机制，确保招标活动真正发挥作用。实现履约效果，要着力以主体利益为中心，树立以服务为本的监管导向，避免监管越界。着力简化交易规则、优化监管规制。

二是发挥政府投资带动作用的需要。招投标是政府投资项目广泛采用的交易方式，招投标监管更是政府投资项目监管的重点，也是加强建设项目尤其是政府投资事中、事后监管的抓手。招投标领域改革有必要从政府投资的重点行业、专业领域入手，力求发挥改革试点效应。政府投资带动作用不仅体现在对社会投资所带来的积极性影响，也体现在对项目管理过程的规范引导，更体现在对项目实施效果的示范性作用等方面，只有立足发挥政府投资带动作用，才能使我国社会总体改革更见成效。

三是提升综合监管水平的需要。招投标作为行政监管的重要领域，在“放管服”改革中将发挥积极作用，对于非政府投资项目，招投标改革应进一步探索如何逐步释放监管空间与权限。对于政府投资项目，应找准重点与关键，着力变革监管方法，有必要建立招投标交易大数据系统，利用“互联网+”构建数据交易平台，实现在线监管，深入推进电子标制度，进一步将交易与监管有机结合。

四是有效推进法治中国建设的需要。招标活动涉及相关法律、法规十分广泛，随着行业改革，《招标投标法》法律体系完善十分迫切。要进一步完善招投标领域法制建设，从顶层设计上重新定位法律与政策体系作用。要促进《招标投标法》与其他法律体系的有效衔接，通过法律体系调整优化实现市场化改革目标，尤其需要加强对监管行为自身规制，完善监管执法依据，强化监管执法力度等。

五是优化创新社会治理机制的需要。在具体的招标项目中，相比招标人而言，潜在投标人众多，尤其是重大项目的工程招标往往具有广泛的社会关注度，即便是非交易主体的社会大众也具有对招标活动的参与权。要进一步营造社会监督氛围，在社会自我治理方面着力创新，充分发挥公共监督作用，借助团体组织等社会力量共同构筑行业自律和良性发展环境。相信招投标领域必将成为增强国家治理体系和治理能力现代化的重要阵地。

六是建设现代化经济体系的需要。招投标是实现市场准入的重要方式，是交易主体间双向选择的环节。建立统一开放、有序竞争的现代化市场体系需要依托招投标领域监管改革。有必要从正确引导交易主体行为入手，从顶层设计上优化招投标程序，将主体信用作为重要考量因素，构建科学的交易信用监管体系。有必要将招标活动向着构建高标准市场体系目标要求靠拢，提升市场资源配置效率与质量。

招投标领域改革应与我国当前的改革政策总体要求保持一致。正确审视当前行业所面临的主要问题，厘清根源、坚定改革信念，从变革行业监管入手，完善以《招标投标法》为首的法律体系，优化制度与政策规制，力争释放交易主体活力与潜能，助力我国经济社会高质量发展。

4.2 招投标监管问题与对策

在工程建设领域，项目日益增长的高品质建设需要与建设单位管理能力不强、参建单位实施水平不高之间的矛盾日益突出，从提升行政监管能力、建设单位管理能力及参建单位实施能力三方面入手实施高质量发展，才有望破解发展中的主要矛盾。招投标作为市场交易活动的重要方式，在促进资源配置最大化、交易效率最优化方面发挥着不可替代的作用。新时代有必要系统地梳理总结工程招投标监管存在的问题，并以《招标投标法》修订和法律体系调整完善为契机，优化监管机制，确保招投标交易在建设高标准工程建设市场体系中发挥更大作用。

4.2.1 监管问题的探寻视角

市场化改革视角是探寻招投标监管问题的根本视角。鉴于工程招标活动涉及内容广泛，问题探寻应紧密围绕市场化改革展开，广泛对照深化改革过程中有关部门颁布的一系列政策性文件要求。行政审批视角是探寻招投标监管问题的关键抓手，在“放管服”改革引向深入的过程中，招投标环节是项目建设重要手续阶段之一，问题探寻更应立足于行政审批，尤其是从工程建设项目审批制度改革出发，进一步完善监管机制。作为法定程序，招标活动受到以《招标投标法》为首的法律体系调整影响，程序执行过程全面接受行政监管。《招标投标法（送审稿）》相对原法所考虑的各类突出问题将随着法律体系完善而逐渐得以解决。**综述，可具体从市场主体、缔约标的、行为特征、交易环境以及行政监管五个视角系统梳理招标活动监管突出问题。可以说，上述具体视角涵盖了工程招标监管所涉及的各领域，各视角中所呈现的问题又可归结为若干核心方面。**

4.2.2 监管问题的核心方面

（1）**市场主体视角。**有必要进一步锁定市场主体身份，确定当前市场化改革赋予市场主体的责任。主体活力是改革目标实现的关键因素，要着力破解影响主体活力释放的制度性障碍，消除不利因素，积极探寻促进活力释放的市场化做法。此外，还应立足增强各类主体根本能力，包括建设单位驾驭建设项目的能力、各参建单位尤其是咨询机构创新提升咨询服务能力等。要积极优化工程建设领域供给侧结构，明确主体责任、释放主体活力以及增强主体能力成为这一视角下探寻招投标问题的核心方面。

(2) **缔约标的视角**。高质量发展对标的品质要求大大增强，标的履约目标与期望大幅提升。对标的履约提升缔约质量，就需要强化工程建设领域履约监管。在创新驱动下，全过程咨询、工程总承包等新型标的监管进一步加强。信息及新技术应用驱使招投标方式尽快适应新型标的交易需要。此外，还要着力满足批量标的快捷、高效交易要求等。对于政府投资项目而言，缔约过程受《中华人民共和国政府采购法》（以下简称《政府采购法》）和《招标投标法》调整影响。对于同一建设项目，为使政府固定资产投资与财政预算资金内容的实施有效衔接，要进一步优化两部法律的适用情形。可以说，提升缔约品质、促进缔约效率以及增强法律适用性成为这一视角下探寻招投标问题的核心方面。

(3) **缔约行为视角**。招标活动具有法定强制性本质，招标程序的严谨性更是维系交易严肃性的前提，也是立法原则与初衷实现的保障。有必要进一步优化招标程序，发挥程序设计在消除围标、串标等违法行为的属性优势。为合理引导科学交易，应着力细化补充招投标相关环节实体性要求，重点围绕主体权利回归，立足主体利益诉求实现，确保工程招标向着科学方向前行。鼓励招标人通过缔约彰显其项目管理能力，提倡投标人通过缔约展现其价值与特色。可以说，优化招标程序、丰富实体要求成为这一视角下探寻招投标问题的核心方面。

(4) **交易环境视角**。招标活动高质量开展对交易环境建设提出了更高要求。在交易平台建设方面，电子招投标系统尚需优化完善，交易平台依托的各类公共资源系统数据缺乏深度共享，各资源系统接口尚需进一步开放。在服务平台建设方面，市场交易基础数据平台功能仍需完善，以人为本的服务能力仍需提升，人性化服务意识有待加强。在监管平台建设方面，要着力拓宽监管领域，为自愿以招标方式开展的非法定招标活动营造环境。此外，还应着力完善事中、事后在线监管功能等。可以说，改善交易系统、完善服务平台以及监管环境建设成为这一视角下探寻招投标问题的核心方面。

(5) **行政监管视角。**要创新监管方式，打造新型监管体系，加强对市场交易的有效引导，基于信用体系建设构建新监管格局。有必要立足工程建设项目审批制度改革，尽快完善行政主管部门协同联动机制，增强政府对重大项目工程招标调度力度。释放监管裁量权，将监管重心转移到构建新型监管保障体系中。要加强对市场主体行为的前瞻性分析，强化对市场发展趋势的宏观性预判，从而不断增强市场监管战略引导力。要立足信用体系建设，广泛树立反映市场化改革要求、展现活力的主体信用新特征。可以说，创新监管机制、完善保障体系以及树立信用新特征成为这一视角下探寻招投标问题的核心方面。

4.2.3 监管具体问题与对策

从上述工程招投标监管问题探寻的五个视角出发，紧密围绕各视角问题核心，梳理有关工程招标活动突出问题及对策思路详见表 4.2.1。

工程招标活动突出问题及对策思路一览表　　表4.2.1

方面	突出问题	主要对策思路
市场主体视角	部分建设项目建设单位招标人身份被转移	加强对建设单位宣传教育，强化对招标人身份核准，明确其法律责任，强化事中、事后监管检查，加大违法惩戒力度
	部分项目代建人履行了招标人法律义务	明确代建人法律权利、义务与责任，强化项目招标人身份核准，强化事中、事后检查监管，加大违法惩戒力度
	招标人对招标活动认知不足，未抓住时机实现项目管理利益诉求	增强针对招标人的宣传教育，增强其对招标活动本质与作用的认知，进一步突出招标活动在促进工程建设实施与管理中的作用，引导招标人利用这缔约机会充分满足其管理利益诉求，实现对项目管理的科学部署
	招标活动中未能有效激发主体活力	确保市场主体权利有效回归，引导招标人围绕其管理利益诉求组织开展招标活动，引导投标人立足其自身优势特征开展投标
	招标活动流于形式，交易深度不足，品质不高	激发市场主体活力，引导招标人结合项目特点，并紧密结合管理利益诉求在招标过程中充分提出项目管理要求。引导投标人将优势特征充分释放，最大化地响应招标要求，改善交易深度，提升交易品质
	招标活动参与主体能力不足	着力提升招标人对招标活动驾驭能力。引导招标代理围绕招标人需要及其利益诉求提供精细化伴随服务。着力改善投标人履约水平。优化资格评审及评标方法，创新投标方案

续表

方面	突出问题	主要对策思路
缔约标的视角	项目缔约、履约质量不高	引导招标人对招标活动科学策划，注重招标前置条件获取，确保招标准备达到成熟程度。突出招标过程文件尤其是资格预审、招标文件。对标的履约设计缔约过程，确保招标人项目管理要求在缔约过程的深度体现及履约中的全面实现。提倡市场主体相互开展履约评价，提升履约质量
	缺乏对全过程咨询、EPC等新型标的招标活动的规范	加强对全过程咨询、EPC等新型标的招标活动监管，制定颁布适用于新型标的标准文本。优化调整相关法规，引导促进信息化、新技术、新工艺针对工程建设领域的深度融合
	面对批量、多标段情形，招投标交易效率不高	针对道路交通、园林绿化等部分专业领域，进一步明确法规要求，细化完善有关批量、多标段招投标实质性条款
	《政府采购法》与《招标投标法》衔接及适用情况复杂	以修法为契机优化两部法律在行政监管、程序设计及实体要求等方面的顶层设计，优化下位法及相关政策性文件在适用范围上的衔接要求，确保衔接简明、科学
行为特征视角	干扰招标、围标、串标等违法行为时有发生	从多角度入手采取措施避免干扰招标、围标、串标等违法行为发生。包括依托大数据系统强化对违法行为的研判，强化对招投标经办人员登记备案与跟踪监管，加强对违法行为识别查证，以及将违法行为纳入招投标信用体系、增大违法行为惩戒力度等
	项目招标方案单一，优选趋同现象严重	针对部分技术要求高、设计难度大的项目尝试采用“两阶段”招标方案。有针对性地在不同专业领域，尝试创新资格预审及评标方法，提倡优选方案多元化、优选效果多样性
	资格预审及评标过程周期不足，现行评审机制在改善中标优选品质方面存在局限	结合项目特点，实施资格预审及评标的周期与方式差异化，增强不同专业领域评标专家能力。深入引导评审专家针对项目特点形成卓有成效的评审主张，以求在评审活动中发挥建设性作用
	招标过程文件未针对性定制，招标活动“走过场”现象严重	提倡招标人将项目管理思想纳入招标过程文件，尤其是合同条件。强化重大项目招标文件评审，引导招标人结合项目特点，有针对性地实施定制化过程。提倡项目管理模式广泛应用，鼓励专业项目管理机构协助招标人专业化定制招标文件等
	部分社会影响力较大项目出现投标周期被压缩，招标程序被简化的情形	强化对政府投资重大建设项目的招投标监管，将确保该类项目招标活动周期、履行完整法定程序作为重点，在法律体系中予以强调，并强化对这一情形违法行为惩戒力度

续表

方面	突出问题	主要对策思路
交易环境视角	电子招投标系统数据矢量化程度低，公共资源系统数据共享程度不高	进一步整合公共服务资源数据，加强数据矢量化，为实现招投标数据共享调用创造条件。完善电子招投标系统功能，增强公共资源系统数据接口类型与功能，提升数据共享程度等
	监管系统数据共享、互认程度不高，各类监管平台系统缺乏互联互通	进一步完善监管系统平台功能，实现招标活动事中、事后在线监管，针对重点环节、重点事项、重点领域强化监管，促进属地数据共享、互认等
	评标专家资源缺乏优化，评标专家能力存在局限	通过法律手段，优化评标专家能力提升机制，创新专家遴选机制，确保评标需求与专家资源合理配置
	未能针对非法定招标项目提供交易及监管服务	既要确保为法定必须招标的交易活动提供服务，也要确保非法定项目在选择招标方式缔约条件下，交易及监管仍能得以保障
	交易服务信息化平台功能不完备，服务环境人性化程度有待加强	围绕招标活动交易与监管开展人性化服务，创新完善交易服务信息化平台功能，提升工作人员服务意识和综合能力
行政监管视角	监管裁量权尤其是资审文件及招标文件审查裁量过于自由，仍不同程度地存在监管本位和便利倾向	消除监管本位与监管便利化倾向，构建招标活动新型监管裁量基准，通过规范和标准化监管行为，增强对自由裁量的约束力
	招标活动违法、违规行为时有发生，屡禁不绝	应进一步完善监管机制设计，构建违法风险警示告知机制，从强化事中、事后监管出发，并配合电子招投标系统和交易服务系统平台增强对市场主体行为的违法风险示警力度
	缺乏针对市场交易数据的宏观统计，缺乏对市场交易形势、数据指标的分析研判，缺乏对市场发展趋势的必要预测等	从完善招投标监管保障体系出发，通过构建大数据系统强化对市场交易活动的统计分析及研判，观测市场交易发展趋势。行政监管要充分依托公众参与、咨询顾问等多种手段强化监管保障体系建设，提升监管水平和市场战略引导力
	重大建设项目招标活动缺乏调度机制，制度性障碍掣肘招标活动高效推进	进一步落实工程建设项目审批制度改革要求，构建工程招投标联合监管与调度机制。特别是针对重大项目，确保招投标环节对推进工程项目发挥的关键作用，破除制度性障碍，提升交易效能
	招投标信用体系建设方向欠科学合理	破除传统招投标主体信用方向，树立反映新时代改革特征的市场主体信用特征，将市场主体的招投标信用与履约信用有效关联，重点将招标人实现科学项目管理、投标人诠释服务价值等方面作为主体信用新特征重要方面
	对干扰招标、围标、串标的惩戒力度不足	加大对干扰招标、围标、串标等违法行为的惩戒力度，丰富惩戒方式手段，增加市场主体在违背市场化改革条件下的违法成本

4.2.4 招投标监管总体对策

1.实施分阶段监管

（1）针对建设项目进展阶段实施监管。按照建设工程实施的不同阶段，针对不同招标类型实施专门监管，例如分别专门针对建设前期咨询服务、勘察与设计、施工总承包、监理及后期各类暂估价招标实施监管。针对建设工程不同实施阶段有针对性地进行监管，旨在根据不同实施阶段标的特点，突出不同类型项目在精细化监管过程中的不同导向，例如在设计招标中，应突出设计缔约中有关设计任务的要求与部署；在针对施工总承包招标中，应突出全过程管理要求并纳入招标文件；在监理招标中，应确保监理单位在面向后期项目实施中管理伴随服务的实现等。

（2）针对招标活动进展阶段实施监管。针对具体招标活动的前期准备、资格预审、过程文件编审、开评标及定标等环节实施监管。工程招标不同环节的监管，旨在突出不同阶段在精细化监管中的差异，例如针对招标准备阶段应强化前置条件完备性与合理性的监管引导，要强化招标人实施招标策划方案的编制能力。在资格预审阶段应突出投标资格条件设置的科学性与合理性的监管引导。在招标文件编审环节应突出招标人全过程管理诉求在文件中的落实等。在评标环节，则应重点围绕如何充分结合项目特点与需要优选高品质中标单位等。分阶段实施专业化监管将有效地发挥缔约过程对项目后期实施的巨大作用。

2.建立招投标评价机制

（1）**招标活动质量的评价**。行政主管部门应制定统一的招投标质量监管标准，侧重引导实现高质量的招投标交易过程。只有注重从招投标质量视角实施评价，才能全面提升招投标监管效果，实现卓有成效的招标过程。有关质量评价可以从招标组织效率、招投标合法性、招标准备完备性、招标文件编制深度与成熟度、招标项目符合程度、中标优选彻底性等方面进行质量衡量。质量评价应使用量化评价方法，通过质量评价指标体系促进工程招标向标准化、规范化开展。

（2）**工程招标成效的评价**。应将重点放在对工程招标成效的评价上。所谓招标成效是指招投标过程在项目后期实施给缔约双方带来利益的程度，尤其是对于后期标的实现具有重大意义。行政主管部门有必要细化有关成效评价内容。将工程招标对建设项目后期实施带来的成效显性化，构建形成自上而下的工程招标成效评价体系。

(3) **招标监管行为的评价**。对工程招标监管行为评价应着重从行为科学性、合理性以及监管成效等方面展开。实施科学的监管行为评价应首先建立监管行为标准。要在监管方向、裁量尺度、规范性等方面予以统一。加强监管行为评价是有效激励行政监管的重要手段，是提高行政监管质量的必然要求。

针对招投标活动应构建统一的跨专业、跨领域监管体系。既要发挥各类行政主管部门针对管辖项目的专业化监管作用，也要强化由更高等级行政主管部门作为第三方实施独立、统一的监管。只有基于上述两方面协同构建监管体系，才能最大限度地实现监管效果。此外，通过引入第三方机构开展科学评价，特别是推行工程招标后评价，才能从根本上提升监管质量。

4.3 市场主体的信用特征

2019年《国务院办公厅关于加快推进社会信用体系建设　构建以信用为基础的新型监管机制的指导意见》指出：以加强信用监管为着力点，创新监管理念、监管制度和监管方式，建立健全贯穿市场主体和全生命周期，衔接事前、事中、事后全监管环节的新型监管机制，不断提升监管能力和水平，从而规范市场秩序，优化营商环境，推动高质量发展。新时代，以供给侧结构性改革为主线，全面推进市场化改革。建设单位及广大服务单位作为工程建设市场主体，信用机制是调节激发主体活力的科学措施，以信用监管机制完备性及信用体系建设科学性为前提。当前，我国信用监管机制建设尚不完善，各类市场主体信用特征不够明显，主要表现在：未能充分反映市场主体能力与调节上，未能凸显市场主体科学的发展方向，未能迎合市场化改革总要求及满足高质量发展的根本需要，上述情况将导致信用机制对市场主体行为的调节失灵。

4.3.1 主体信用的根本特征

工程建设领域信用体系建设应以市场化改革目标实现为宗旨，以促进工程建设高质量发展为方向。

（1）主管部门信用特征。对于行政主管部门，其信用的根本是公信力。作为对履行监管职能的评价，政府信用是包括维护工程建设公平正义、引导行业良性发展有效性、订立建设领域改革目标合理性以及科学推进改革取得既定成效等在内的一系列反映。新时代，政府公信力的主要特征体现在构建新型监管体制方面，包括确定科学发展战略规划、建设科学行政监管模式、构建高效协调机制、通过介入项目方式实施有效过程监管、着力构建监管保障体系、实现自我修复监管过程及营造高标准的市场发展环境等方面。

（2）建设单位信用特征。对于建设单位，合法合规、高质量组织项目建设，实施高效的项目管理，落实行政主管部门要求是其信用的根本特征。其中，在参建单位管理方面表现在：挖掘竞争潜力优选参建单位、积极搭建项目管理协同体系、构建针对各参建单位的合约体系、通过完善的管理制度规制方式促使项目管理决策科学、规范。在事项管理方面表现在：制定周密实施计划、合理安排建设时序、把握项目推进时机、确保项目建设符合周期规律和客观要求。在要素管理方面表现在：注重各类要素相互关联，关注各实施事项针对要素管理目标的实现程度等。

（3）服务主体信用特征。落实行政监管要求及提升建设单位管理能力是树立服务主体信用特征的根本思路。信用特征顺应行政监管及行业改革发展需要，紧密围绕以建设单位为中心的管理协同，表现在：合法合规开展服务，深入贯彻落实政策文件要求，严格按照所签合同条件履约，兑现缔约承诺，展现服务特色，彰显服务价值，坦诚接受相关主管部门、建设单位或社会各方监督与评价。此外，还应具备较强的自我改进能力，不断创新服务理论方法，拓展服务产品，并借助信息及新技术手段促进服务效能提升。制定与行业改革及发展相契合的发展战略，不断完善经营管理之道，提升知名度，塑造品牌影响力，积极参与行业规则制定，不断实现社会价值等。

4.3.2 市场主体信用主要内容

（1）建设单位信用内容：对于政府投资项目，建设单位组织项目实施与管理过程严格按照政府要求进行，其信用也可理解为政府公信力在具体项目上的延展。围绕建设单位信用基本特征，梳理有关具体信用内容详见表 4.3.1。

建设单位信用主要内容一览表 表4.3.1

信用方向	主要内容
合法组织实施	在项目手续办理、组织各类项目咨询、全面开展招标合约、现场施工管理及竣工验收等工作，全面遵照国家法律、法规、规章要求，无不良信用记录
落实监管要求	秉持市场化改革与高质量发展理念，全面贯彻各类政策精神，落实各类监管要求，遵守各项监管规定，面对主管部门要求及时有效整改等
实施科学管理	采用合理适用管理模式，明确科学建设目标，注重项目管理策划与合约规划，制定项目可行的实施方案，应用科学的管理理念方法，实施有效参建单位管理，周密制定并应用管理制度，构建完整合同管理体系，与各参建单位保持有效协同，充分借助新技术手段提升管理效能，采取有效手段确保建设目标实现等
全面履行合约	将各项管理诉求纳入合同条件、确保合同完整性、构建基于合约约束管控体系。实施精细化管理，充分行使建设单位权利、义务及责任
形成优良实施成果	通过科学管理，使得项目在管理、服务及施工等各方面形成优良成果。面向实践总结提炼促进形成项目理论方法体系，进一步改进管理思想理论，形成项目知识库与资源积累

（2）服务主体信用内容：勘察、设计、监理及施工总承包单位是建设项目重要服务主体。目前，部分地区工程招标中已经广泛实施“信用标”机制，但仅仅将市场服务主体所获奖项、是否具有不良行为等作为确立信用标分值的考量因素，这显然是不全面的，有关服务主体信用的主要内容如表 4.3.2 所示。

服务主体信用主要内容一览表 表4.3.2

信用方向	主要内容
合法合规服务	所开展的咨询服务遵守国家法律法规的相关规定，以合法合规为前提开展各类咨询服务，无不良信用行为记录等
监管要求落实	秉持改革与高质量发展理念，全面贯彻各类政策文件精神，落实政府各类监管要求，遵守各项监管规定，面对主管部门要求及时整改等
管理诉求实现	秉持科学管理思想，全面落实建设单位对于科学管理需要的各类诉求，能够以项目目标为导向，围绕建设单位管理实施协同，与各参建单位良好配合，积极拓展管理伴随服务，能够顾全大局并有效摒弃业务本位等
诚信履行合约	诚实守信参与缔约活动，不发生过失情形，诚信履行合约，信守投标承诺，履行合同义务，行使合同权利，勇于承担责任，积极接受建设单位履约评价，不发生恶意索赔或恶意挑起合同纠纷等行为
展现服务能力	尊重项目客观规律，不断创新服务理论方法，积累类似业绩，服务能力与成果达到较高水平，提供有价值服务等
较强经营能力	业务发展的成熟度，积极开发服务新产品，引进技术与新工艺，积极改进服务手段，提升服务成效，采用先进经营管理理念，具有丰富的业务支撑及管控体系等

续表

信用方向	主要内容
具备核心竞争力	具备一定的社会知名度，具有一定影响力的服务品牌，在市场竞争中占据一定份额，展现行业竞争力，赢得社会广泛赞誉等
实现社会价值	广泛参与社会交流，积极推动行业发展，宣传推介良好做法，广泛参与规则制定，积极接受社会评价，争创行业示范与标杆，坚守职业道德与操守，具有与改革相契合的发展战略与发展文化理念，维护公共利益，承担社会责任，敢于担当等

4.3.3 分层信用评价机制

为彰显新时代市场主体信用特征，促进信用体系不断完善，有必要构建“分层”信用评价机制。所谓“分层”评价是指在项目层面，行政主管部门针对建设单位信用评价和建设单位对受托服务主体实施信用评价。评价针对各主体特征与主要信用内容展开。由行政主管部门负责搭建信用管理平台，专门面向市场主体具有的信用特征及内容实施管理，重在突出主体信用总体水平。项目总体信用水平反映了社会视角下市场主体公共信用能力，突出了主体信用的宏观性质，展示出社会价值，体现了项目层面特征，是在一定周期内信用积累的叠加反映。分层信用评价机制建立有利于构建完整、系统的新时代市场主体信用体系。

以深化改革为引领，工程建设高质量发展要全面树立客观、正确的信用导向，凸显市场主体价值内涵，充分挖掘各类市场主体信用内容，不断丰富信用主体特征，早日对市场主体发展形成充分、有效的约束与激励。通过信用体系的不断优化与完善，将工程建设高质量发展引向深入。

4.4 招投标法律适用情形

资金来源是确定招标与采购方式至关重要的因素，招投标与政府采购活动分属于不同行政主管部门监管，分别接受《招标投标法》和《政府采购法》调整，两部法律有着截然不同的适用范围。两部法律尽管在法律类型、立法原则、当事人责任界定等方面存在差异，但在本质特征上仍具备强制性、竞争性、时效性等

相似性。两部法律体系在不断演进中，曾出现由于某些概念不一致而导致适用范围混淆的情形，尤其是《政府采购法》指出的有关政府采购工程针对《招标投标法》适用问题尤为突出。2011年《中华人民共和国招投标法实施条例》（以下简称《招标投标法实施条例》）颁布后，这一概念得到统一。2015年《中华人民共和国政府采购法实施条例》（以下简称《政府采购法实施条例》）颁布后，两部法律适用范围进一步明确。可以说，当前两部法律适用范围已经得到了良好衔接。鉴于范围问题复杂性，在实践中仍有不少工程人员对此缺乏准确理解。只有深入了解行政监管体制的演变过程，才能科学实施招投标交易并有效化解过程风险。

4.4.1 与政府采购制度差异

关于招投标制度。20世纪90年代我国引入招投标机制，2000年《招标投标法》的颁布标志着招投标领域专属法律体系正式形成。2000年《国务院有关部门实施招标活动行政监督职责分工意见的通知》（国办发〔2000〕34号文件）颁布，标志着由国家发展改革部门总管、各行业行政主管部门分管的招投标监管格局正式确立。各级地方政府及行业主管部门结合自身情况纷纷出台了相关法规、规章，建立了招投标交易与监管环境。以某地区为例，房屋建筑与市政基础设施、园林绿化、机场建设等工程领域均建立了有形交易市场。针对勘察、设计、监理服务类以及工程类施工等，行政主管部门已颁布成熟的招标文件标准文本或推出若干示范文本，出台一系列规范计价类的政策文件，面向房屋与市政基础设施建设项目构建形成工程量清单计价体系。

关于政府采购制度。政府采购活动于1995年在上海试点，2003年《政府采购法》正式颁布标志着政府采购进入规范化阶段。《政府采购法》规定了各级财政主管部门实施监管，并明确指出工程类政府采购活动适用于《招标投标法》。相比而言，除纳入集中采购目录由集中采购代理机构组织采购的交易，财政主管部门并未针对非集中采购内容建立交易环境，也未像工程招标那样按行业或专业进行划分。政府采购活动中的服务、工程及货物，进一步按照预算类别进行划分，并由各财政部门下设的各级具体预算管理部室根据预算类别实施监管。预算管理受《中华人民共和国预算法》（以下简称《预算法》）调整，政府采购活动作为预算管理组成部分，其过程也必然受到该法约束。与其他类别政府投资资金相比，预算资金审批更为严格，政府采购活动须满足财政预算资金一系列刚性要求，并与后期预算管理各项工作紧密衔接。

4.4.2 法律体系差异

招投标与政府采购两类交易在性质上具有相似性，但从法律体系上看二者关系并不大，且存在一定的差异。弄清差异有利于工程人员把握交易局面、处置复杂问题，从而更好地组织和管理好这两类活动。关于两部法律体系差异主要体现在交易活动主体、法律类型、标的物特征、适用范围以及法律体系设计等方面的具体内容详见表 4.4.1。

招投标与政府采购法律体系设计差异一览表 表4.4.1

差异内容	招投标法律体系	政府采购法律体系	差异说明
交易活动主体	任何单位和个人	国家机关、事业单位和团体	招投标活动适用主体更广泛，政府采购主体范围窄，主要面向应用财政预算资金主体
法律类型	程序法	实体法	招投标法侧重法定招标程序调整与约定；政府采购法内容广泛，不仅限于政府采购程序，对采购活动及与预算相关联内容均进行调整与约定
标的物	类型相同，特点不同，尤其适用较为复杂标的物，如工程类及与之相关的货物及服务	作为货物情形较多，标的物类别与财政预算类别对应，类型有限，标的物规模和性质不复杂	主要类型划分相同，均分为服务、工程和货物三类。招投标法适用标的物种类广泛而复杂，政府采购标的物具有一定的时效性和计划性。招投标活动适用的货物或服务与工程密切相关，而政府采购活动适用的标的物相对关联性不强
立法目的	旨在规范和调整各类民事缔约行为	旨在规范和调整预算机关的公共采购行为	政府采购法是典型的规范和约束公共交易行为的法律，招投标法对一般交易活动具有普遍适用性
适用范围	适用各类缔约过程与市场交易活动，且不限于法定范围，方式灵活	仅限于财政主管部门核准范围，针对政府机关或国有主体的非经营性支出交易活动	对于工程类政府采购行为，在实体方面接受政府采购法调整，在程序方面接受招投标法调整。一切与工程密切相关的货物与服务均接受招投标法调整
法律体系建设	涉及各行业、各地方配套法规、规章完善，交易环境与监管平台融合顺畅，手段多样	中央和地方两级财政主管部门颁布法规、规章，缺乏交易环境，交易类型单一	招投标法律体系突出过程监管，各行业主管部门均出台详细而广泛的制度文件；政府采购与财政预算管理衔接、延续与融合

4.4.3 法律程序差异

招标方式选择、前置条件获取、代理机构委托、活动过程监管等均对交易过程产生影响，有关招投标与政府采购活动差异的具体内容详见表 4.4.2。

工程招投标与政府采购程序差异一览表　　表4.4.2

差异内容	招投标程序	政府采购程序	差异说明
招标方式	公开招标、邀请招标	公开招标、邀请招标、竞争性谈判、询价、单一来源、竞争性磋商及其他七种方式	政府采购方式更为多样，如竞争性谈判、竞争性磋商等，凸显了采购过程灵活性，提升了采购效率，节约了预算资金
前置条件获取	招标人依法成立、资金来源已落实、已经履行项目审批手续、具备设计图纸及技术资料	预算已审批、财政主管部门已核准	招标程序前置条件更为复杂，均应具备一定的行政审批、技术与经济条件
监管目标	侧重对程序环节监管，建立有形交易与监管环境	侧重对过程采购结果的监管，未建立有形交易环境	招投标监管侧重程序合法、合规性，政府采购监管侧重监督采购活动对预算执行的效果
公开招标过程	招标文件无须技术论证环节，定标环节须进行中标候选人公示	招标文件发售前须组织技术论证，评标委员会定标，仅对中标结果公示	在招标文件内容上存在较大差异，如评审方法、废标条件、评审要素以及投标须知、合同条件等，两类主管部门对招标文件及合同文本颁布了示范文本，在招标或采购过程中经济文件编制与拦标方式存在差异
邀请招标过程	直接确定邀请人，并发出投标邀请书，可进行资格后审	须资格预审，针对通过资格审查的申请人，随机确定邀请人	招投标法界定的邀请招标程序简单，与公开招标相比招标周期短，政府采购邀请招标程序复杂

实践中，交易方式类型远超出招投标与政府采购活动的法定种类，常称为“比选”“选聘”“谈判”“征集”“竞争性比较”等，在执行程序上与两部法律法定活动具有一定的相似性。上述非法定活动程序由于不具有法定性，且组织过程灵活多样，在一定程度上提升了缔约及交易效率。然而由于缺乏法律约束，相对法定方式而言程序执行过程严谨性较差。应以公开、公平、公正、诚实信用原则为基础，有必要针对非法定方式采取有效措施以强化程序严谨性。对于非法定缔约交易，鼓励参照招投标或政府采购法定方式。但只要选择采用法定活动，就必须

按照法定程序执行。实践中，曾出现招标人或采购人对招投标或政府采购程序混用的情形，究其原因可能是由于对两类活动差异理解不够深刻造成的。

4.4.4 法律总体适用情形

1.法定招标范围界定

自立法以来，经过法律体系不断完善和发展，有关履行法定招标与采购义务范围的界定日趋成熟。其中两部法律体系分别通过明确“建设项目招标范围和规模标准”及“集中采购目录、采购限额标准”方式细化适用范围。就《招标投标法》体系而言，在法律位阶角度，从给出法定范围初步内容类型与性质，到行政法规中进一步明确招标类型所对应的具体内容及投资标准，再到地方性规章规制标的规模、技术参数等多角度界定。此外，还包括从对工程与服务约定，发展到对重要材料、设备范围细化等，从明示履行法定公开招标义务范围到明确履行邀请招标义务或不进行招标的范围等。两部法律对应的实施条例更是通过对“工程”一词入手对适用范围进行统一，并通过进一步对条例进行释义的方式明确了“政府采购工程”的范围。

2.适用范围结论

通过对法律体系发展历程的梳理，两部法律适用范围约定已变得清晰，可得出以下结论：

（1）《政府采购法实施条例》在两部法律适用范围界定上统一了有关概念，标志着在法律约定上完成衔接，即政府采购工程达到《招标投标法》体系法定招标范围时，须接受《招标投标法》调整。未达到时，实施主体可采用《政府采购法》体系规定的采购方式，即并非只要达到《招标投标法》体系法定义务范围的工程、货物或服务均只受《招标投标法》调整。

（2）两部法律关于适用范围的衔接问题通过工程、货物及服务三个内容类型分别约定和进一步阐述说明实现。

（3）关于“工程”，两部法律一致性认为：只有政府采购工程中“建筑物和构筑物的新建、改建、扩建及其相关的装修、拆除、修缮”才成为考虑是否为《招标投标法》体系所称的必须进行招标的建设项目的前提，即与“新建、改建、扩建”无关的、单独的装修、拆除、修缮等则属于《政府采购法》体系调整范围。《对政府采购工程项目法律适用及申领施工许可证问题的答复》（国法秘财函

〔2015〕736号文件）已给出了明确约定。

（4）关于“货物”，《政府采购法实施条例》强调了《招标投标法》体系调整的内容是指构成工程“不可分割”的组成部分，且为实现工程“基本功能所必需的设备、材料等货物”。“不可分割”是指离开建筑物或构筑物主体就无法实现其使用价值的货物。《政府采购法实施条例释义》则进一步解释了基本功能，即使得建筑物、构筑物投入使用的“基础条件”的货物属《招标投标法》体系调整，而“附加功能”的货物则属《政府采购法》体系调整。

（5）关于“服务”，《政府采购法实施条例》强调只有与“工程建设有关的”服务才受《招标投标法》体系调整。《〈中华人民共和国政府采购法实施条例〉释义》则进一步指出，“工程建设有关”的服务是指整个工程“必不可少”的服务，属于《招标投标法》体系调整。而即使是有关的，但并不是“必不可少”的服务，也不能认定为“工程建设有关”的服务，如投资咨询、全过程造价咨询、审计服务等，均可纳入《政府采购法》调整范围。

（6）针对货物与服务，《〈中华人民共和国政府采购法实施条例〉释义》进一步强调“建设过程”这一概念，即“建设过程”中未竣工验收的与“工程建设有关”的货物与服务属于《招标投标法》体系调整，而竣工验收后的则属于《政府采购法》体系调整。

鉴于两部法律分属不同法律类型，即《招标投标法》属于程序法，《政府采购法》属于实体法。因此，建议针对政府采购工程适用法律范围的判定，在遵守上述各结论的前提下，原则上凡涉及程序性的事项可考虑服从《招标投标法》体系，涉及实体性的事项则服从《政府采购法》体系。

3.工程变更适用招标情形

当建设项目中有关工程变更的规模及内容超过单位工程范畴时，对于资金来源于政府固定资产投资的建设项目，应按照《招标投标法》体系关于履行法定招标范围约定进行判定。针对单位工程或分部分项工程变更，当实施主体已明确，即便超出履行法定招标范围时，则不应再履行法定程序，直接通过组织工程变更予以实施，但仍可由当前实施主体就变更材料与设备内容单独招标。对于变更单位工程或分部分项工程尚未履行招标程序的，则可按工程变更后新单位工程或分部分项工程组织招标。对于资金来源于财政性资金的建设项目，即便是因为政府采购工程财政预算管理的严格性，工程变更应在遵循财政资金“专款专用”使用原则的基础上，通过与财政部门沟通，待原预算范围新增或工程变更得到审批或核准后再实施。政府采购工程虽受《招标投标法》调整，但针对工程变更的缔约过程也须经财政部门审批，这有利于财政预算资金管理的延续性。

4.影响因素与参考顺序

工程人员应掌握判定履行法定招标或政府采购义务的关键因素。基于上述分析，有必要按图 4.4.1 所示步骤进行。首先应从项目性质上进行判别，两部法律首先对各自调整范围项目性质作出规定，因此，应依据项目性质对是否需要履行法定招标或采购义务作出判断。其次，在厘清自筹资金、财政性资金或固定资产投资等不同资金来源及各自分别对应的实施内容基础上进行判定，着重关注财政性资金范围内需履行政府采购义务的情形。再次，重点将项目实施主体作为重要因素，以其判定标的产权归属。鉴于《政府采购法》界定的采购人仅为国家机关、事业单位和团体组织三类，其范围远小于《招标投标法》界定的招标人范畴。因此，通过对主体的判定也可以基本断定缔约活动应履行法定程序的类别。此外，通过对标的物属性，包括建设用途、规模、监管要求及技术标准等的分析，可以对初步判定结果予以核实。需要指出的是，项目合约规划及相关规范如《建筑业

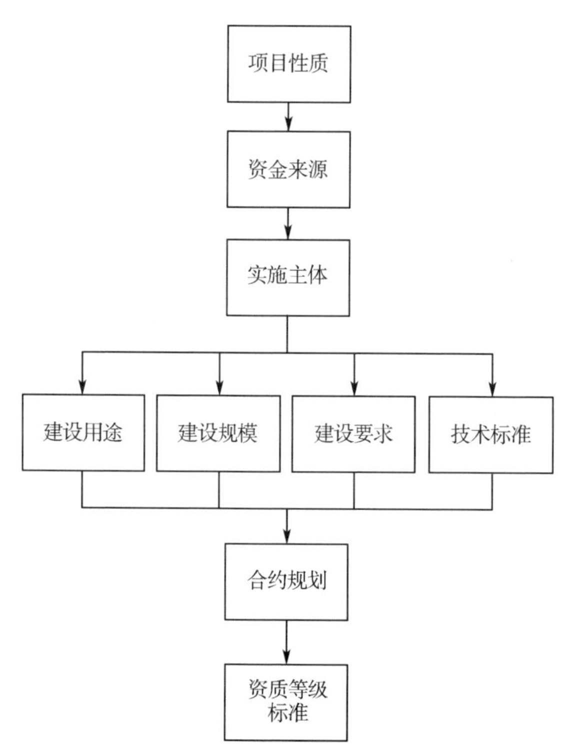

图4.4.1　判定标的履行法定缔约义务的影响因素与参考顺序

企业资质等级标准》等均是重要的判定依据。其中，合同内容整合与优化过程同样为判定所需履行的法定义务奠定了基础。

5.非法定招标的缔约活动

直接委托是指实践中组织非法定招标与政府采购缔约活动的一种委托情况。相比法定方式，直接委托一般包括竞争性与非竞争性两种方式。非竞争性方式是指不通过竞争性选择而直接确定缔约方，相反竞争性方式则包括比选、选聘、谈判等多种类型。需要指出的是，这些方式在称谓、程序及内容上尚缺乏统一规定，其组织过程灵活多样。实践中，有参照公开或邀请招标程序组织的，也有以经简化后法定程序或将法定程序变化后开展的。上述非法定方式均不属于两部法律调整范围，任何竞争性方式也不属于法定方式。上述竞争性缔约过程，均缺乏行政主管部门监管，有关缔约组织过程与程序设计也并非法定招标程序那样严谨。因此，建议当实施主体组织上述竞争性缔约活动时，主要环节有必要参照法定程序进行，并秉持两部法律的立法原则。

4.4.5 固定资产投资项目的适用法律问题

政府固定资产投资建设项目无论是从规模还是数量上，在我国所有建设项目中均占据较大比例，其工程招标活动十分活跃。固定资产投资作为政府投资管理关键领域，明确其招标活动法律适用问题意义重大。目前，政府固定资产投资作为财政性资金，同样纳入财政预算管理，理论上招标活动应适用于《政府采购法》。然而在体制上，我国政府固定资产投资项目从行政审批到过程监管均由发展改革部门实施，尤其是在工程招标方面，发展改革部门更是依据《招标投标法》体系对项目招标方案予以核准，并针对其核准的勘察、设计、施工、监理及重要材料、设备的招标进行监督。固定资产投资有关“工程建设其他费”中未得到核准的咨询服务事项，以及由企业性质法人实施的建设项目部分内容等的招标采购活动适用法律问题似乎不够明确。鉴于此，全面深入探究政府固定资产投资建设项目招标活动法律适用问题必要而迫切，尤其是在当前改革背景下，对于强化政府投资监管、规范政府投资项目工程招标具有十分重要的意义。

1.政府采购范围界定的因素

《政府采购法》立法目的主要是规范公共交易行为，作为交易主体的采购人，其类型必然是判别交易行为是否适用于《政府采购法》的重要因素。2015年实施的新《预算法》规定：政府的全部收入和支出都应纳入预算管理。《政府采购法实施条例》指出：《政府采购法》所称的财政性资金是指纳入预算管理的资金。据此，对于政府采购活动，其采购资金是否“纳入预算管理”成为界定采购范围的又一重要因素。上述两个因素成为判定《政府采购法》适用问题的主要条件。

2.两部法律适用范围的衔接

（1）**总体适用范围衔接：关于《政府采购法》与《招标投标法》适用范围的衔接是通过“政府采购工程”的概念来实现的。界定政府采购工程的重要前提是要看项目资金来源是否纳入财政预算管理。《政府采购法实施条例》第七条指出：政府采购工程及工程建设有关的货物、服务，采用招标方式采购的，适用于《招标投标法》。采用其他方式采购的，适用于《政府采购法》。这包括两层含义：第一，政府采购工程及工程建设有关的货物、服务既可以适用于《招标投标法》体系，也可以适用于《政府采购法》。第二，政府采购工程及工程建设有关的货物、服务只有达到《招标投标法》法定招标规模标准的才应采用招标方式，进而适用于《招标投标法》，而未达到规模标准的，则应适用于《政府采购法》。**

（2）**具体适用范围衔接：关于工程，《政府采购法实施条例》指出：政府采购工程是指建设工程，包括建筑物和构筑物的新建、改建、扩建以及其相关的装修、拆除、修缮等，这类内容适用于《招标投标法》。而政府采购工程中与建筑物和构筑物新建、改建、扩建无关、单独的装修、拆除、修缮等则适用于《政府采购法》。关于货物，《政府采购法实施条例》所称的工程建设有关的货物是指构成工程不可分割的组成部分，且为实现工程基本功能所必需的材料、设备等，仅上述货物适用于《招标投标法》。《〈中华人民共和国政府采购法实施条例〉释义》进一步指出：“不可分割”是指离开建筑物或构筑物主体就无法实现其使用价值的货物。“基本功能”则是指建筑物、构筑物达到能够投入使用的基础条件，不涉及建筑物、构筑物的附加功能。而实现“附加”功能的服务则属于《政府采购法》调整范围。关于服务，《政府采购法实施条例》所称的与工程建设有关的服务，是指为完成工程所需的勘察、设计、监理等服务。具体来说，与工程相关的服务应当是完成整个工程所必不可少的服务。政府采购的服务即使与建设有关，但并不是完成该工程所必不可少的，也不能认定为“与工程建设有关”的服务。**

3.固定资产投资项目适用法律具体情形

为便于法律适用问题的探究，依照实施主体性质不同将政府固定资产投资建设项目进一步分为两类：第一类由国家机关、事业单位或团体组织作为主体组织实施的建设项目，第二类由国有企业或其他性质主体组织实施的建设项目。无论项目内容如何，只要实施主体确定，则其适用法律的情形也就基本确定。

（1）第一类项目适用法律情形：第一类项目应适用于《政府采购法》体系，这是由于第一类项目符合适用《政府采购法》体系的全部条件。将第一类项目进一步划分为两部分：第一部分为纳入“政府采购工程以及与工程建设有关的货物和服务”的内容；第二部分为未纳入“政府采购工程以及与工程建设相关的货物和服务”的内容。针对第一部内容，凡达到《招标投标法》法定必须招标规模标准的工程、货物和服务均适用于《招标投标法》体系，凡未达到的则适用于《政府采购法》体系。第二部分内容则全部适用于《政府采购法》体系。此外，由于《政府采购法实施条例》第七条指出：政府采购工程以及工程建设有关的货物、服务，应当执行政府采购政策。因此，第一类项目均应执行政府采购相关政策。

（2）第二类项目适用法律情形：第二类项目则不适用于《政府采购法》，这是由于项目实施主体并非政府采购主体。针对这类项目，发展改革部门依据项目招标方案核准，并指出项目必须招标的工程以及与工程建设有关的货物和服务内容。需要指出的是，由于该类项目不属于政府采购活动范畴，则不存在诸如“政府采购工程”“政府采购工程及工程建设有关的货物、服务”等概念。为便于对法律适用问题深入探究，参照第一类项目“关于政府采购工程及工程建设有关的货物、服务”的划分口径，同样将这类工程划分为两部分。目前，发展改革部门仅针对该类项目第一部分内容进行核准，尚缺乏对第二部分采用招标方式的核准以及竞争性缔约活动的监管。此外，由于第二类项目并非属于政府采购范畴，因此无须执行政府采购相关政策。

4.完善法律及监管机制的建议

（1）完善法律的建议：在明确政府固定资产投资项目属性方面：建议对政府固定资产投资建设项目进一步分类，明确政府固定资产投资与“财政性资金”特别是“财政预算资金”的关系，从而为判别法律适用情形奠定基础。在法律体系衔接方面：首先，应针对政府采购项目中尚未达到《招标投标法》中关于“必须招标的工程项目规模标准”内容的法律适用情形及采购方式予以明确。其次，针对该类项目进一步对“未纳入‘政府采购工程以及与工程建设相关的货物和服务’范畴的工程、货物和服务内容”的法律适用情形及采购方式予以明确。此外，对《招标投标法》中有关“工程”的概念进一步细化，区分“政府采购工程”而对所有“工程”内容所需采用的招标方式予以明确，从而为发展改革部门及财政部门实施招标与采购活动监管创造条件。另外，对于既未达到必须招标的工程项目规模标准又未达到政府采购限额标准的工程、货物及服务，应对其所实施的竞争性缔约方式提出指导性意见。

（2）强化监管的建议：在政府固定资产投资管理方面，建议针对第一类项目，探索财政部门介入投资审批或过程监管的可能性，尝试构建财政与发展改革部门联合实施财政预算管理的机制，跟踪项目概、预算执行情况，确保项目投资估算及初设概算不突破经审批的项目财政预算控制范围。在强化招标与采购监管方面，针对第一类项目，发展改革部门应根据项目招标方案对第一部分涉及必须招标的工程项目规模标准内容的招标方式予以核准，而对第一部分尚未达到法定招标规模标准的以及第二部分内容，则应会同财政部门明确法定采购内容并核准采购方式。对于第二类项目，发展改革部门需进一步强化对于达到必须招标的工程项目规模标准的服务类事项的招标方式进行核准，以及强化对未达到必须招标的工程项目规模标准的缔约过程监管等。

尽管《政府采购法实施条例》通过进一步细化明确“政府采购工程”概念的方式使得《招标投标法》及《政府采购法》在一定适用范围上得以衔接，但由于政府固定资产投资建设项目在招标采购活动法律适用问题上的复杂性，使两部法律在针对该问题的调整上仍可能存在漏洞，其原因虽可归结为招标与采购两类活动监管分工尚需进一步明确，从深层次看，也凸显出现行财政性资金管理体制机制仍需要沿着预算制度改革要求继续完善。

4.5　电子交易方式与改进

2017年，六部委联合印发《“互联网+”招标采购行动方案》，提出充分发挥市场机制调节作用，培育“互联网+”招标采购内生动力，推动招标采购从线

下到线上交易转变，实现招投标与互联网技术深度融合。指出要坚持互联互通、资源共享，依托电子招标投标公共服务平台，加快各类交易平台、公共服务平台和行政监督平台协同运行、互联互通、信息共享，实现招标采购全流程透明高效运行。加快电子招标投标系统与公共资源交易平台、投资和信用平台的对接融合，推动市场大数据聚合及深入挖掘和广泛应用。行动方案还提出实现覆盖全国、分类清晰、透明规范、互联互通的电子招标采购系统有序运行，以协同共享、动态监督和大数据监管为基础的公共服务体系和综合监督体系全面发挥作用，确保招标投标交易向信息化、智能化转型。

从目前部分地区电子招投标发展情况来看，未能充分发挥互联网与信息技术优势，数据资源共享程度不够、系统交互能力及智能化程度还比较低，功能不够丰富，面向交易实体需求的可扩展性不强，致使部分地区电子招投标发展似乎在一定程度上偏离了行动方案的轨道，若不能得到及时解决，将可能制约电子招投标发展进程。

4.5.1 电子招投标系统的特性

电子招投标是交易手段的变革，是借助“互联网”及信息技术促进交易的实现，以达到提升交易效能的目的。电子方式存在以下典型特性：**一是数据平台特性**。即招标采购交易活动必须依靠电子平台系统，其必要的公告发布等传播行为必须依靠交易平台实现。其全过程依托于对平台资源的调用，因此必然与各类社会资源平台实现对接。此外，其全过程接受主管部门监督，需要与监管平台有效对接。**二是数据交互特性**。即招标交易过程实现各主体间数据交换，通过电子方式将各类数据在平台交互，例如将招标文件推送给投标人，将投标文件数据推送给评标委员会，将评标委员会的评审数据推送给招标人。**三是数据调用特性**。即招标采购过程涉及市场主体间完整交易过程，因此在招标人针对投标人的优选过程中，对于系统外部，例如在资格预审阶段可广泛借助调用社会公共资源系统所积累的数据对投标人资格进行验证与评判。在系统内部，评标委员会针对投标文件的评审也需要调用投标文件信息数据。**四是数据共享特性**。即招标活动所形成的数据必将作为行业大数据的组成部分，部分重要数据根据业务发展需要进行共享。可以说，基于上述主要特性所实现的电子招投标将使交易成本大大降低，缔约过程更加敏捷、高效。

4.5.2 招标采购项目个性化定制

目前，电子招投标系统在实施标准过程中，不仅呈现流程标准化，在一定程度上出现了实体内容的标准化倾向，诸如在借鉴标准或示范文本基础上，进一步固化了文本内容和客观评审分值，淡化了项目个性化定制能力，削弱了交易过程的针对性，这一倾向使得电子招投标发展偏离了初衷。因此，保持招标活动合理化定制的功能十分关键，这是提升电子招投标品质并促进电子招投标交易高质量的前提，有关项目个性化信息内容如表 4.5.1 所示。

项目个性化信息内容一览表　　表4.5.1

个性化内容	典型因素
项目基本信息	项目名称、项目规模、项目类型等
项目管理诉求	项目策划、项目需要、管理要求等
项目主要问题	重点问题、难点问题、项目风险等
项目环境条件	项目局面、项目阶段、项目区位等

招标活动只有面向定制化的需求，实现投标响应才真正具有意义，才能够通过竞争性本质充分展现优选功能。实现招标采购的最终目标，依靠对项目个性化定制，也只有针对性地实施招标过程才能确保缔约充分而科学。

4.5.3 电子招投标发展问题与改进

（1）**矢量数据的共享调用。**电子招投标系统既要解决交易问题，又要解决监管问题，需要借助若干有效衡量市场主体能力的系统。多类公共资源平台将对招投标交易与监管形成有效支撑。电子招投标系统也需要向众多公共服务平台推送数据，确保实现资源共享及互通。目前，现有系统针对客观评审要素仍由投标人自行填报并提交数据。典型的客观评审数据则需要通过对公共资源交易系统共享调用方式实现，而不是由投标人自行提交，这类数据称为矢量化数据。其中在资格预审中电子招投标系统可通过与公共服务交易系统实现调用的数据信息包括：企业营业执照、资质证书、认证体系文件、财务数据、企业信誉、违法记录、类似项目业绩、拟派团队人员信息（职称、学历、类似业绩等）、在施和新承接项目情况，上述矢量数据充分体现出面向对象的数据应用思想，为电子招投标系统与各类平台数据交换创造条件，是未来电子招投标发展的方向。

（2）**客观数据的智能评审**。客观评审因素涉及的数据占据一定分值比例。目前，对于客观评审因素的矢量化数据，诸如上述资格预审涉及的主要内容，在电子招投标系统中仍由评标专家进行评审，包括对数据真实性、有效性判定等，其缺点是验证过程缺乏保障。而基于远程调用的情况下，其数据真实性和有效性判定在调用过程中验证，充分发挥了电子系统数据共享优势。矢量数据有利于评审系统的直接调用并判定，提升了评审效率与准确性，为实现智能化评审奠定基础。因此，利用电子招投标系统完成客观数据尤其是矢量数据评审是未来发展方向之一。

（3）**主观数据的辅助决策**。主观评审因素和分值比例设置取决于项目个性化信息，尤其是对招标人缔约诉求及管理要求的响应是重要的主观评审因素。为便于系统调用和实现评审交互，在电子招投标系统中，主观评审因素应独立于客观因素设置。不同于矢量化数据系统可实现自动评审，对于主观评审数据，系统仍可以实现数据快速定位与查询。因此有必要在电子评标系统基础上开发辅助系统，实现对主观数据快速提取以及投标数据的高效提炼。辅助系统为评审专家提供必要的辅助，协助实现评审分析与决策，包括协助评估、关联分析、协同计算等。

（4）**评审数据的跟踪与落实**。电子招投标系统有效提升了评审质量，对于投标方案的可行性与响应度做出了更加精准的研判，加深了交易主体诉求的强烈性，增强了交易过程的彻底性，特别是对投标人能力的评审将更加精准。基于电子招投标系统开发的辅助决策系统，使得评审能力更加强大，充分展现出电子招投标系统的系统性。与传统招投标方式不同，基于电子招投标实现的评审过程在提出优选的中标候选人的同时，更能够指出其不足，甚至对招标人的资格预审或招标文件提出合理化建议。电子招投标系统还可实现将有关意见和建议向投标人和招标人推送，以及对后续履约状况的跟踪。

针对上述电子招投标系统发展中面临的问题，系统建设应立足抓紧与公共服务平台数据共享，强化数据矢量化应用并完善系统评审功能。着力优化客观及主观数据评审功能，重点拓展和丰富主观评审功能，开发辅助评审系统，增强系统判断力和决策力，使系统向智能化评审迈进，以全面提升评审质量和效率。

4.6 工程总承包招投标监管与组织

导读

工程总承包（即 EPC），是从国外引进并广泛推行的一种高效、集成化的建设实施组织模式。以 5G、大数据、人工智能、云计算、区块链、BIM、GIS 等为代表的新技术拓展，也给 EPC 项目实施带来发展机遇。钢结构、装配式、节能建筑、智能建筑等新技术理念推广为 EPC 项目实施提供了广阔空间。EPC 招投标交易在监管过程、程序执行或交易服务三方面均充分享受到互联网带来的高效能。作为当下发展的重点，BIM 技术成为 EPC 融合的关键，以 BIM 技术支撑的面向工程项目实体分解的计算模式为实现技术经济优化创造条件。此外，有关法规也将装配式建筑作为 EPC 模式推广应用的领域。

面对 EPC 招投标交易活动，行政主管部门应进一步细化完善有关政策，引导招标人实现信息及新技术在 EPC 项目中的应用，充分激发投标人创新活力，在评标方法中以评审要素形式固定下来，形成对投标人创新过程的考量。将新技术应用作为 EPC 交易主体的信用特征，并纳入信用管理体系。鼓励 EPC 承包商针对复杂工程项目及非标建造过程探索可行的操作方式。

4.6.1 工程总承包招投标监管

(1) EPC 招投标监管总体思路。有关 EPC 招投标监管至少应从以下几方面总体考虑：

第一，尽快明确监管分工，成立专门针对 EPC 招投标交易的监管机构，引导市场推广 EPC 模式，着力破除 EPC 模式实施制度性障碍。

第二，EPC 作为一种新型标的，其必将在法律位阶层面予以明确。地方有关招投标交易规章也将从程序、实体等方面做出详细规定。由此，EPC 招投标将作为法定交易类型以及制度安排得以强化，其有关约束交易行为的法律内容将逐步完善。

第三，完善 EPC 招投标监管交易环境，构建系统、科学的监管保障体系，丰富 EPC 交易服务、电子招投标、过程监管平台功能；优化专家库资源，加速公共交易资源整合及数据共享进程；强化 EPC 实施主体信用体系建设，构建交易大数据系统；完善示范文本体系，推进 EPC 缔约交易与履约标准化建设。

第四，引导构建面向建设单位全过程项目管理的 EPC 项目科学履约过程。实现 EPC 承包商及相关参建主体针对建设单位管理协同的局面，着力激发 EPC 交易主体活力，强化主体责任，归还主体权利，释放交易空间。着力丰富 EPC 合同条件以及管理制度体系，丰富协同伴随服务，确保 EPC 项目实施建设目标实现。

第五，以工程建设高质量发展为契机，加强 EPC 招投标交易信息化及与新技术广泛融合，促进 EPC 在新工艺方面的深度应用。强化 EPC 创新过程，破解全过程咨询、监管合一条件下 EPC 实施方案。着力结合《政府投资条例》《工程建设项目审批制度改革实施意见》等文件要求，探索顺应时代的招投标监管机制。

第六，强化针对中介咨询机构管理，引导和鼓励招标人对委托代理机构提出精细化管理要求，实现面向履约和围绕项目管理协同的服务模式，着力开展代理服务履约评价，强化招标代理机构执业道德建设，形成契合高质量发展需要的咨询服务理念。

（2）EPC 招投标监管分工。目前，部分地区关于 EPC 招投标交易活动监管分工尚不明确，在区、县两级分工方面缺乏成熟做法。根据《国务院办公厅关于印发国务院有关部门实施招标投标活动行政监督的职责分工意见的通知》（国办发〔2000〕34 号）文件要求，招投标监管分工是由发展改革部门实施总体负责，牵头有关法律、法规的制定，各国务院及地方相关主管部门根据各自职能部门分工分别对各自管辖范围专业、行业领域实施监管。根据业内已形成的监管分工做法，EPC 招投标监管可按照各部门分工分别对所辖领域实施具体监管，如水务、园林、交通类项目则分属水务、园林、交通行政主管部门下设机构监管。针对房屋及市政基础设施建设项目，EPC 招投标活动可总体交由地区住房城乡建设部门统一监管，扩展其下设招投标行政主管部门的监管职能范围。但考虑地区规划、地区住房城乡建设部门对项目规划、设计等工作审批职能的衔接，对以方案设计或之前时点实施的 EPC 项目可由相关行政主管部门联合实施招投标监管。为强化监管职能，确保有据可依，以地方招投标规章及政策文件完善为契机，加强对 EPC 招投标交易程序和实体内容约定，将有关监管分工在规章层面予以明确，分别由地区发展改革、规划、住房城乡建设部门细化出台规范 EPC 招标交易活动的地方性规章。

（3）EPC 项目投资监管。与传统模式相比，EPC 项目强化了设计与施工一体化融合过程，但具体设计与成果在验收上并无太大差异。对于政府投资建设项目，EPC 实施应紧密围绕政府有关投资管理的行政要求展开，总体监管思路为：在战略规划层面，夯实相关项目隶属行业领域的发展规划研究，为项目立项及可研论证奠定坚实基础，这有利于明确投资目标，是确保 EPC 项目顺利实施的必要条件。在监管模式层面，构建各部门联合协调调度、联审监管机制，体现“介入项目”监管思想，依托建设单位全过程项目管理，形成科学监管主导模式。在项目组织层面，倡导各参建单位围绕建设单位形成管理协同局面，强化 EPC 实施主体对建设单位的协同过程。在监管保障层面，要重点完善政策、指标及标准体系，构建大数据系统、信用平台及市场评价体系。上述四个层面必将为 EPC 项目监管及实施创造良好环境。可以说，**EPC 政府投资管控的总体思想是“限额设计”，其核心理念是“价值工程”**。其本质要求是技术经济要素的融合，在确保总体目标条件下，实现 EPC 项目各方面管理处于有效推进的良好状态。有关构建以设计为主导的 EPC 模式建议如下：

在 EPC 设计环节：在限额设计主导下，厘清限额设计与价值工程关系，全面实现基于价值工程理念的设计过程，以明确的项目投资限额目标，分阶段、分步骤推进限额设计，抓住建设项目单项、单位、分部、分项及工序内在联系，始终以价值工程为手段开展设计优化。在全面考虑进度、安全、质量等管理要素的约束下，强化技术经济论证，即在方案设计阶段，开展多方案比较与估算论证，以经批准的估算作为限额设计总体目标。在初步设计阶段，以经批准的投资估算为限额组织开展初步设计及价值分析，优化初步设计成果，提出以经批准的初步设计概算为限额的管控目标。在施工图设计阶段，以经批准的初步设计概算为限额组织开展施工图设计与论证，编制详细施工图成果。行政主管部门可重点基于这一理念实施监管，监督限额设计执行，跟踪设计成果与政府投资要求的吻合度。

在 EPC 采购环节：做好采购与上游设计与下游施工的衔接。对于上游设计，要求采购与设计人员密切配合，确保采购技术条件及时提出，采购人员全面参与设计过程，确保有关采购目标顺利实现。采购人员根据施工组织提出采购计划，并跟踪设计人员及时落实。组织联系中标供应商围绕中标方案深化设计，牵头与 EPC 设计单位对接等，这一过程要反复围绕造价管控，实现限额设计交底，落实项目总体限额要求等。对于下游施工，要密切跟踪依托施工组织设计形成的采购计划执行情况，组织中标供应商开展供货，以实现供应商管理，并通过优选方式管控项目成本。

在 EPC 施工环节：依托现有成熟的工程量清单计价方式，遵循行业通用价款结算做法，在推进施工图设计中广泛实现基于价值工程的优化。在实施面向工程变更、洽商的造价管控中，一方面将管理重点放在专业工程限额深化设计管理上，另一方面放在对各类材料设备的认质认价上，要依托建设单位项目管理过程，形成丰富的基于合同约束的文本体系，在总承包、分包层面对价款认定、调整、结算、支付形成规范制度体系。上述各环节阶段有关投资管理虽在一定程度上由建设单位主导，但更需要通过行政监管引导实现。

（4）招投标监管裁量权。在某些地区，部分行业领域招标活动出现过度行使监管裁量权的情况。站在监管本位，单方面追求监管与便利化，忽视交易主体利益，未能尊重主体合理交易诉求，大大压缩了主体缔约交易自由空间。此外，也出现过度细化监管规则、烦琐设置市场交易约束条件、注重文件形式而非实质的错误监管导向。上述情况给招投标缔约双方尤其是招标人带来沉重负担，对市场交易造成不合理干涉，背离了《招标投标法》立法初衷，不利于招投标交易在市场化改革中发挥作用。

新时代强调市场对资源配置的决定性作用，为激发市场活力，迫切需要对包括 EPC 在内的各类招投标交易监管予以调整。围绕交易主体利益及合理诉求，通过引导主体行为，并采取有效措施维护其正当交易权益，以主体服务为中心，实现对交易主体潜能释放与激发。进一步明确 EPC 交易主体在缔约交易中的重要地位，赋予 EPC 交易主体更高的自由度，注重从 EPC 履约视角对监管实施改革，引导 EPC 交易主体充分利用缔约过程实现自身科学项目管理的利益诉求，并针对标的特点引导形成多元优选机制等。

对于 EPC 过程文件备案，应尽快着手推出监管裁量权标准。依据《规范工程建设行政处罚裁量权实施办法》和《工程建设行政主罚裁量基准》等文件要求，研究地区《规范工程建设招投标交易活动监管实施办法》和《工程建设招投标交易活动备案监管裁量权基准》，并以此为基础明确监管导向，促进 EPC 招投标监管科学开展。

（5）防范 EPC 项目围标、串标。回顾我国多年来招投标交易发展历程以及国际招投标交易的通行经验，围标、串标情形从未完全杜绝。由于现行法律及招投标监管制度设计上的局限，在实践中并非任何招投标交易问题都可以通过监管得到彻底解决，但却能在一定程度上通过强化监管的方式逐步缓解。

①加大对 EPC 招投标交易主体参与围标、串标行为的处罚力度。②分类细化围标、串标行为类型，加强行为认定，并有针对性地提出预防措施方案。③加强对可能引起围标、串标行为的研究，从监管角度引导降低行为发生的可能性。④强化社会监督职能，从主体自身职业操守入手引导。⑤加强信用体系建设，并将此确立新时代信用特征，加强诚信体系建设，增强诚信奖励力度，加大失信惩戒力度。⑥强化自我约束，完善面向交易主体承诺制，签订责任可追溯的过程记录文件。⑦强化对交易主体经办人员的监督与管控，形成对经办人员参与招投标组织活动行为的跟踪记录等。

（6）EPC 与全过程咨询。《工程咨询行业管理办法》（国家发改委〔2017〕9 号令）指出：全过程咨询是指采用多种服务方式组合为项目决策、实施和运营持续提供局部或整体解决方案以及管理服务。**由于 EPC 模式带有建造过程，狭义看 EPC 并不属于全过程咨询。但由于 EPC 又具备设计采购组合模式，解决了项目设计、采购及施工组织的一体化问题，广义讲 EPC 属于全过程咨询。依托于 BIM 等新技术，EPC 则更具有全过程咨询性质。**

《关于推进全过程工程咨询服务发展指导意见》（发改投资规〔2019〕515 号）文件指出全过程咨询划分为两个阶段，即项目前期的投资决策综合性咨询阶段和后期的工程建设实施阶段。以投资咨询为主导的各类技术评估评价咨询协同的投资决策综合性咨询也包含对设计的有效融合。投资决策综合性咨询为扎实推进项目进程及有效控制项目投资奠定基础，是一种更加科学的前期业务组织模式。从两者关系看，投资决策综合性咨询是 EPC 实施的基础与前提，两种模式在这一问题上具有较强的关联性。有必要引导建设单位做好前期投资决策综合咨询，以强化 EPC 招标活动准备的充分性。

（7）EPC 交易争议防范。由于 EPC 招投标交易长期缺乏有效监管，同时尚未形成完备的法律法规体系，监管体制机制尚未成熟。因此，部分项目的招投标过程不规范导致风险隐患。建议明确 EPC 招投标监管分工，专门成立处置缔约争议的机构，为交易主体实施救济提供窗口。有必要从上述问题出发，系统地规划和构建完备的监管体系，从根本上规范 EPC 招投标过程以确保交易顺畅。由于 EPC 实施过程受到多方面因素影响，在众多因素综合作用下容易导致争议产生或合同终止情形，究其原因是项目建设单位疏于对 EPC 实施有效管理。因此，推广以建设单位为中心的全过程项目管理模式十分必要，从管理模式入手，强化对 EPC 过程管理是确保 EPC 有效实施的关键。此外，鼓励 EPC 承包商购买诸如设计责任险、建筑工程一切险、安装工程一切险等相关工程建设保险，同样是解决合同工争议、化解实施风险的有效措施。

4.6.2 工程总承包招标活动组织

（1）EPC 招标的前置条件。基于上述特性，加上 EPC 承包主体利益本位，开展 EPC 招投标交易活动具有相对“苛刻”的前置条件。尤其是对于政府投资建设项目，在全过程项目管理模式下，扎实推进立项、可研及各类技术评估工作，在确保概念设计、方案设计、初步设计成熟的条件下，以及完成投资估算、初设概算审批后，EPC 招标达到成熟理想的前置条件。

以某地区为例，在落实工程建设项目审批制度改革的条件下，房屋建筑及市政基础设施建设项目应首先经历“项目储备阶段”，完成选址、确定用地规模、取得控规批复、完成工艺设计（如医院等复杂项目）、概念设计（对于大型工艺项目）、取得项目建议书批复（或项目前期工作计划单）。其次，项目经历“策划生成阶段”，通过勘察招标、取得初勘成果，完成方案设计、可研、环评、水平、能评、交评等技术评估报告编制，取得公用市政咨询方案、“多规合一”综合审查意见（或策划完成通知书）。最后，项目进入“项目审批阶段”，取得选址意见（活动用地预审、用地规划许可）、可研批复、初步设计概算批复以及各类技术评估批复，完成征地拆迁，取得工程规划许可。总体而言，EPC 招标启动时点越晚，项目前期工作越成熟，越有利于 EPC 招标开展。结合全过程咨询模式，在投资决策综合性咨询完成后启动 EPC 招标属于更合理时机。

总体来看，EPC 实施前置条件主要包括技术、经济及行政许可条件。其中行政许可条件是指项目在 EPC 招标前期所具备的建设手续基础，尤其是对于政府投资项目，只有在满足有关国土、规划、投资等行政许可条件下，EPC 招标及后续实施才能得以实质性推进。从技术条件看，项目功能需求系统性、前期设计成果深度、专项设计论证的可靠度、可行性研究深度、各类技术评估咨询程度、公用市政及各外围干扰因素排除可能性等因素均影响 EPC 项目招标的开展。同理，经济条件考虑越周全，项目投资估算概算越稳定，上述条件越成熟，则 EPC 招标质量越高，后期实施越顺利。由于 EPC 项目招标前置条件的严苛性，建议针对投资规模小、建设工艺简单、实施周期短及标准化程度高的项目采用这

一模式，例如装配式、批量钢结构建筑等。总体而言，EPC 模式具有广泛适用性，即便是医院等复杂项目，局部实施 EPC 模式也仍然是可行的，对于园林、水务等专业化项目同样具有适用性。

（2）EPC 合同计价方式。现有政府投资建设项目广泛采用工程量清单计价方式，业内已形成成熟配套的规范体系。工程量清单计价模式充分体现了定额量、市场价的竞争交易原则，是一种基于对建设项目矢量分解的计价模式，便于实现与包括 BIM 在内的信息与新技术的融合。因此，对于 EPC 项目亦可采用“面向工程量清单计价的可调总价”计价方式。具体而言就是将经批准的投资估算或概念设计方案对应的建安工程费用之和作为 EPC 招标控制价，中标价以下浮费率体现，“招标控制价 ×（1 －中标价下浮费率）”作为暂定合同总价。待 EPC 承包商完成施工图设计后，通过以施工图为依据编制并经建设单位审核确认后的工程量清单及预算，并将费率适当下浮后修正合同总价，同时对应综合单价作为分部分项计价的依据，最终据实结算调整。关于总承包管理费，依据现行工程量清单计价规范，凡以施工承包方式纳入施工总承包范围的专业工程不再计取总承包管理费。因此，EPC 模式中不建议单独针对自行分包及暂估价分包内容计取总承包管理费，可仅针对由建设单位发包并纳入 EPC 承包商管理的内容计取总承包管理费。

（3）EPC 项目合约规划。为提升 EPC 实施效果，强化项目管理质量，应着力加强 EPC 项目前期策划，尤其是合约规划。无论是以项目概念性设计、方案设计还是初步设计时点介入实施 EPC 项目，均应在合约规划的基础上，强化设计与施工统筹协调。在房建项目总承包设计中，充分考虑项目所有内容：① A 类部分即房建十大分部工程（详见《建筑工程施工质量验收统一标准》GB 50300—2013）。② B 类部分即与使用功能密切相关的专业工程，如太阳能、锅炉、绿化、污水处理工程等。③ C 类部分即各类外市政工程。在上述三类工程内容中，根据功能需求渐进明细特点及项目建设工序实施先后提出要求。对于 A 类工程，有关建筑结构及部分机电工程应先行完成，而包括弱电、装修在内的部分工程需后续展开。对于 B 类工程，随着需求分阶段细化，各阶段设计成果应逐步完善，有关分包陆续展开。对于 C 类工程，随着各类外市政报装咨询相继完成，围绕报装方案的深化设计逐步实现。正是由于建设单位对 A 类部分机电工程及 B、C 类工程的深度参与，需要将有关内容在合约规划中以暂估价方式考虑。这是项目建设单位强化过程管理的需要，也是 EPC 承包单位围绕建设单位协同的重要组成部分，更是项目分阶段、分时序实施的客观要求。

（4）EPC评标机制改进。对完善现行EPC项目评标方法及机制建议如下：

①延长EPC项目评标周期，确保评标委员会具有充足时间评审设计、施工方案及有关经济文件。

②增加评标委员会有关招标人代表比例，归还招标人评标权利，允许招标人以外聘方式聘请有能力的专家代表为其开展评标活动。

③充实评标专家库资源，增设EPC专业领域评标专业，进一步增加EPC评标专家数量，加强对专家设计施工专业能力考察。

④放开招标人对评审要素的设置权限，引导其围绕科学组织EPC过程为导向，全面系统地考察EPC承包商，确保评审要素与投标要求、合同条件保持一致。

⑤引导招标人全面形成面向投资管控为核心中标优选取向，通过评审过程充分诠释价值工程思想及设计施工融合理念。

⑥提倡通过评标助力EPC实施方案调整与优化，确保中标EPC供应商对评标意见建议的充分响应。

（5）EPC招投标回避。《房屋建筑和市政基础设施项目工程总承包管理办法》中明确"工程总承包单位不得是工程总承包项目的代建单位、项目管理单位、监理单位、造价咨询单位、招标代理单位。"这是有关EPC招投标交易活动中投标回避问题的直接政策性依据。考虑到EPC招投标交易的公平、公正性，文件中有关回避事项的规定确实是合理的。需要指出的是，对于暂估价招标，依据现行的《招标投标法实施条例》，即允许EPC承包商下属单位参与投标，但需确保招标活动的公开、公平与公正。

由于项目管理咨询机构、监理单位及EPC承包商在项目组织实施中处于不同层级，各自职能范围有所不同，因此不建议EPC承包商接受建设单位委托开展项目管理业务。由于EPC实施的专业性及复杂性，可由建设单位委托具有丰富经验的第三方项目管理咨询机构实施专业化的全过程管理，从而强化对EPC承包商的管控。这有利于消除EPC承包商利益本位，也为面向政府投资的管控过程营造良好局面。需要指出的是，以《中华人民共和国建筑法》为首的法律体系明确了监理单位在建设项目中的法律地位，并突出其不可替代的作用。因此，监理作为一种制度安排固定下来，监理单位被赋予明确的法律义务与责任，成了建设项目不可替代的参建主体，对EPC项目建设起着重要的管理作用。由于当前项目管理模式尚未作为制度安排，因此不建议EPC承包商受托开展项目管理业务，以破除项目管理咨询机构与监理单位交叉管理的局面。

（6）专业工程 EPC 模式。提倡 EPC 模式面向建设项目中部分专业工程灵活应用。理论上讲，面向分包工程采用类似 EPC 模式是可行的。以房建项目为例，在十大分部工程中，相当长时间以来，建筑智能化、装饰装修、幕墙工程已经广泛采用一体化模式。对于特殊公建项目，如医院项目中的污水处理站、太阳能、蒸汽锅炉、声学会议室、物流小车、净化工程等（全部为暂估价工程）一体化模式更是广泛应用。面向项目局部工程的一体化，从严格意义上讲不同于 EPC 模式，其本质是以供应商产品为导向、针对施工协同的施工过程，仍具有与 EPC 模式不同的理念。

针对一体化招投标监管，行政主管部门可进一步明确招投标前置条件，加强分包工程一体化招标方案核准，细化一体化工程法定招标限额，强化一体化工程资质要求。早期《建筑业企业资质等级标准》版本中曾提出四个专业承包工程（消防、建筑智能化、装饰幕墙、装饰装修工程）的设计施工一体化资质，在 2015 年发布的版本中取消了这一规定。抓紧完善面向专业工程的一体化标准文本，明确基于工程量清单的计价模式，打通工程计量、价款调整、结算及支付等关键问题解决路径。在交易环境建设方面，同样需要加强信息化监管及电子招投标系统建设，增强面向一体化分包招投标公共交易资源整合力度，健全分包交易环境建设，着力实现大数据系统及主体信用体系建设等。

（7）EPC 供应链体系。构建引导形成 EPC 分包供应商战略合作机制及成熟材料设备供应链模式是 EPC 招投标交易市场化监管的重要方向，这有利于设计与施工紧密衔接、限额设计开展和正向控制 EPC 实施成本。只有建立面向材料、设备及分包供应商的有效管控机制，才有利于实现基于材料、设备及分包供应商选型的价值工程，才能实现基于产品选型的技术经济论证优化。在 EPC 招标阶段，应进一步从合同条件入手强化总承包商分包管理，引导鼓励以战略合作方式形成供应链。鼓励建设单位在招标文件中规范 EPC 承包商自行分包管理及形成战略合作机制。引导 EPC 总承包建立针对分包供应商的履约评价机制等。从区域看，有实力的大型 EPC 承包企业并不多，应通过市场引导方式加强对 EPC 企业的培育，促进专业承包商、材料、设备供应商与 EPC 承包商的集成与联合，推广以设计为主导的 EPC 实施模式，培育一批国内著名、国际知名的 EPC 承包企业，形成以 EPC 承包企业为龙头、引导带动各分包商及材料设备供应商群体形成优秀企业战略合作联盟，并针对不同领域和专业差异形成不同的EPC服务特色。

4.7 案例分析

案例一 丰富招标监管领域

案例背景

某政府投资大型医院建设项目，其建设内容包含大量医院类专业工程，主要包括物流小车、医疗气体、气动物流、净化、防护、医用污水处理站以及医用标识工程等，上述内容均以暂估价方式纳入施工总承包范围，其中上述所有工程均达到法定招标限额。当施工总承包单位会同建设单位针对上述工程在地方建设行政主管部门办理招标监管登记时，却被告知不予受理。行政主管部门的监管经办人员口头回复原因有两个：一是认为上述工程不属于房屋建筑工程监管范围；二是没有能力对上述工程对应的招标过程文件备案监管。最终经招标人协调，行政主管部门不再对上述医院类项目暂估价招标实施备案监管，而仅提供有形交易市场硬件环境以供开、评标环节使用。最后，项目开展的医院类暂估价招标进展均不顺利，表现在招标过程缓慢、过程艰难、投诉频发，该医院项目建设总体进度一拖再拖。

案例问题

问题1：该地区招标行政主管部门经办人员针对本项目各类医院专业工程办理入场登记时的答复反映出什么问题？

问题2：医院类项目招标活动进展缓慢、过程艰难，频遭投诉反映出什么问题？

问题解析

问题1：该地区招投标行政主管部门监管人员的答复是有道理的。这是因为对于医院建设项目而言，虽属于房建类建设项目范畴，但具体到医院类专业工程，其并非传统房屋建筑十大分部分项内容。而地方招投标行政主管部门能够监管的招标活动范围在这一领域可能存在局限，表现在无法在备案资格预审文件过程中审核把关项目采用的投标人资格条件，无法对招标文件有关投标要求进行专业性审查等。根据我国现行招投标监管分工，有必要研究是否将医院类专业工程招投标活动交由医疗卫生行政主管部门监管，以便更好地对招标活动中涉及医院专业性工程内容和缔约交易主体行为进行监督。

问题2：由于目前我国部分地区的医疗行政主管部门尚未针对医院类专业工程招投标建立健全监管机制，也尚未构建适合医疗招投标交易的环境，更重要的是对于各类专业工程的潜在投标缺乏规范化管理，尤其是在准入条件上尚缺乏统一规定，长期以来行业投标能力、信用水平等参差不齐，加上过程文件缺乏有效监管，上述各类因素叠加是导致案例中医院类暂估价招标缓慢、过程艰难、频遭投诉的主要原因。

案例二　监管改革的迫切性

案例背景

我国自20世纪90年代开始试点招投标制度，尤其是2000年《中华人民共和国招标投标法》实施以来，招投标交易领域取得突飞猛进的发展。时至今日，法律与政策规制日益健全，招投标制度在构建我国社会主义市场经济体制中发挥了重要作用。随着法律体系日趋成熟，所需规制和调整的实体性内容逐渐增多，而《招标投标法》作为程序法，仅依靠其程序性调整能力已显乏力。目前，招投标交易尤其是在行政监管方面已暴露出若干典型问题，包括市场主体交易活力不足、监管便利化趋势尚存、法律与政策规制日趋复杂等。以供给侧结构改革为主线，招投标领域暴露出的问题在一定程度上与改革要求不相适应。明确领域改革方向与原则，解决面临的突出问题，有序推进改革已显得十分紧迫。

案例问题

问题1：新时代我国社会总体改革要求是什么？

问题2：招投标领域主要面临哪些主要问题？

问题3：招投标领域发展的局限性和根源何在？

问题4：招投标领域改革的必要性是什么？

问题解析

问题1：**2013年，中共中央《关于全面深化改革若干重大问题的决定》（以下简称《决定》）提出了市场在资源配置中起决定性作用，要求完善现行经济制度，提出加快完善现代市场体系，将如何处理政府与市场关系作为改革的核心问题。《决定》为招投标监管改革提出了具体要求。2015年，中央财经领导小组第十一次会议提出供给侧结构性改革相关要求。2016年，第十二次会议则进一步研究提出了供给侧结构性改革方案。同年，中共中央《关于深化投融资体制改革的意见》（以下简称《意见》）强调：进一步转变政府职能，深入推进简政放权、放管结合、优化服务改革，提出建立完善企业自主决策、融资渠道畅通、职能转变到位、政府行为规范、宏观调控有效、法治保障健全的新型投融资体制。党的十九大报告（以下简称《报告》）指出：坚持全面深化改革，经济体制改革必须以完善产权制度和要素市场化配置为重点，坚持新发展理念、建设现代化经济体系、深化依法治国实践、深化机构和行政体制改革。《报告》是新时代描绘中国改革的纲领性文件，为招投标行业改革指明方向。《意见》为招投标监管改革描绘了具体解决方案。可以说《决定》《意见》《报告》形成了招投标监管改革的根本要求。**

问题2：主要面临三类问题层面，每层面均包括若干问题。①在招投标交易主体行为层面：招标人对工程招标缺乏正确认识，招标代理机构服务能力有待提升。②在行业监管规则层面：监管便利化与本位严重，优选方法趋同构成优选壁垒。③在法律与机制设计层面：法律顶层设计存在局限，法律与政策规制欠平衡。

问题3：**招投标领域发展局限和根源主要包括三个方面：一是以规制束缚手段强化主体行为监管与强调激发释放主体交易自由之间的矛盾。二是对招投标交易全面规制的迫切需要与当前《招标投标法》体系调整能力不足之间的矛盾。三是招投标优选机制单一与项目优选的多元需求之间的矛盾。**

问题4：**招投标领域改革必要性主要包括六个方面：①释放交易主体潜能的需要。②完善现代市场经济体系的需要。③发挥政府投资带动作用的需要。④提升综合服务监管水平的需要。⑤推进法治中国建设的需要。⑥创新社会治理体制的需要。**

第5章 招标代理服务转型

导读

目前工程咨询领域处于高质量发展转型阶段，招投标作为工程建设重要环节，在实现科学管理、促进项目建设目标中发挥着越来越重要的作用。随着电子招投标方式的变革，招投标交易效率进一步提升。**作为缔约过程，满足交易主体诉求是交易过程及主体价值实现的根本方向**。建设单位更高的咨询服务要求和日趋激烈的咨询服务竞争，给招标代理服务发展带来了机遇和挑战。要着力实现有价值的招标代理服务。全过程工程咨询作为一种咨询模式创新，其核心是单项服务的拓展和相互融合，强调咨询过程的系统性和综合性。**面向全过程咨询的招标代理服务将打破传统单项咨询局限，抓住招标活动本质特征，通过招标服务与其他咨询高度融合，提升咨询服务能力及增强核心竞争力是招标代理服务转型的关键。**

5.1 招标代理业务组织方式

根据招投标交易发展的特点，多年来不同类型招标代理机构在企业运营中形成了各自成熟的业务组织方式。为确保招标代理机构长期保持高效运营状态，科学合理地组织开展项目实施，有必要结合业务类型及运营规模对业务组织方式进行优化改进。业务组织方式调整优化是招标代理机构发展中必须直面的问题。

5.1.1 业务常见组织方式

传统项目管理理论将项目组织方式分为职能型、项目型和矩阵型。对于招标代理业务，这些方式可统称为招标代理业务组织方式的基本型，而其中任意一种方式则称为单纯型。

（1）单纯职能型：单纯职能型是指将完整的招标代理项目分解为若干职能环节，并按环节划分职能部门，招标代理机构人员隶属各自职能部门，由部门间协同完成服务项目。该方式中，又进一步划分为以联系协调行政主管部门及面向有形市场组织开展相关代理服务的外业部门，以及编制招标公告、资审文件及招标文件等为主的内业部门，还包括编制工程量清单、招标控制价文件等为主的造价业务部门。有些招标代理机构还可能将招标过程文件审核等单独设置职能部门。

（2）单纯项目型：单纯项目型是指按招标代理项目类型或规模设置多个项目部，业务人员归属于项目部并在项目负责人领导下组织实施整个服务，且项目内部不再设职能部门。从招标代理委托合同签订至最终招投标情况报告编制、归档等所有工作均由项目部独立完成。对于人员较为紧张的招标代理机构，项目人员可隶属于一个或多个项目部，并针对同一服务项目岗位设置备份角色，从而提升业务效率。

（3）单纯矩阵型：根据招标服务特点，招标代理机构设置职能部门的同时，还可能设置若干项目部，项目人员除隶属于职能部门并接受负责人管理外，还可能被编制到项目部，同时接受项目负责人管理，或项目人员隶属于项目部接受项目负责人管理外，同时接受职能部门的指导与监督。当项目负责人相比职能部门负责人对人员具有更大管理权限时可称为单纯强矩阵组织方式，反之则称为弱矩阵组织方式，若权限相当则称为平衡矩阵组织方式。在强矩阵方式下，实施项目负责制，虽使得项目和职能部门负责人在权限上相当，但在管理职责分工上存在差异，而项目负责人具有最终决策权。

（4）混合型与复合型：鉴于招标代理业务复杂性及业务发展所处阶段不同，进一步形成混合型或复合型方式，对于同时采用上述两种及以上基本型项目组织方式的称为混合型，常见的有“矩阵型＋职能型”或“矩阵型＋项目型”。将上述基本型彼此嵌套组合形成复合型，例如将职能型嵌套于项目型或将项目型嵌套于职能型。

5.1.2 单纯型组织方式

（1）单纯职能型：招标代理机构划分若干职能部门，项目实施过程以职能业务为核心，由既定牵头人或某一部门主导与招标人及各部门实施协调，业务上下游部门间形成紧密联系，各职能部门联动完成整个招标项目。项目内部协调及整合工作由职能部门围绕各自业务完成，职能部门负责人领导项目团队在各自职能范围内实施项目组织，有关该组织方式的主要优缺点详见表 5.1.1。

单纯职能型组织方式主要优缺点一览表 **表5.1.1**

主要优点	主要缺点
有利于快速培育专业化人员	不利于项目人员综合能力提升
有利于提高项目执行效率和质量	沟通管理难度大，项目整体管理难度大
有利于将项目实施按责权利分解	不利于实施项目责任制
有利于项目资源整合与统筹	项目快速反应能力差
有利于项目廉政风险管控	项目执行职能间业务衔接、定制化服务能力差
提高业务批量执行能力	项目管理灵活性差，实施调整弹性差
有利于实现规范、固化的管理流程	增加企业管理层协调管理难度

该方式适用于具有一定经营规模的大中型招标代理机构，尤其是更适合成熟、固定业务模式的招标代理机构。当招标代理机构增设项目管理办公室（PMO）或强化某一职能部门项目主导权利，从而增强管理整合能力则有利于更好地实现

管理成效。需要指出的是，该方式对小型招标代理机构及定制化服务项目实施难度较大。

（2）单纯项目型：招标代理机构仅针对项目组建项目部并安排负责人，由项目负责人独立或在其领导下由团队成员完成项目全过程。需要指出的是，项目在负责人指挥、协调下完成，其对项目实施全面负责，负责人须具备完整业务知识及处置项目问题的综合能力，该方式主要优缺点详见表 5.1.2。

单纯项目型方式主要优缺点一览表 **表5.1.2**

主要优点	主要缺点
有利于项目人员综合能力提升	人员专业能力提升效率低，项目团队组建效率低
清晰项目责任、权利与义务	业务优化能力差，责任、权利、义务履行效果差
有效减轻企业级管理压力	专业化效果差，风险管理能力差，存在廉政风险
有利于项目沟通、协调管理	项目资源共享能力差，资源垄断，不利于资源调配
具有快速反应能力及较高的决策效率	难以实现业务批量化和流程化，多项目执行效率低
有利于项目信息保密管理	相同相似业务资源和知识管理效率低
有利于项目的进度管理	质量管理控制难度较高

总体而言，该方式适用于各类招标代理机构，尤其是针对成立初期、运营规模小、业务类型单一的机构。该方式适应了快速业务发展的需要，有利于相似项目业务操作的整体复制与移植，为快速培育业务人员创造条件，此外，业务分配方式也将更加灵活。该方式对于以处置项目问题、实现项目目标为导向并实施全过程咨询及难度大、风险高、环境复杂的项目尤为适用。当业务规模增长到一定程度并相对稳定时，可根据项目类型或同类型项目群设置专业组，如政府采购服务、工程类等，或按照房建、绿化、水利等专业分组等，从而增强专业化水平。

（3）单纯矩阵型：对于单纯弱矩阵或平衡矩阵组织方式而言，由于项目负责人管理权限弱，承担责任有限，项目责任制实施难度增加。相比单纯职能型而言，组织方式改善不明显，实施过程中容易出现问题且增加组织机构的冗余。平衡矩阵方式加剧了组织内部关系复杂性，使得项目决策难度增加，可理解为是职能型向强矩阵型过渡的方式。在矩阵型方式中，服务项目负责人对团队实施项目全面管理具有更高权限，团队同时接受职能部门负责人专业化指导与监督，有关该方式主要优缺点详见表 5.1.3。

单纯矩阵型方式主要优缺点一览表 **表5.1.3**

主要优点	主要缺点
项目人员多元化管理形成纵向梯队	项目团队能力培养与成长周期增长
人员分工明确，责任、权利、义务清晰	增加了职能部门与项目部管理冲突的概率
项目针对性及定制化服务能力增强	项目复杂化趋势加强，组织结构复杂化
项目专业化能力及项目整合管理能力增强	一般问题的决策或实施效率降低
降低企业层协调管理难度	项目过程强调分工与流程，实施灵活性较差
兼顾单纯项目型与职能型所有优点	项目内部沟通管理难度增加

该方式兼顾项目型与职能型特点，适用于大中型招标代理机构，尤其适用于业务稳定具备较大单体规模项目的招标代理机构，或针对稳定客户分别成立项目部并长期实施规模大、难度高、周期长的项目群管理。小型招标代理机构则不宜采用该方式。相比单纯项目型或职能型，强矩阵型方式则功能更加强大，该方式为招标代理机构向专业化方向发展预留了空间，是组织向成熟转变的重要标志。

5.1.3 混合型与复合型组织方式

（1）混合型：**由于矩阵型兼顾了职能型与项目型特点，因此混合型方式主要包括："单纯职能型＋单纯矩阵型"和"单纯项目型＋单纯矩阵型"两种情形。**总体而言，混合型适用于运营规模较大的招标代理机构，是对单纯型方式的补充与改进，招标代理业务在运营发展高级阶段采用。情形 1 更适用于业务类型明确、规模稳定同时又具有一定数量的大型项目业务的招标代理机构，其中针对类型明确、规模稳定的项目采用单纯职能型，而针对大型项目则采用单纯矩阵型。情形 2 同样适用于情形 1 所指的招标代理机构。除此之外，该方式又不失提高了针对小型项目组织的灵活性。大型项目采用矩阵型，小型项目采用项目型，有效提高了项目实施效率，降低了企业管理和运营成本。

（2）复合型：**复合型方式是相对单纯型而言的，是指不同类型方式彼此嵌套组合的方式。复合型方式适用类型多样，主要包括：项目型嵌套职能型、职能型嵌套项目型、矩阵型嵌套职能型等。**复合型方式接近于目前市场上诸多招标代理机构所采用的业务组织现状，是兼顾各单纯型优点的高级方式。情形 1 适用于具有一定业务规模、长期从事一定数量且彼此差异较大的项目群，或是长期稳定的各类招标人委托招标代理业务的情形。在大型项目部内部，根据项目实施阶段或流程进一步划分职能部门，有利于提高实施专业化水平，为大型招标代理分化演变为集团运营模式创造了条件。情形 2 适用于按项目类型划分职能部门或将职能业务以项目化方式运作的招标代理机构，该类型可理解为是单纯项目型发展的一种高级阶段。在实践中，按照业务承揽范围划分职能的情况较为普遍。此外，该方式同样为大型招标代理机构发展成集团化运营模式创造了条件。情形 3 适用于业务类型稳定性欠佳，但项目数量相对稳定且拥有项目单体规模较大的招标代理机构。在企业层面内设职能部门，同时项目部设置对应职能岗位，项目人员归属于项目部而非企业职能部门，弱化了职能部门对项目人员的管控，仅发挥其对业务专业化指导与监督作用。

随着招标代理机构经营规模、业务类型及人力资源水平的不断变化，招标代理机构应在其发展各阶段选择科学而适用的组织方式，以谋求企业管理能力的提升及经营状况的改善。总体而言，当处于业务规模较小的运营发展初期阶段，可视项目类型尝试采用单纯型尤其是单纯项目型方式。随着运营规模进一步扩大，待业务状况保持相对稳定时，可进一步固化项目类型，尝试采用强矩阵型方式改善项目实施效果，引入 PMO 对矩阵型实施优化改进，以增强项目过程协同能力。当企业项目类型、规模稳定且进入大规模经营阶段时，可根据企业战略发展需要，尝试采用混合型或复合型方式，适时采取集团化运营方式，进一步调整优化组织结构向轻量化方向发展。

5.2 工程招标代理服务转型

导读

大数据、云计算、区块链、物联网等新技术驱使工程咨询服务快速转变。项目建设品质要求越来越高，科学管理需求愈加强烈，全过程咨询服务推动传统单项业务集成融合，咨询领域发展正加速向高质量迈进。电子招投标对以程序为主导的传统招标业务构成挑战，招标代理业务需要通过变革谋求新出路、实现新价值。招标活动具有丰富的固有本质与内在特性，在促进市场高效交易、确保资源合理配置及实现项目科学管理等方面具备强大的潜能。因此，有必要明确招标业务变革方向，加快发展步伐，使其在助力咨询高质量发展中发挥主导作用，实现有价值的工程招标代理服务。

5.2.1 业务发展面临的时代环境

（1）咨询领域向高质量发展转变。新时代，咨询领域高质量发展对业务能力建设提出了较高要求，这也是实现咨询服务供给侧结构性改革的本质需要。面向咨询理论方法的总结提炼是实现业务创新的根本途径，使创新成为高质量发展的根本动力。市场活力不断激发，信息化水平持续提升，促进咨询服务动力与效率的变革。随着咨询服务供需结构调整，服务质量得以提升，人才队伍建设与监管水平的改善是高质量发展的重要保障。我国咨询品牌规模的形成及咨询规则国际化成为高质量发展走向成熟的标志。

（2）监管改革与法律体系优化调整。随着“放管服”改革不断引向深入，以服务为中心的监管改革步伐加快，主管部门着力改善监管机制，避免监管本位，彻底消除过度监管倾向，扭转监管过度及便利化趋势，更加科学地行使监管裁量权，彻底释放交易自由空间，促进主体交易权利回归。随着《招标投标法》的修订，法律体系进一步优化，必要实体性条款内容的补充将增强招标在促进科学缔约、实现高效交易及促进资源配置的能力。

（3）项目管理与全过程咨询融合发展。全方位、精细化项目管理理念已被咨询界普遍认同，管理策划的重要性日益凸显，建设单位愈加重视合同规划、招标方案编制等项目管理顶层设计。对招标活动的管理不断加强，全过程管理诉求被充分纳入合同文件，积极搭建基于合同约束的项目管控体系，立足通过高质量前期策划为顺利实施和后期履约创造条件。结合项目特点实施优选定制化过程成为释放交易潜能、发挥工程招标有效作用的重要指导思想。目前，在全过程咨询服务发展的背景下，招标代理服务与其他咨询业务融合的紧迫性正在增强。

（4）信息化及新技术推动业态大变革。电子招投标促进了市场高效交易的实现。作为发展趋势，将全面取代线下传统交易方式。我国大力推进公共资源交易平台整合共享进程，以程序代理为导向的传统招标业务将进一步被挤压，已形成的服务价值在一定程度上被信息技术取代。BIM 等新技术迅猛发展，更迫使传统业务需要加快变革，顺应“互联网 +”的信息技术发展趋势，构建基于市场动态、客户应用为主的大数据系统成为变革与发展的趋势。

5.2.2　服务变革的主要方向

（1）**业务内容由“程序履行”向“合同咨询”转变。**传统业务以代理招标人履行法定招标程序为导向，招标活动的程序性本质得以显现。但传统业务价值仅体现在代理行为严谨性、环节衔接紧密性、程序履行顺畅性及交易过程快捷性等方面，价值核心聚焦在程序履行上，却忽视了招标活动缔约性本质在有效满足交易诉求方面的潜能。由于项目合同内容与范围具有广泛性及可拓展性等特点，从而为探索业务新价值奠定基础。鉴于此，有必要结合项目特点，在合同订立阶段探索有关法律法规、合同谈判等咨询服务，在履约实施阶段着力开展有关合同变更、争议处置及履约管理等定制化服务。经过这一转变，咨询服务的系统性、专业性以及咨询成果的针对性和完整性将成为招标代理业务新价值的体现。

（2）**咨询目标由“单次交易”向“项目管理”转变。**各参建单位围绕建设单位协同管理局面形成是确保项目建设目标顺利实现的前提，打造基于合同约束的管控体系是工程招标面向项目管理的重大转变，从而使得招标活动的缔约性本质特征更加鲜明。作为组织主体，招标代理机构不仅组织完成单次招投标交易，更要为项目提供更加丰富的管理伴随服务，包括协助开展管理策划、设计项目制度体系、编制合约规划、制定招标方案、实施暂估价分包策划等。要充分结合项目管理需要精细化定制招标过程文件，探索实现“项目管理＋招标代理”的全过程咨询模式。招标业务向前拓展，应将可行性研究、初步设计概算编审、各类评估评价等视为施工总承包招标前的必要准备，从而增强前期工作系统性与成熟度。招标业务向后延伸，则全面开展履约管理服务，力求科学缔约策划得以实现，着力提升项目后期履约成效。

（3）**服务品质由“法定义务”向“确保优选”转变。**作为必须履行的法定义务，招标活动具有强制性本质。传统招标业务以履行完成法定义务为目标，解决了项目“招没招标”的问题。然而作为市场资源配置的重要手段，确保配置效益最大化和交易效率最优化是新时代赋予工程招标的历史重任。以建设项目实施进度、质量、造价、安全等管控目标为导向，确保实现优选定制过程理应成为业务变革的重要方向，工程招标涉及内容广泛，要不断提升优选效能，具体而言就是要充分满足项目实际需要，全方位考虑管理诉求，针对项目各类前期咨询标的提供竞争性优选服务，努力做到缔约诉求最优化。就是要巧妙设计评标方法、全面考虑竞争因素、科学选择评审要素、合理确定评审分值，力争实现投标响应最优化。就是要针对技术复杂或特殊领域实施专业且深入的服务，全面确保履约质量和品质最优化。

（4）**操作手段由“线下操作”向“电子方式”转变。**传统业务以顺利组织完成招标活动为服务目标。然而随着电子招投标交易及线上监管平台功能的日益强大，传统“线下操作”业务逐渐被“电子方式”所取代，组织效率大幅提升，招标活动的时效性本质得以充分保障。新技术革命对业务转型升级产生积极的影响，招标代理机构应积极探索开发具有自主知识产权的电子业务系统，包括：实现企业高效治理的业务管控平台系统，面向项目管理策划的招标方案支持系统，面向各类型标的优选的中选模拟系统以及面向各参建单位履约管理的评价系统等。要加快数据与知识平台建设，积极构建诸如反映供应商信息、造价信息的市场数据库系统，建立诸如业务经验、政策制度、指标标准、示范文本的咨询知识数据库系统等。要加速高端智库转型进程，着力提供反映市场发展动态的宏观咨询服务，建立通用数据标准，提供市场交易的决策分析服务，积极开展评价服务，关注卖方垄断、恶性竞争、失信违法等不良动态，助力引导市场交易良性发展。

5.2.3　全过程工程咨询服务

1.全过程咨询基础模式

在全过程咨询条件下，可实现“招标代理 +*N*”的服务组合模式，即招标代理与相关咨询服务充分融合。基础模式是“招标代理 +*N*”模式的根本，基础模式确定应以立足招标活动固有本质及特征，从充分展现其内在价值角度出发。招标活动的强制性表明工程建设招标活动涉及大部分工程建设领域的法律法规，因此“招标代理 + 建设法律咨询”必然成为基础模式。缔约性与竞争性本质表明招标活动旨在实现缔约双方尤其是招标人管理利益诉求，因此“招标代理 + 项目管理”同样成为基础模式。程序性与时效性本质展现了招标活动各步骤间的逻辑关系，决定了其对信息化及新技术的依赖性，为与包括互联网、云计算、大数据、BIM、人工智能等在内的多类信息及新技术融合发展奠定基础。因此招标代理服务与项目管理服务、法律咨询及信息化与新技术融合实现了全过程咨询。

2.模式实现的基本路径

在招标代理实现全过程咨询的过程中，各类具体服务内容间存在深刻的内在联系。项目管理作为招标人的核心管理过程，其目标是确保管理诉求实现。可以说项目管理是全过程咨询服务的核心，在基于“招标代理+”的全过程咨询模式中，项目管理服务具有特殊地位。以项目管理为中心，招标代理服务必然与之协同，全面围绕项目管理实施拓展，为项目管理提供各类伴随服务。招标代理机构应围绕实现项目管理诉求，以管理目标实现为宗旨开展各类伴随服务。信息及新技术是在招标代理围绕项目管理协同与拓展服务过程中提供必要手段支撑，全面提升招标代理服务效率与成效。在全过程项目管理中，应重点从项目管理策划、项目投资决策、施工监理招标及现场施工四个管理阶段入手，探究“项目管理+招标代理+新技术服务”模式实现的可能性。

3.全过程咨询具体做法

（1）整体策划阶段。作为建设单位的招标人开展项目管理的顶层设计策划，为项目开展营造良好的管理环境。这一阶段，招标代理机构为建设单位及其委托的项目管理咨询机构提供伴随服务，包括：①编制项目招标采购专项方案；②编制项目合约规划；③设计管理制度体系；④编制前期咨询单位优选方案；⑤确定项目咨询模式；⑥明确参建单位职责分工；⑦识别项目法律风险并提出应对措施；⑧构建基于合约约束管控体系方案；⑨协助提出建设目标实现思路等。

（2）前期决策阶段。在项目前期决策阶段，建设单位以需求论证、方案设计、投资决策、各类技术评估等为主线实施综合决策。在全过程咨询中，以投资决策综合性咨询为中心将项目包括技术在内的各类影响因素统筹考虑。可以说这一阶段是以施工总承包及监理招标启动结束。为确保项目前期决策成果有效实现，必须紧紧抓住施工总承包及监理招标这一关键环节，力争将全部决策成果与之有效结合。因此招标代理服务应向前拓展，将决策阶段各类事项尽可能作为招标准备的必要服务，提出前期招标准备方案，具体内容包括：①把握项目前期准备工作的成熟度，评估项目前期工作深度；②提出项目前期决策因素，并将此纳入合同条件；③组织开展优选活动，落实项目前期管理要求；④组织开展勘察设计招标，实施勘察及设计总承包模式等；⑤实施“招标代理+投资决策综合性咨询”等全过程咨询模式。

（3）施工招标阶段。实践表明，施工总承包招标是项目从计划转向全面实施的重要转折点，前期决策意愿均在这一阶段变为现实。项目一旦进入施工过程，则各方面工作不可逆转。正是由于施工总承包及监理合同包含丰富内容，两家单位在项目中发挥着巨大作用，因此招标活动将奠定后期实施的根本局面。这一阶段应全面落实项目管理策划及前期决策阶段各项部署与要求，包括：①编制各类招标过程文件，构建施工监理管控合同体系；②通过合同约定方式植入项目管理制度体系；③围绕建设单位构建施工及监理协同局面，将管理伴随服务分别纳入合同体系；④编审工程量清单及控制价文件，优化设计成果，深入开展限额设计；⑤考虑前期决策阶段招标准备工作的不足，补充完善合约管控内容等；⑥设计资格预审及招标文件优选因素，确保管理诉求最大化以及投标响应最充分，实现最终优选效果；⑦识别法律风险，为建设单位提供法律法规咨询；⑧协助建设单位开展各类必要的汇报；⑨积累相关数据资源并构建数据系统平台；⑩实施“项目管理 + 招标代理”“招标代理 + 造价咨询 +BIM 新技术 + 大数据咨询”等全过程咨询模式。

（4）施工及竣工收尾阶段。在施工阶段，施工及监理单位全面履约，各类专业分包招标及重要材料与设备采购全面展开，作为建设单位委托的招标代理机构将继续为其提供各类服务。作为施工总承包单位委托的招标代理机构将广泛组织开展各类分包招标及相关材料与设备采购，这一阶段项目以商务管理为中心，全面实施履约管理与评价，可充分引入包括大数据、物联网在内的新技术手段，全面提升招标代理服务价值，展现其高效的咨询能力，主要工作包括：①开展暂估价招标管理，审核暂估价招标过程文件；②协助建设单位对施工总承包单位自行分包实施监管；③协助建设单位处置合同争议；④协助开展必要的商务谈判及组织拟定补充合同文件；⑤配合行政主管部门开展关于项目招标活动的各类行政检查；⑥针对工程变更、洽商、认质认价以及后期管理提供必要的数据支撑；⑦开发优选应用系统，面向市场环境提供优选咨询等。

招标代理作为高端咨询服务，咨询业务迫切需要形成新特色、实现新价值。有关方面要深入掌握招标活动的固有本质与内在特性，充分了解其在实现业务性质、咨询目标、服务品质及操作手段等转变方面具有的巨大潜能。广大招标代理机构要面向实践不断总结提炼咨询理论方法，要继续完善管理制度，形成创新激励机制，立足通过创新驱动实现可持续发展。招标代理服务拓展与深化有着广阔的发展空间，全过程咨询为招标服务转型升级提供了良好方向。服务转型是历史必然，是推动招标服务高质量发展的内在要求，是提升咨询服务能力的关键。传统招标代理服务内容单一、咨询乏力，实现上述转型目标仍任重道远，通过深入探索面向招标代理服务的全过程咨询服务模式，细化项目各阶段工作，相信沿着变革方向不断前行，招标代理服务终将能够在我国工程咨询领域高质量发展中发挥关键作用。

5.3 政府采购代理服务转型

与一般工程招标相比，政府采购活动不仅具有法定强制性、投标竞争性、活动程序性、行为时效性及交易缔约性本质，更具有资金公共性、标的多样性、活动灵活性、交易政策性、市场调节性等特点。**作为财政性资金支出过程，政府采购活动是政府调节市场的重要手段，在我国市场化改革中发挥着重要作用。通过深化财税制度、预算管理及政府采购制度等改革举措，努力确保政府采购效益最大化与效率最优化**。目前，构建高标准市场体系给政府采购代理服务提出了更高要求，只有积极转变思想，加快探索新服务，彻底实现更有价值的政府采购代理服务，才能确保服务发展始终处于良性轨道。

5.3.1 政府采购制度改革总要求

（1）深化财税制度改革思想。2014年《深化财税体制改革总体方案》指出要着力推进三方面改革，包括：①改进预算管理制度，即强化预算约束、规范政府行为、实现有效监督，加快建立全面规范、公开透明的现代预算制度；②深化税收制度改革，即优化税制结构、完善税收功能、稳定评宏观税负、推进依法治税，建立有利于科学发展、社会公平、市场统一的税收制度体系，充分发挥税收筹集财政收入、调节分配、促进结构优化的职能作用；③调整中央和地方政府间的财政关系，即在保持中央和地方收入格局大体稳定的前提下，进一步理顺中央和地方收入划分，合理划分政府间事权和支出责任，建立事权和支出责任相适应的制度。

（2）深化政府采购制度改革要求。2014年《国务院关于深化预算管理制度改革的决定》指出：要完善政府预算体系，积极推进预算公开。改进预算管理和控制，建立跨年度预算平衡机制。加强财政收入管理，清理规范税收优惠政策；

优化财政支出结构，加强结转结余资金管理。加强预算执行管理，提高财政支出绩效。规范地方政府债务管理，防范化解财政风险。规范理财行为，严肃财经纪律。

2018 年《深化政府采购制度改革方案》指出：坚持问题导向，强化采购人主体责任，建立集中采购机构竞争机制，改进采购代理和评审机制，健全科学高效采购交易机制，强化政府采购政策功能措施，健全政府采购监督管理机制，加快形成采购主体职责清晰、交易规则科学高效、监管机制健全、政策功能完备、法律制度完善、技术支撑先进的现代政府采购制度。

5.3.2 高质量发展与转型总体思路

（1）政府采购活动高质量要求。市场化改革进程由行政主管部门全面主持，其中深化政府采购制度改革由各级财政部门具体主导。实现政府采购高质量就是要破解日益增长的高标准预算绩效要求及采购人高品质采购需要，与政府采购制度改革尚需深化、采购人管理采购活动水平尚需提升以及采购代理机构能力尚需增强之间的矛盾。深入贯彻落实新发展理念，彻底实现政府采购领域发展质量、动力与效率的变革就是要在转型中始终秉持改革理念。

（2）代理服务转型的总体思路。作为各级国家机关、事业单位及团队组织的采购人是资金使用的主体，政府采购活动普遍具有公益性和公共性服务属性，因此其重要本质之一就是采购人落实政府采购监管要求的过程。政府采购制度是规范政府与市场交易监管的基本制度，同时也是国家治理体系的重要方面。鉴于此，采购代理服务必须以采购人为中心，并与行政主管部门所主导的改革紧密协同。对财政部门实施的监管过程形成支撑，推动采购代理服务转型必须以此为落脚点，通过改善咨询方法、提升服务品质、创新发展模式、实现行业引领等方面塑造形成具有核心竞争力的特色咨询服务机构。

5.3.3 服务转型的基本原则

采购代理服务转型基本原则的确立应契合深化政府采购制度改革要求，沿着服务转型总体思路，面向实践遵循采购活动客观规律，立足参与主体根本利益，确保政府采购活动在改革中发挥根本作用，转型原则的把握将确保服务转型始终沿着正确的方向。有关政府采购服务转型所应坚持的若干原则详见表 5.3.1。

政府采购代理服务转型所应坚持的若干原则 表5.3.1

方面	主要原则	具体说明
采购人	采购需求合理	需求符合发展规划，需求完整、系统，具有明确采购要求与目标
	规避法律风险	正确履行法定义务、科学行使法定权利，满足法律规定及政策要求
	提高采购效率	确保采购活动按既定计划顺利、快捷完成，采购活动周期合理
中标单位	确保物有所值	确保预算支出与标的价值一致，与采购需求相匹配，优质优价
	确保品质最优	确保预算支出达到最优绩效，实现采购需求最优化与投标响应最大化
代理机构	确保服务协同	确保以采购人服务为中心，与主管部门主导的改革与监管形成有力支撑
	保持持续创新	确保通过方法、手段、模式等服务创新，提供富有成效的价值服务
	运营管理高效	确保应用科学管理方法，保持企业处于健康、高效、运营状态
行政主管部门	落实改革要求	确保对主管部门主导的改革过程形成有力支撑
	履行监管职能	确保对主管部门提出的监管要求予以全面响应

有关行政主管部门原则的坚持最为基本，确保服务变革符合新时代发展要求。有关采购人原则的坚持则最为直接，保障了服务变革不偏离采购活动主线；有关中标单位原则的坚持则最为迫切，彰显了服务变革助力采购活动作用的力量；有关代理人原则的坚持则最为关键，保证了服务变革助力政府采购目标高质量实现。坚持转型总体思路、把握转型若干原则将使转型更加彻底。

5.3.4 服务发展的主要趋势

高质量发展是采购代理服务转型的根本方向。要坚持服务转型总体思路不动摇，认清服务转型主要趋势并以此确立转型方向。立足深化政府采购制度变革，从实施过程及服务成效两个方面梳理总结政府采购代理服务发展主要趋势，详见表5.3.2。

政府采购代理服务发展主要趋势一览表 表5.3.2

发展趋势	具体说明
过程科学化	采购需求合理化、采购准备充分化、项目实施策略化、咨询模式标准化、咨询方法系统化、咨询成果体系化、活动组织效率化、资源协调统筹化、事项处置规范化、采购过程合法化、服务过程严谨化、重点领域专业化、咨询服务模块化、服务要求基准化、实施过程管理化、市场开拓协同化等
操作精细化	采购范畴拓展化、服务范围扩大化、服务内容丰富化、服务程度深入化、问题对策定制化、采购程序分解化、工作环节对接化、服务类型细分化、独立服务关联化、关联服务融合化、相邻服务合并化、团队分工明晰化等

续表

发展趋势	具体说明
服务品质化	特殊项目定制化、服务开展特色化、采购策划前瞻化、事件处置及时化、需求落实充分化、采购诉求最大化、投标响应最优化、服务对象人性化、服务品质高端化、目标实现效益化、服务团队实力化等
服务产品化	产品研发对象化、产品理念中心化、创新研发常态化、产品转化快捷化、面向实践应用化、产品种类多元化、产品服务特色化、产品推广品牌化等
咨询价值化	转型快速化、发展战略化、经营理念化、市场模式化、资源扩张化、配置效率化、人才工匠化、运营高效化、管控有力化、持续改进化、价值社会化等

坚持过程科学化是服务转型的第一要务，只有面向实践，以问题为导向、实事求是，才能确保在政府采购过程中落实好改革政策要求。坚持操作精细化是服务转型的基本做法，随着服务的深入探索，只有持续拓展服务范围，不断挖掘代理服务潜能，才能切实通过政府采购过程实现政府对市场的有序调节，充分满足采购人核心利益以及供应商的合理诉求。**坚持服务品质化是服务转型的根本要求，只有依托于定制、高端及超值化服务，才能破解政府采购领域发展的主要矛盾，最终实现市场对资源的高效配置。**坚持服务产品化是服务转型的内在追求，只有立足产品精准营销、市场模式化运作，才能激发代理机构活力，确保其持续、稳步、健康发展。**坚持咨询价值化是服务转型的必然趋势，采购代理机构要不断完善企业治理方法与手段，努力谋求行业发展高附加值。**

5.3.5 服务转型的主要方向

在目前市场发展趋势指引下，采购代理服务转型方向呈现多元化，集中表现在服务内容、理念、程度、模式、手段、组织、特色等方面，有关政府采购代理服务转型方向与总体服务框架内容详见表 5.3.3。

政府采购代理服务转型具体方向与总体服务框架　　表5.3.3

转型方面	转型方向	转型具体方向与总体服务框架内容说明
服务内容（做全）	从程序代理向实体咨询转变	以采购人为中心，充分发挥政府采购对市场交易调整能力与核心作用。从采购活动前期准备、过程组织及后期履约实施三个阶段，通过深度梳理政府采购活动程序相关伴随服务及采购活动程序外围事项等，创新形成服务体系，确保过程科学化及操作精细化。服务典型内容包括：采购策划咨询、采购制度设计咨询、采购需求管理、采购合约规划、过程文件咨询与定制、标的价格测算、市场询价服务、合同咨询与定制服务、采购政策与法律咨询、采购履约管理等

续表

转型方面	转型方向	转型具体方向与总体服务框架内容说明
服务程度（做优）	从基本服务向品质咨询转变	增强采购人体验，提供定制化、人性化、专业化的服务转变。对标服务目标，通过采取一系列诸如计划、分析、评估、优化科学等手段，改善采购服务质量，使得采购过程更加顺畅、成效更加显著，打造高质量服务品质。服务典型内容包括：采购市场趋势分析、采购需求优化、物有所值评估、采购优选定制服务、采购绩效量化分析、采购预算量化分析、投标市场响应性分析、采购履约量化分析等
服务模式（做广）	从单一服务向全过程咨询转变	深入探索政府采购活动内在规律，促进政府采购相关服务有效融合，增强采购协调性与代理服务协同性，通过服务相互组合模式，实现为政府采购活动持续提供局部或整体解决方案及伴随服务，进一步提升采购活动成效，实现咨询超值化。服务典型内容包括："采购代理+预算咨询""采购代理+法务咨询""采购代理+工程招标""采购代理+项目管理""采购代理+履约管理""采购代理+监管协同""采购代理+PPP咨询"等
服务理念（做高）	从服务采购向监管协同转变	始终保持改革协同，充分落实监管要求，确保实现高质量发展，进一步提升采购代理服务站位，为主管部门履行政府职能、改善监管过程、提升监管能力提供有力支撑，围绕改革目标与监管过程梳理相关伴随服务。通过参与行业规则制定，促进实现行业引领。服务典型内容包括：行业规划编制、行业政策研究、需求标准制定、预算标准研究、监管课题研究、审计伴随服务、政府购买咨询、监管中介服务等
服务方法（做深）	从活动组织向资源支撑转变	各类服务资源是采购活动开展所依赖的必要支撑条件，采购代理企业积极创建并持续积累服务资源，最终成为服务发展有价值的工具与手段。资源资产成为彰显企业实力、深度维系核心竞争力的重要成果，这一转变将加速采购代理机构向高端智库的转型进程。服务典型内容包括：市场资源服务、专家资源服务、文本资源服务、方法资源服务、工具资源服务、培训资源服务、知识库服务（政策库、案例库、指标库、价格库、方案库等）
服务组织（做专）	从松散服务向标准服务转变	通过提质增效确保政府采购服务高质量发展，标准化过程将确保政府采购活动质量、动力和效率变革的实现。通过不断探索采购代理服务操作的普适性规律，抓住服务内容的通用化特征，将松散、差异的采购服务过程，通过进一步分类、整合实现标准化。服务典型方向包括：资源支持标准化、服务内容标准化、服务要求标准化、操作流程标准化、服务成果标准化、服务管控标准化等
服务手段（做快）	从传统操作向信息方式转变	充分利用互联网、大数据、物联网、区块链、云计算、人工智能等信息化与新技术手段，全面改善政府采购服务过程，实现服务模式、服务状态、服务理念等的深刻变革，信息技术实现流程再造，加快系统应用与开发，加速咨询服务变革进程，全面提升服务效率。服务典型内容包括：采购需求信息化服务、预算管理信息化服务、市场资源信息化服务、投标响应优化模拟、文档与资源信息化服务、应用系统开发服务等

续表

转型方面	转型方向	转型具体方向与总体服务框架内容说明
服务特色（做强）	从服务优势向特色咨询转变（提升）	要积极创新营销模式，大力实施品牌战略，通过多元方式打造品牌价值。倡导以精品项目带动品牌塑造，不断丰富品牌内涵，促进品牌价值持续提升，快速塑造核心竞争力。有关特色发展战略方面包括：在企业治理方面，市场开发模式特色、服务产品研发特色、企业运营管理特色、品牌影响建设特色、高端人才培养特色；在服务发展方面，重点领域专业特色、服务流程标准特色、风险管控系统特色、资源调度效率特色、咨询方法创新特色等

要在推进深化财税制度、预算管理及政府采购制度改革进程中，调整好采购代理机构与行政主管部门及采购人的协同服务关系，坚持采购代理服务转型的若干原则，对标新时代服务发展的主要趋势，持续探索科学的转型方向。随着广大采购代理机构在面向资源人才智库型、咨询方法创新型及信息技术科技型企业转型过程中，政府采购活动必将在我国建设现代化经济体系中发挥更大作用。

5.4 案例分析

案例一　树立服务招标人理念

案例背景

某政府投资大型公共博物馆建设项目，建设体量庞大、建设工艺复杂、工期要求紧迫。招标人委托专业化的项目管理咨询机构负责对项目实施全过程管理。项目管理咨询机构对项目进行了管理策划，并对各阶段任务提出了周密的计划，对各参建单位提出了精细化管理要求。项目管理咨询机构向建设单位表示，按照其对本项目的管理规划，有信心确保建设目标实现。在施工总承包及监理招标阶段，建设单位委托了优秀的招标代理机构。其中，在招标文件编制环节，项目管理咨询机构会同建设单位对招标代理机构编制的文件初稿进行了审查。根据项目特点，有针对性地分别在投标须知、合同专用部分、评标方法、技术标准与要求等部分中，补充了大量有关体现项目管理意图的约定内容，并将本项目管理制度一并纳入合同条件。建设单位希望力争通过本次招标，切实针对施工总承包及监理单位履约构建完整、有力的合同约束体系。然而在项目管理咨询机构就文件内容补充的过程中，招标代理机构一再表示不要增补过多的管理性内容，否则行政主管部门经办人员将不予备案。但在招标人的坚持下，招标文件还是增补了大量有关管理方面的定制化内容。当招标代理机构将文件提交行政主管部门审查时，主管部门审查经办人以"无法把握审查内容"为由拒绝了文件备案，并暗示招标代理机构依照施工招标文件标准文本格式，除加入体现有关项目少量必要信息外，尽量不要大量增加任何其他定制化的内容。招标代理机构将此情况向招标人报告后，招标人作出妥协，安排招标代理机构将大量体现其管理利益的增补的核心条款全部删除。而后招标文件备案发售，招标活动也很快结束。在施工期间，招标人及其委托的项目管理咨询机构只得以口头方式对施工总承包和监理单位提出管理要求，但履约管理成效甚微，后期项目实施暴露出很多问题，项目管理难度越来越大。

案例问题

问题1：招标代理机构的做法说明什么问题？

问题2：案例中行政主管部门经办人员对待招标文件的态度反映出我国部分地区在招投标监管方面存在什么问题？

问题3：案例中招标人的做法反映出招投标领域正在发生着什么样的变革？

问题解析

问题1：案例中，招标代理机构的做法是行业普遍现象，这说明招标代理机构服务在一定程度上仍以招标活动组织和代理履行法定程序为中心，未将服务重点放在针对招标过程文件尤其是招标文件的详细定制上。诚然，招标代理机构并非项目管理方，其并不了解项目管理策划与具体要求，但出于项目客观需要，面向全过程管理的招标文件定制是必然的也是必需的，其有义务会同项目管理咨询机构完成。

问题2：这反映出我国部分地区招投标监管仍存在监管便利化导向，过度干预交易主体行为的现象时有发生，存在监管本位视角，在强调招标活动过程合法合规的同时，严重忽视了对建设单位管理利益的保护。在目前全面深化改革的背景下，以监管便利化为导向的监管趋势应尽快扭转，树立为招标人服务为中心的监管宗旨，充分尊重和拥护交易主体利益，这有利于激发主体活力，释放市场交易潜能。

问题3：反映出招投标领域必将迎来一场变革。招标人正逐步认识到招标缔约对后期履约的基础性作用，招标人越发站在全过程视角，前瞻性地关注自身利益在缔约环节的实现，更加寄希望于通过工程招标为后期科学履约管理创造条件，以及对后期风险进行预控。

案例二　树立正确的服务意识

案例背景

在某房建项目中，由于建设单位缺乏管理经验，完全不具备招标管理能力，全权委托招标代理机构A为其开展代理服务。当A发现建设单位缺乏经验后，安排有经验的服务人员甲为其提供代理服务，甲具有丰富的招标代理经验，但当甲了解到建设单位对招标知识十分匮乏后，完全担负了组织招标活动的“主角”，突出表现为甲代替招标人做出招标决策。例如，为快速推进招标，未就招标文件听取招标人意见就仓促发售，过程中以种种理由催促招标人尽快履行签章手续，以及未就招标人疑问认真而深入地解答。招标活动最终很快组织完成，过程中也并未发生任何影响活动进度的情况。事后，甲在招标代理机构内部经验交流时指出：对于招标活动管理经验匮乏的建设单位，越是过多地做出沟通与解释，越可能引起招标人的顾虑，反而影响招标活动进程，还造成服务范围蔓延。甲的结论是服务态度并不重要，服务技能熟练程度是成功组织招标活动的关键。

在另一个房建项目中，另一家建设单位的人员具有丰富经验，对招标活动及相关程序过程十分了解。同样，其委托了A为其组织招标活动。A发现建设单位这一特点后，安排了经验欠丰富的服务人员乙为其提供代理服务，但由于乙服务经验匮乏，服务初期常导致建设单位不满，并认为其作为专业代理机构，乙的能力甚至还不如建设单位人员。但在招标活动开展中，乙态度较好，听从招标人指令，为其开展招标决策提供必要协助。在建设单位指导下，乙最终顺利完成了招标活动。事后，乙在招标代理机构内部座谈经验交流时指出，良好的服务态度是关键，即便服务技能不够熟练，但通过良好的服务表现，招标活动一样可以出色完成。

案例问题

问题1：实践中，招标代理机构在对服务人员安排上的做法是否合理？

问题2：招标代理机构服务人员甲和乙在内部交流时谁的见解更加科学？

问题3：上述案例给建设单位组织开展招标活动带来什么启示？

问题解析

问题1：上述案例中的两个项目，招标代理机构服务人员的安排应该说没有什么问题。原则上无论建设单位人员经验是否丰富，招标代理机构安排熟练的服务人员均是受欢迎的。显然招标代理机构对于服务人员在具体项目中的安排具有策略性。对于第一个项目，服务人员安排看似合理，但从建设单位利益视角来看，对其管理利益造成了彻底的伤害，招标人可能至今尚未察觉。对于第二个项目，服务人员虽然在一定程度上技能欠熟练，但其以维护招标人利益为原则，良好的服务态度是招标活动顺利组织的保障。

问题2：招标代理服务人员乙的见解是正确的，良好和端正的服务态度确实是招标代理服务科学开展的前提。服务人员甲虽然业务熟练，但其态度并不正确，从根本上没有维护招标人利益，若再不树立正确的认识，其终将无法成为出色的招标代理服务人员。

问题3：**对建设单位的启示包括：①必须掌握和具备一定的招标活动相关知识与经验；②对招标代理服务有能力实施监督；③聘请具有端正服务态度的招标代理机构；④鉴于招标活动的重要性，有必要委托专业的项目管理咨询机构代替建设单位对招标活动实施科学管理，并通过招标缔约过程将项目管理要求纳入各参建单位的合同条件，以便在后期履约中为参建单位的管控创造条件。**

案例三 招标管理合理分工

案例背景

某大型全额政府投资房建项目，建设单位聘请了某招标代理机构为其组织开展勘察、设计、监理及施工总承包招标活动。同时委托了专业的项目管理咨询机构为其实施全过程项目管理。项目管理咨询机构认为招标环节对全过程管理影响很大并提示建设单位务必重视，坚持从深入招标交易入手，通过对项目招标实施科学管理实现其专业化的管理过程，建设单位对此十分赞同。但招标代理机构认为，法律规定中招标活动直接参与主体只有招标人、投标人、代理机构，法律并未赋予项目管理咨询机构在招标活动中的任何权利、义务和责任，因此认为其并不具备合法地位，不能参与任何与招标活动相关的任务，否则均视为非法干扰招标活动。在听取招标代理机构上述主张后，招标人感到十分迷茫。

案例问题

问题1：项目管理咨询机构的主张是否正确？

问题2：招标代理机构的认识是否正确？

问题3：项目管理咨询机构的招标管理工作包括哪些内容？其与招标代理机构如何分工？分别承担什么样的角色？

问题解析

问题1：项目管理咨询机构的主张是正确的。招标活动实质上是建设单位与各参建单位的缔约过程，因此对项目后期履约管理有着十分重要的影响，建设单位应该认识到这一问题的重要性，并督促或支持项目管理咨询机构围绕招标活动开展一系列的科学管理。

问题2：招标代理机构的主张基本上是正确的，但显然其对项目管理咨询机构实施的招标管理活动并不了解甚至存在误解。以《招标投标法》为首的法律体系明确了招标活动的参与主体确实没有项目管理咨询机构，同时法律也详细规制了招标程序。但项目管理咨询机构受托于建设单位，其应在招标活动中提供必要的咨询或协助，其有义务站在招标人对项目实施管理的视角对招标代理服务予以科学监管，在不干扰正常招标活动、不直接参与招标活动的前提下，与法律规定并不冲突。

问题3：一般而言，项目管理咨询机构实施的招标管理主要包括：①招标管理制度设计；②招标管理方案策划；③合约规划；④协助招标代理机构委托；⑤招标过程文件审核；⑥招标过程事项协调；⑦招标代理服务评价等。在分工方面，项目管理咨询机构是招标代理服务的管理方，确保其按照法律规定，合法、合规、高质量地组织完成招标活动，过程中将有效监督其是否维护了招标人的管理利益。

第6章　工程招标管理策划

导读

在项目管理模式下，建设项目的招标管理策划是指建设单位委托专业的项目管理咨询机构，从项目全过程管理要求出发对项目招标活动做出的一系列管理筹划。尤其是对于大型建设项目，招标活动目标要求高、缔约过程复杂、组织难度大，管理策划十分有必要。总体来看，**招标管理策划的依据是项目管理规划，其根本遵循是项目三维度管理理念和管理协同思想。招标管理策划应始终围绕构建面向合同约束力的管控体系，努力营造科学管理的协同局面。总体来看，项目招标管理策划包括针对建设单位项下的招标管理策划和针对施工总承包单位项下的暂估价招标管理策划两部分**。项目招标管理方案、合约规划编制作为策划具体工作，其关键是围绕项目招标活动有针对性地开展，唯有此才能切实化解项目风险，确保工程招标高质量开展。

6.1 工程招投标主体基本立场

一般而言，招标人、招标代理机构、投标人均是活动的直接参与主体，由于分工与诉求存在差异，各自所持基本立场有所不同，从而决定了各自截然不同的行为特征。对于同一招投标交易活动，主体利益本位是主体关系复杂化的根源，分歧与矛盾给工程招标组织带来严峻的挑战。行政主管部门作为监管主体，其行政监管立场对于招投标交易产生极其重要的影响。厘清上述各类主体所持立场，有利于总结分析各自行为特征，消除复杂关系造成的负面影响，确保招标活动顺利开展，同时也是做好项目招标管理策划的重要前提。

6.1.1 参与主体的根本诉求

招投标活动参与主体具有对自身发展最直接、最迫切的利益追求。根本利益诉求有些是合理的，有利于招投标交易开展，但有些则与标的实现及管理目标相背离，对交易活动可能产生负面影响。因此，有必要客观梳理各参与主体根本利益诉求，以加深对主体行为动因的认识。

招投标活动直接或间接参与主体可以分为三类，详见图6.1.1。第一类即以行政主管部门为代表的监管主体，其肩负着主持改革的重任，法律赋予其监管权力、义务和责任。总体来看，其根本诉求是推进改革和落实行政监管要求，具体来看就是履行其自身职能并承担行政监管责任。第二类即项目建设单位及其委托的项目管理咨询机构，作为建设管理主体，其担负着高效组织项目建设实施的重任，科学项目管理是其根本诉求，其利益本位能够代表项目管理的科学方向。第三类即包括招标代理机构、中标单位等各参建单位，作为项目实施主体，有义务按合同履约，经济利益是其主要诉求，也是实现服务创新发展的动力。

对于房建及市政基础设施项目而言，凡纳入施工总承包范围的暂估价内容，招标人是施工总承包单位。与建设单位项下招标活动不同，虽然施工总承包单位

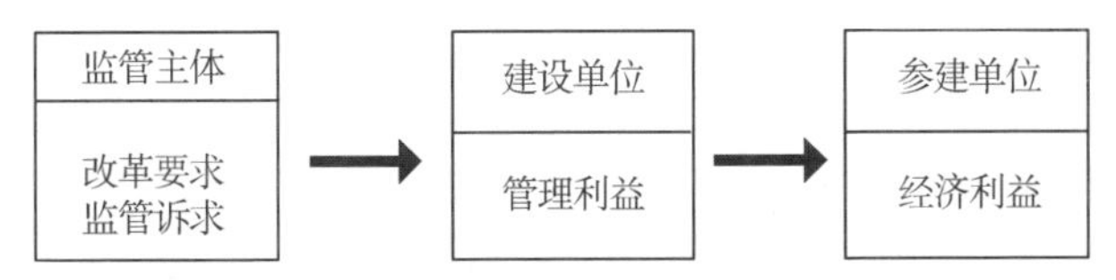

图6.1.1 招投标活动参与主体的根本利益诉求

也具有管理利益追求，但其核心利益主要是经济利益。由此可见，行政主管部门、建设单位及其他各参建单位的根本利益具有明显差异，行为特征截然不同，详见表 6.1.1。

工程招投标各参与主体主要行为特征一览表　　表6.1.1

主体名称	主要行为特征
行政主管部门	全面深化市场化改革，按照构建现代化经济体系总要求，推动市场交易活动高质量。确保招标活动合法、合规开展。对于政府投资建设项目，按照政府对项目监管要求，对招标活动实施监管与调度，着力提升监管效率，强化监管效果
招标人及其委托的项目管理咨询机构	承担项目建设管理主体责任，履行相关义务，行使相关权利。通过招标活动全面促进项目管理策划落地实现，具体包括：将项目各领域管理要求在缔约阶段纳入合同条件，构建面向合同约束的管控体系，营造各参建单位与之管理协同的局面，确保建设目标顺利实现，着力提升管理科学性，强化管理效果
招标代理机构	在组织招标活动中，代理招标人履行招标程序，为招标人主张根本利益诉求。作为中介服务机构，以营利为目的，节约服务成本、赢得客户信赖，不断提升服务水平，创新服务方式，持续改进服务方法，不断谋求新发展
投标人（中标单位）	其充分运用各种投标策略，充分响应招标要求，展现自身优势。在履约中，以经济利益为核心。作为有信用主体，不断改善服务方法，提供有价值的服务，赢得履约业绩，创新服务方式，不断谋求新发展

6.1.2 参与主体的立场分歧

由于利益诉求差异及所持立场不同，导致各参与主体间存在固有分歧，这种分歧源于以下两个方面：一是监管层面，即在行政主管部门、招标人和招标代理机构之间。二是项目层面，即在招标人、招标代理机构和投标人之间。有关工程招标参与主体间固有分歧说明详见表 6.1.2。

工程招标参与主体间固有分歧一览表 表6.1.2

类型	关系名称	固有分歧或矛盾说明
监管层面	行政主管部门与招标人	行政主管部门从监管利益出发，注重维护建设项目的合法、合规，在提升监管效率、强化监管效果中，可能出现维护监管便利性化倾向。招标人从项目整体管理利益出发，其所持立场为项目本位，关注管理利益。但在过度监管环境下，即便是招标人合理合法的管理自由也能受到一定程度的约束
	行政主管部门与招标代理机构	对中介机构管理是行业监管的重要抓手。就招标活动而言，行政主管部门实施招标代理信用、从业人员能力等管理，其招标活动过程受到主管部门全方位监督，考虑到从业利益，其必须考虑并维护与行政主管部门的必要联系，为监管提供必要支撑服务，全面服从于行政主管部门的管理
	招标人与招标代理机构	总体上，招标代理维护招标人根本利益，但当招标人与行政主管部门就具体项目的某一具体监管方面存在分歧时，招标代理往往出于对行政主管部门长期关系的维护，与招标人之间出现分歧
项目层面	招标人及委托的项目管理咨询机构与招标代理机构	招标人及其委托的项目管理咨询机构在项目建设过程中具有项目管理利益诉求。在缔约阶段，落实管理要求的过程往往使得招标活动组织过程和各参建单位关系变得更加复杂。为满足项目管理咨询机构提出的管理要求，需要招标代理提供比以往更加有价值的服务，从而增加成本投入与工作量，使得服务难度增加，客观上造成主体间经济利益的对抗性
	招标代理机构与投标人（中标单位）	投标人出于对经济利益的追求，对有利于自身优势为取向的招标活动形成期望。在实践中，投标人可能使用各种策略，试图影响招标活动向对自身有利的方向推进，招标代理按照招标人意愿和行政主管部门要求组织招标活动与投标人自身利益偏好间存在分歧
	招标人与投标人（中标单位）	除上述招标代理和投标人固有分歧相同外，招标人出于满足管理利益诉求，对投标人提出丰富的管理要求，最大限度地挖掘投标人的服务价值，使得后期履约难度增大，经济利益上形成对抗。总体来看，招标人优选要求和较高的管理利益诉求与投标人自身价值取向和利益追求上可能存在分歧

6.1.3 参与主体立场的统一

目前我国正处于全面深化改革攻坚阶段，工程招标参与主体根本利益虽未发生实质性改变，但其基本立场却随着改革背景发生变化。进一步深入探寻化解固有分歧的方法，有利于确保基本立场统一。参与主体立场统一将全面促进招投标交易高质量开展，实现主体互利共赢，同时确保招标活动在建设项目中的作用更加突出。有关立场统一的思路立足于工程建设高质量发展形成。

在行政主管部门与建设单位关系方面，行政主管部门肩负着推进改革的重任，在高质量发展背景下，应消除监管便利化倾向，激发交易主体潜力，充分尊重和保障建设单位管理利益，监管观念向着以交易主体服务为中心转变。强化发展规划引领、构建联合监管模式、树立介入项目理念、推行科学管理模式及构建监管保障体系等。在这一立场下，充分顺应“放管服”改革要求，把握建设单位对项目治理的自由度，由过度监管逐渐释放监管空间，激发建设单位主持项目建设的活力，促进其建设管理权利回归的同时，充分保障管理利益诉求。由监管直接发力到实施间接引导，两者分歧矛盾将消除，立场得以统一。

在建设单位与招标代理机构关系方面，随着行政主管部门监管向以为交易主体服务为中心转变，招标代理服务同样向着以为招标人服务方向转变。围绕建设单位管理利益诉求，持续提供精细化伴随服务，迎合高质量发展要求，服务快速转型升级。这一转型使得招标代理服务不再停留于程序性，更加侧重服务前后延展和为项目管理策划落地提供定制化服务。因此，建设单位与招标代理机构旧有分歧将逐渐消除。

在建设单位与参建单位关系方面，随着工程建设领域向高质量发展转变，各参建单位不断探索咨询理论方法，创新服务模式，提升服务价值。施工企业则更加注重采用先进管理理念、新施工工艺来降低施工成本，提升施工效能。通过提质增效的方式，促进服务价值提升，以通过追求附加价值等方式谋求利润增长，避免通过提供廉价服务谋求一般利润，避免与建设单位加深分歧，能够秉持互利共赢原则，缓和建设单位与参建单位利益的对抗性。

随着改革推进和高质量发展不断演进，工程招投标参与主体根本利益诉求将逐渐变化，其立场转变也将使各主体行为特征发生深刻改变。以行政主管部门引领的改革为先导，以建设单位实施的科学项目管理为中心，秉持招标活动科学管理思想，消除工程招投标参与主体立场分歧，才能使得工程招标在工程建设高质量发展中发挥本源作用。

6.2 招标人权利的回归

以《招标投标法》为首的法律体系明确了招标人所应具备的全部法定权利，也是实现招标人利益的根本保障。招标活动的强制性特征决定了招标人权利需要

在行政监管下行使，招标人行为自由受到监管约束。随着“放管服”改革持续推进，市场对招投标主体在交易过程中释放的潜能和活力等方面均提出了新要求。由此，招标人将拥有更大的自主权，其权利回归成为改革的重要方向。为确保权利回归，法律体系、监管体制也必须逐渐完善。明确招标人权利内涵，破除制约权利回归因素，探索回归路径十分必要。

6.2.1 招标人权利的内涵

（1）权利的性质：招标人权利具有多方面性质，法律对权利行使提出了明确的要求，权利行使方向与程度受公权力制约，其严肃性和正当性也受到法律保护。因此，法定性是招标人权利的首要性质。招投标作为缔约交易方式，招标人权利是保障交易顺利完成的基础。可以说，招标人权利是围绕招标活动组织便捷性和合理性而设计。对等性是招标人权利的又一重要特性，招标人权利需保持与投标人权利的对等，以便促使双方同时实现缔约利益，这源于合同主体的平等原则。由于招标人组织发起招标活动，出于与他人订立合同及优选中标单位的目的，其蕴藏着一定的管理意愿和管理利益诉求，因此，管理能动性也是招标人权利的重要特性。正是上述诸多特性成了促进招标人能动性释放的决定性因素。

（2）权利的本质：招标人权利是维护和确保其正当利益的力量，其本质是对招标人核心利益的维护与合法诉求的保障性手段。法律对招标人权利的界定应从满足其正当利益出发，而并非出于监管本位。在实践中，招标人具有多方面缔约利益与诉求。特别是在建设项目中，作为建设单位的招标人需要实现项目投资、质量、进度、安全管理诉求，通过缔约方式分解、转移甚至规避主体责任。只有以招标人为中心，正视其管理利益诉求，保障其基本权利，并以此为出发点推进改革进程，才能实现招标人权利回归。维护招标人的管理利益与合理权益不仅是规范招标人权利行使的出发点，也是促进权利持续正当行使的落脚点。在深化改革背景下，确立招投标监管方向，就必须要确保监管体制优化向着维护招标人权益的方向靠拢。

6.2.2 招标人权利的类型

（1）权利的类型：从对《招标投标法》为首的法律体系分析可以看出，招标人有着十分广泛的权利类型，诸多类型展现出招标人权利深刻而丰富的内涵，有关招标人具备的具体权利类型详见表 6.2.1。招标人权利为招标人有效履行招标程序提供了保障，也是确保招标活动高效组织而精心设计的。其中，决策权、审核权等属于常见类型，反映出权利的本质特征，为使招标活动在我国市场经济活动中发挥更大作用，有必要在法律体系优化中逐步完善招标人权利。

招标人部分典型主要权利类型一览表 **表6.2.1**

典型类型	具体说明
决策权	对招标活动各类事项决策的权利
确认权	对各类招标过程文件或事项办理结果确认的权利
组织权	对履行招标程序中各类活动如踏勘、开标会等活动组织的权利
审核权	对招标过程文件例如招标文件、评审报告、合同文件等审核的权利
邀请权	对通过资格预审的正式投标人或潜在投标人邀请投标的权利
接收权	对招标活动参与主体包括行政主管部门等送达的文件或资料接收的权利
回复权	对招标活动参与主体包括行政主管部门等提出的问题进行反馈的权利
要求权	出于其自身利益，对投标人、招标代理机构等提出管理要求的权利
发布权	享有公告、公示、资格预审、招标文件等过程文件发布的权利
澄清权	在一定条件下对其错误决策或出于修正过程文件而澄清补正的权利
终止权	在一定条件下，对招标活动、签订的委托代理合同予以终止的权利
回避权	对认为影响招标公正性的情形如评标委员会社会专家抽取等回避的权利
核查权	对诸如投标申请人、投标人提交文件内容真伪予以辨识、查证、核验的权利
选择权	在招标代理机构、拟派评标代表、正式投标人、中标单位等选择的权利
投诉权	对招标活动中认为存在违法行为而向相关部门举报、投诉的权利
请求权	出于维护自身利益需要而对活动参与主体包括行政主管部门实施请求的权利
询问权	围绕招标活动涉及事项向活动参与主体、行政主管部门询问的权利
质疑权	对投标申请人、投标人提交的文件或行政主管部门决定等质疑的权利
抗扰权	对涉及干扰招标活动行为或相关主体予以抵抗的权利
追偿权	对投标人缔约过失以及其他损害自身利益的情形予以追偿的权利

（2）权利的内容：随着《招标投标法》法律体系不断完善，招标人权利内容日渐丰富，已形成系统、完备的权利体系。作为程序法，在设计上是通过程序逻辑将招标人主体权利覆盖到缔约活动各方面，从而为招标人利益的实现奠定基础，有关招标人权利基本内容框架详见表 6.2.2。

招标人权利基本内容框架 **表6.2.2**

实施阶段	权利基本内容框架说明
招标准备阶段	提出招标项目，明确资金来源与规模，确定招标方案（含时间计划、合约规划），确定投标资格条件、技术条件，描述标的内容，初步提出缔约诉求、缔约方管理要求以及选择并确定招标代理机构等
招标实施阶段	发布公告与公示，审核与确认招标过程文件（含资格预审文件、招标文件、评审报告等），组建评审委员会，选择确定投标人，组织开标会，选择确定中标单位，处理各类投标异议，协助处置相关投诉，明确合同条件，签订合同，接受行政监管等

6.2.3 权利行使主要问题

尽管现行法律体系对招标人权利界定已经十分清晰，但由于缔约过程的复杂性，权利行使主要存在以下问题：

（1）实体权利缺乏，削弱招标人利益保障能力：原《招标投标法》规定的招标人权利主要从规范程序视角而非实体方面确立。《招标投标法实施条例》及各下位法规的相关内容却出现了从实体方面对招标人权利规制的情形。可以说，原《招标投标法》作为顶层法律，对招标人实体权利规制不足，可能削弱其自身利益维护与保障的程度。尤其是针对建设项目，招标人缺乏结合标的特征而依据其管理意愿定制招标过程文件的权利自由。因此有必要从全过程管理诉求出发细化权利清单，赋予招标人更大的自主权，以促进其活力与潜能的释放。

（2）过度行使监管裁量权，限制招标人权利：《招标投标法》赋予行政主管部门监管权，监管裁量权直接决定了监管效果。在实践中，部分地区监管裁量权行使过度影响了招标人的权利行使。首先，裁量权涉及范围广泛，针对招标活动大部分法定环节，交易主体所有行为均涉及监管裁量问题。其次，原《招标投标法》体系尚未细化和统一监管裁量标准，裁量权实施弹性大，行使质量与效果受到具体行政主管部门监管能力的制约。此外，部分地区存在着一定程度的监管本位，在部分环节或交易主体行为监管方面，行政主管部门过度行使裁量权且出现监管便利化倾向，出现了代替或压迫招标人非出于其主观意愿行使权利的现象。

6.2.4 招标人权利回归

所谓权利回归就是针对招标人权利缺失、受限的情形，使招标人恢复行使科

学合理的缔约权利，以保证其根本利益诉求的实现，确保招标人权利回归是招投标改革的重要发力点。

(1) **从招标人正当利益出发。**招标人的合理利益是其发挥主观能动性的前提，更是保障招标活动根本动力及实现科学履约的基础。尊重招标人缔约主体地位，从维护其正当利益出发推进权利回归进程，体现了立足交易主体本位、促进权利回归的重要理念。

(2) **从招标活动本质特征出发。**招标活动具有强制性、竞争性、程序性、缔约性及失效性五大本质特征。招标人权利回归必须通过立法手段，运用法律强制力保障上述五大本质特征有效呈现。最大化通过投标竞争实现评审优选效果，始终确保实现严谨的招标过程，以捍卫招标人权利的严肃性与权威性。赋予招标人在组织招标活动中有关时效管控的灵活性，使招标人权利行使得到更加科学、合理的时间保证。此外，应牢牢抓住招标程序的缔约性本质特征，使招标人拥有内在联系更加科学、层次时序更加清晰的权利体系。

(3) **从行业改革总体要求出发。**"放管服"改革对招投标领域产生了重要影响，招投标交易在我国构建现代市场经济体系所发挥了重要作用。权利回归应处理好"收"与"放"、"松"与"紧"的关系。总体来看，对于关乎招标人利益及行为自由的权利可适当放宽，对于规范市场公平、规范交易秩序，提升交易质量、促进资源配置效率的权利可适当收紧。对有关规范招标人自身利益的微观权利可适当放宽，对规范市场交易规则的宏观权利可适当收紧。

(4) **从明确招标人责任出发。**有必要进一步明确招标人所应具备的各类主体责任。在深化改革背景下，招标人被赋予更加多元的主体责任，招标人权利回归应确保与招标人责任保持一致。尤其是对于建设项目，招标人作为项目法人承担着建设项目主体责任，肩负着十分繁重的建设任务。只有确保责权对等才可能使其权利真正发挥作用，只有厘清并提出招标人所应承担的责任，才能促进权利回归路径更加清晰。

招标人权利回归伴随以《招标投标法》为首的法律体系的优化与完善进程，**并通过对现行行政监管、机制调整而加速回归进程。一方面使得工程招标成为招标人主张其合理权益的真正手段，另一方面也成为行政主管部门调整社会治理结构、优化市场交易规则的工具。**招标人权利回归是经济社会发展的必然要求，随着回归进程不断加速，工程招标将步入高质量发展快车道。

6.3 工程招标管理策划

招标管理策划使得项目全过程管理各项要求在招标环节得以落实，有效推进项目实施进程，化解重大管理风险，改善缔约与履约成效，是对招标活动管理的重要部署和顶层设计。**工程招标管理策划内容包括项目参建单位人员分工、重要管理事项部署、协同管理环境营造及管理制度设计与部署等**。在实践中，部分建设项目缺乏对招标管理系统而科学的策划，工程人员对招标活动认识不深刻，错失了化解项目风险及实施主动管控的时机。因此，有必要对招标管理策划给予充分重视，立足关键因素进一步改进策划方法，提升策划水平，确保项目建设与管理目标顺利实现。

6.3.1 招标管理分工与部署

对于建设单位项下工程招标而言，**勘察、设计、监理及施工总承包成为项目最重要的招标活动，对上述活动的管理将直接决定着建设项目管理的整体局面，是实施管理策划、落实管理要求的核心方面**。相比而言，施工类招标管理将围绕建设单位及施工总承包单位项下的暂估价招标展开。施工总承包单位项下有关暂估价招标，其参与主体包括项目设计单位、监理单位、施工总承包单位及其委托的招标代理机构。在过程中，施工总承包单位享有招标人权利、义务和责任，监理单位则对缔约过程实施必要的协调与管理，项目管理咨询机构站在项目全过程管理角度对分包过程代替建设单位组织确认并实施管理。对于招标过程文件审核，建设单位则应履行确认义务。设计单位在招标管理全过程同样给予必要的配合，包括提交设计成果以及协助开展相关缔约所需其他技术性工作等。对于暂估价招标管理的关键是需要由各参与单位安排相应人员以群组方式协同工作，周期性组织召开招标管理协调会议，组织成果汇报，就有关问题开展研商分析和论证决策，执行各项管理制度与落实各项管理要求等。

6.3.2 招标管理事项与部署

招标管理可以划分为缔约前期、缔约过程及履约三个阶段，做好项目招标管理策划要紧密围绕上述三个阶段管理事项。作为管理策划对象，有关建设项目招标管理阶段划分及主要管理事项详见表 6.3.1。

建设项目主要招标管理事项一览表　　　　表6.3.1

缔约前阶段	缔约过程阶段	履约阶段
（1）前期文件准备； （2）准备事项协调； （3）管理方案编制； （4）合约规划； （5）代理机构委托； （6）市场信息获取	（1）过程文件编审与确认； （2）沟通与谈判； （3）过程事项协调； （4）会商研究与决策形成； （5）过程事项记录； （6）争议处置； （7）招标合约工作评价	（1）履约评价； （2）合同变更与组织； （3）合同争议处置； （4）文档管理； （5）合同交底； （6）补充协议签订

三个阶段中，**前期阶段十分重要，方案编制与合约规划是策划的重要方面，其奠定了招标管理的基础。**应注重通过竞争性方式优选招标代理机构，并将全过程管理要求纳入委托代理合同条件。**工程人员还应提早统筹各项前期事项，扎实推进缔约准备，为提升招标管理质量营造条件。**在缔约阶段，管理工作主要围绕过程文件编审展开，应充分调动缔约参与主体的积极性，发挥招标活动竞争性本质特征，抓住缔约有利时机落实全过程项目管理部署。需要将重要管理思想理念、方法和要求纳入合同条件。在履约阶段，以合同为依据组织实施履约评价，确保实现强有力的履约管理过程，实现基于合约约束的管控力。此外，还应采取必要措施妥善解决合同争议等。

6.3.3 招标管理制度与部署

招标管理涉及大部分建设实施与管理事项，内容十分广泛。由于有关事项决策建立在必要性分析与科学判断的基础上，研究过程更需要各参建单位全面参与。可以说，招标管理制度落实是构建各参建单位协同规则与秩序的基础，是实现招标管理目标的前提。**科学的管理制度将高效推进招标进程，化解重大管理风险，消除参建单位分歧，增进相互间有效协调与配合效率。**管理制度建立，一方面依据项目合同约定，另一方面服从建设领域相关法律、法规及政策规定。要充分结合项目特点与建设目标，贯彻项目管理总策划与部署，依据各参建单位分工实施制度设计。关于工程招标管理制度类型与内容详见表 6.3.2。

工程招标管理制度类型与主要内容一览表 **表6.3.2**

制度类型	主要内容说明
过程文件报审	对项目招标合约活动涉及的过程文件报审流程、审核分工、标准等做出规定
过程文件签章	对过程文件签章的人员、时限、顺序、数量等做出规定
评标代表管理	对招标人拟派评标代表的产生过程、保密要求、评标要求等做出规定
过程事项会商	对管理例会组织、重要事项处置、重点问题沟通与协商工作等做出规定
合约文档管理	对招标合约各类文档的整理、借阅、保密移交工作等做出规定
招标采购评价	对招标代理服务、项目招标管理过程评价方法及组织过程等做出规定
缔约争议处置	对招标缔约过程中异议、投诉及缔约过失界定与追偿等做出规定
招标策划管理	对项目方案编制、合约规划、缔约程序、事项处置过程等做出规定
暂估价招标管理	对施工总承包项下的缔约规划、方案编制、缔约程序、事项处置等做出规定

6.3.4 招标管理需求与部署

在构建针对各参建单位管理的合约约束体系中，重点是将项目全过程管理要求在缔约环节全面体现，应以建设单位及其委托的项目管理咨询机构为中心，从科学管理视角构建各参建单位管理协同体系。**充分发挥交易竞争特质，使建设单位在缔约后期的组织管理中占据主动优势地位，合理平衡管理利益，出于项目管理需要而迫使投标人做出让步，引导其做出有利于建设单位实施专业化管理的投标承诺。**项目管理需求主要来自过程、要素及建设主体三维管理领域。将三维度管理领域要求逐一落实到缔约环节，合同条件将得到充分丰富和完善，管理内容也将更加系统、全面。需要指出的是，为强化履约管理，将履约评价要求纳入合同条件是有效实现履约评价机制的重要步骤，履约评价要素的确定同样应紧密围绕三维度管理领域的管理要求展开。

6.3.5 招标管理方案与部署

在招标管理策划中，管理方案编制十分重要，其对招标管理具有十分重要的意义，主要包括项目招标管理总体方案和具体合同段招标管理方案两个层面，着重解决事关缔约活动开展的若干重大问题。在实施前，周密而翔实的方案将助力缔约进程，规避重大风险，理顺缔约思路。有关招标管理方案主要内容详见表 6.3.3。

建设项目招标管理方案主要内容一览表　　表6.3.3

内容名称	具体说明
招标主体	明确项目的招标人，确定项目监管主体
资金来源与适用法律	明确项目资金来源，确定适用的法律体系，梳理明确主要适用法规
招标方式与类型	明确项目招标方式以及拟组织招标的具体类型
招标准备与前置条件	梳理招标准备事项，明确必要前置条件及获取条件的具体措施
交易平台	确定招标交易活动所采用的交易平台并梳理明确主要交易规则
进度计划	明确整体招标与缔约时间计划以及具体合同段缔约时间计划
资格条件	明确各具体合同段投标人必要合格条件
招标范围	明确具体合同段招标范围与界面划分
招标代理要求	从全过程项目管理视角，明确招标代理服务要求
合同适用文本	明确招标项目以及具体缔约所需采用的适用文本
评审要素	结合招标项目特点以及标的物特征，确定评标要素与分值
拦标方案	结合投资管理目标，确定项目控制价内容与金额

建设项目招标管理策划既要注重缔约活动平稳推进，也要注重项目管理要求落实。围绕建设目标实施的招标管理策划是项目管理策划在商务管理领域的细化，其核心思想是将全过程项目管理要求通过缔约过程实现，其目标是构建基于合同约束的各参建单位围绕建设单位管理协同的体系，只有抓住缔约有利时机，充分发挥招标活动竞争性特征并为项目管理营造积极局面，才能最终实现项目管理科学化。

6.4　招标管理方案编制

项目管理策划实现需要通过建设单位主导及各参建单位配合完成。招标管理

作为项目管理的重要管理领域和组成部分，其核心目标是确保项目管理建设目标顺利实现。由于招标活动涉及项目管理各方面，有必要结合项目管理部署对招标过程进行谋划。**项目招标管理方案是针对项目涉及所有招标活动部署所编制的综合性计划，是项目管理规划的重要组成部分**。方案主要阐述项目管理与实施过程中有关招标管理原则与思路，有针对性地分析各参建单位围绕建设单位管理协同的过程，阐述了面向招标管理事项及重大问题的处置思路，以及根据项目管理目标要求落实管理计划的对策措施等。招标活动易受多种因素影响，方案充分体现了预控思想，为应对复杂招标管理局面提供了可靠保障。

6.4.1　方案编制核心思想

在项目三维度管理领域中，主体管理是核心维度，这是由于过程管理维度及要素管理维度均依托于各参建主体维度完成的。该维度管理是整个项目管理的动力源泉。在主体维度中，各参建单位围绕建设单位及其委托的管理咨询机构构建协同体系，成为全过程项目管理策划的核心思想。由于招标活动的基本属性在于调整包括项目建设单位在内的各参建单位合同关系，通过对招标活动的科学管理，构建建设单位与各参建单位间的合同约束体系。通过合同约束锁定各参建单位围绕项目建设单位的协同行为是招标活动的根本目标。这一思想将确保招标管理在项目管理各领域得到有效统筹，也使得招标管理在三个管理维度中充分融合。协同思想是招标管理总体方案编制的根本遵循，只有基于这一思想编制的方案，才能确保项目管理策划通过招标过程真正落地，才能使得招标活动在建设项目管理与实施中的潜能充分释放。在实践中，不少项目招标管理方案所包含的时间计划未与项目实际进程及管理要求关联，在一定程度上造成招标管理与项目建设目标的脱节，或未能有效利用好缔约时机。管理协同思想和三维度管理理念决定了项目招标管理的方向，是招标管理方案编制的根本遵循。

6.4.2　方案编制总体思路

招标管理方案编制应从三维度管理理念入手，并以主体维度作为根本方向。从各维度着手编制的招标管理方案大致分为两个层面：一是形成各维度工程招标专项方案，二是围绕项目管理策划形成招标管理完整方案。

1.主体管理维度编制思路

一般来说，主体维度项目管理策划内容包括：①项目协调推进机制搭建；②项目管理模式确定；③项目管理制度设计；④项目管理组织机构安排（如群组模式等）；⑤管理伴随服务框架确定；⑥各参建单位针对项目资源支撑体系建设等。该维度招标管理方案就是要落实上述管理策划若干方面，搭建各参建单位管理协同体系，上述项目管理策划决定了在该维度下招标管理方案的主要内容，详见表6.4.1，进一步明确项目各类招标活动参与主体、招标代理服务具体要求、投标人资格条件、监管及交易环境以及监管具体要求等。此外，还包括招标管理制度设计、工作群组模式搭建等。

面向主体管理维度的招标管理方案主要内容一览表　　表6.4.1

方案事项	方案主要内容说明
项目合约规划	合约规划是有关各参建单位管理及委托事项间关系的规划，其核心是确立项目建设单位管理为核心、各参建单位与之保持密切协同的管理关系，并由此形成基于合同约束的体系。合约规划是招标管理策划的核心内容之一
招标代理优选方案	择优确定招标代理机构的方案，包括招标代理机构产生的方式、选拔条件、组织委托的过程等
招标代理要求	结合项目管理策划及要求，提出全面、精细化的工作要求，其核心是要求代理机构确保落实招标管理策划与要求，与招标人在招标环节实施的项目管理密切协同
投标资格条件	分析项目实际需要，有针对性地提出招标项目的主要投标资格条件
交易环境	根据项目各类招标内容所属行业和专业领域，明确各招标类型标的交易所需适用的交易环境
监管主体确定	根据项目各类招标内容所属行业和专业领域，明确各具体招标活动对应的监管主体，梳理有关监管方的要求，明确招标活动所需遵照的法律、法规及政策文件等
招标管理制度	根据项目实际参与单位的性质和需要，设计制定项目招标管理相关制度，包括：各单位职责分工、文件审批、文件签章、工作例会制度等内容
工作群组模式	各参建单位根据招标活动的需要，安排专人组建由招标人牵头的招标工作群组，作为招标活动组织管理机构，履行招标管理制度，形成协同工作机制

2.过程管理维度编制思路

过程维度中项目管理核心是要找出制约项目建设推进的关键因素，确立关键路径，针对关键问题提前谋划。招标管理的重点是要通过缔约过程使各类履约事项建立起更加紧密的联系，确保各类中标单位能够围绕关键路径工作，落实过程管理事项相关管理要求。针对过程管理事项，紧密围绕协同管理关系，明确各参建单位的具体任务和合同义务，有关一般建设项目招标阶段划分及方案编制重点详见表 6.4.2。

一般建设项目招标管理方案内容一览表 表6.4.2

阶段	招标管理方案主要内容
项目前期咨询阶段	专门针对项目前期各类咨询、评估类委托招标管理的专项方案内容，包括委托的时序、批量招标方案等。明确后期勘察、设计、施工总承包、监理以及暂估价招标准备工作的专项方案，有关招标前期必要条件的获取措施等。此外，还要明确项目招标准备工作不充分条件下的风险应对措施等
项目勘察设计招标阶段	专门针对勘察、设计两项前期重要的服务类招标管理专项内容，包括勘察及设计任务书思路与编制要求的提出、勘察设计的配合内容、面向与项目管理协同的设计服务思路与要求部署等，还包括对勘察、设计招标工作评价内容等
施工总承包及监理招标阶段	专门针对施工总承包和监理单位招标管理的专项内容，包括对施工总承包单位技术、经济与商务要求，监理单位要求以及围绕项目管理协同的要求等。还包括对施工总承包、监理招标的评价，招标准备不充分条件下的风险应对措施等
暂估价招标阶段	专门针对由施工总承包单位暂估价管理的专项内容，对暂估价招标有关的技术、经济等要求和招标活动所需的技术经济优化实施方案内容等

3.要素管理维度编制思路

要素维度核心是围绕项目管理的目标体系，通过按照既定的管控方案实现可控的管理过程。该维度招标管理的核心是落实项目具体要素领域管理方案。结合各要素管理方案提出招标阶段的应对措施。最典型的是需要将该维度项目管理策划与要求充分纳入合同条件。有关该维度的管理决定着招标活动成效，是招标管理评价与招标活动成效量化的切入点。该维度具体管理内容还包括：招标活动时间进度计划、招标质量管理、招标范围管理、中标优选、招标档案管理、招标风险管理等，关于要素管理维度专项招标方案主要内容详见表 6.4.3。

要素管理维度专项招标方案主要内容一览表 表6.4.3

阶段	方案主要内容说明
项目总体招标进度计划	包括项目招标活动总体进度计划、各具体招标活动准备事项的进度计划、具体招标活动进度计划、突发事件预留时间安排、各类招标工作时序等。包括多标段招标条件下并行招标活动进度安排等

续表

阶段	方案主要内容说明
招标质量管理专项内容	包括项目招标方式、形式的明确，招标类型的规划，资格预审、招标文件所采用的示范文本（可参照的类似项目成熟做法），招标实施过程中可应用的相关资源情况等，以及有关项目管理要素维度各领域的专项方案的落实。如项目投资管理与造价控制中工程量清单、招标控制价编制的要求，针对合同价款调整的要求部署等。有关落实限额设计过程中当招标控制价（最高投标限价或拦标价）超过初步设计概算从而进一步对设计成果进行优化的过程，以及项目周期计量阶段的投资管理要求等
招标范围管理专项内容	包括明确多标段条件下施工总承包单位联合分包招标内容，确定各类具体招标事项，各类型标的具体范围界定，如设计总包范围、深化设计内容，施工总承包范围，施工总承包自行施工与分包范围界面划分等
中标优选专项内容	包括资格预审或招标文件中，有关资格预审评审方法、评标方法的确定、评审要素选择、评审分值设置。关于评标代表拟派的方案，要确保优选因素充分体现和落实项目管理策划，并与招标文件中有关的合同条件、投标要求等内容保持一致
招标档案管理专项内容	包括对招标活动法定文档、招标管理文档的管理专项方案，文档类型、文档清单、文档收发、保存，应对检查方案以及总结报告编制要点等
招标风险管理专项内容	包括对招标活动中可能遇到的直接、间接风险进行梳理，梳理针对招标准备阶段，在必要前期条件获取中风险点及招标活动过程风险点，识别招标活动开展与管理影响因素，评估提出预案等
招标管理评价专项内容	包括招标代理机构的评价思路、对具体招标活动的评价思路以及对项目整个招标管理的评价思路等。评价内容主要围绕项目管理策划及具体要求的实现效果、围绕项目要素维度管理目标实现程度以及围绕招标代理委托合同履约程度等方面展开

6.4.3 方案编制其他问题

（1）方案编制的时点。沿着项目三维度管理理念，招标管理方案涉及内容比较广泛，方案编制深度具有很大弹性。翔实的管理方案能够为招标活动提供有效指导，对科学推进项目实施具有重要意义。由于招标管理方案形成以项目管理规划为前提，因此招标管理方案可分为两个阶段编制。第一阶段，即项目论证的早期阶段，在全过程项目管理规划形成初期，招标管理方案作为项目管理规划的组成部分，仅结合项目总体建设目标与要求初步形成。这一阶段方案往往并不深入。由于管理规划中有关项目管理策划与要求并不翔实，因此不具备提出过程管理及要素管理维度更加深入的方案内容。随着项目条件不断成熟及项目管理的不断深入，项目管理要求愈加明确，逐渐具备了详细编制招标管理方案的条件。一般认为项目在勘察、设计招标结束后，项目进入招标管理方案编制的第二阶段。虽然招标管理方案的编制总体分为上述两个阶段，但在实践中需要根据项目条件和管理环境变化做出调整。在面向三维度管理的方案编制中，应格外重视各维度领域对应招标管理专项方案的编制。

（2）方案编制的深度。方案编制深度取决于项目复杂性和建设目标艰巨性，也取决于实施项目管理和招标管理人员的能力和水平。一般来说，复杂项目实施中招标活动的风险更高。项目建设目标要求高，对项目管理的要求就高，项目管理规划越深刻则招标管理方案编制要求也越高。努力提高方案编制深度将有利于提升管理质量，更有利于增强招标活动的总体成效。提高编制深度有必要从项目管理总体策划和招标管理专项策划两个方面入手，其关键点包括：一是要与项目实际情况充分结合，有针对性地开展方案编制。二是以问题为导向，重在解决项目管理和招标管理中面临的具体问题，在针对重点、难点问题论证基础上形成更加科学的方案。三是要强化研判过程，对项目实施与管理以及招标活动发展趋势、可能面临的风险问题做出估计。四是要立足项目管理视角，注重将各专业管理领域相互融合。

（3）方案编制的组织。招标管理总体方案依托于项目管理规划，是项目管理策划在招标阶段落实的纲领性文件。招标管理方案在项目管理规划中作为管理过程维度的专项方案，其编制复杂性决定了需要由项目管理咨询机构牵头，项目管理团队中负责商务的招标采购专业人员主要参与，其他各专业人员予以配合。编制过程既是项目管理规划推进的过程，也是各专业管理工作统筹的过程。项目管理咨询机构负责人要率先组织提出项目管理总目标、总要求及总体思路，各专业人员先行提出各专业领域管理方案。招标采购专业人员按照方案要求，在招标管理方案中形成落实对策。鉴于招标代理服务侧重于程序性的组织招标活动，以及其对于以建设单位为中心的管理策划缺乏深刻认识，因此招标管理方案并非由招标代理机构独立完成，而仅作为招标活动的具体组织主体，根据协同管理要求，全程协助招标人及其委托的项目管理机构专业人员编制完成。

招标管理方案编制不仅谋划项目招标活动，解决招标方面的问题，更是开展项目管理策划、有效推进项目管理进程的举措。工程人员要充分重视项目招标管理，确保招标管理方案得到系统、周密地编制，只有这样才能保证项目招标管理高质量展开。

6.5 建设项目合约规划

即便是一般规模的房建项目，包括建设单位在内的各参建单位项下产生的建设合同数量都是相当可观的。合同数量虽多，但类型却相对固定，一般包括咨询服务、技术评价、法定代理、检测监测、施工承包及材料设备供应等。**总体而言，建设单位作为项目实施与管理主体，各参建单位作为服务主体，经过周期性的缔约过程，项目自上而下形成了层次分明的合同体系。合约规划就是对建设项目缔约、履约实施策划的过程，科学的合约规划对项目顺利开展和有效推进产生积极影响**。此外，合约规划同样是项目管理总体策划的重要组成部分，属于项目管理顶层设计。工程人员应充分认识到合约规划的重要性，掌握规划编制思想方法，为科学决策奠定基础。在建设项目中，服务类合同种类与数量多，从而导致该类合同管理工作量大。在实践中，服务类标的缔约往往伴随诸多问题，包括合同缔约方式确定缺乏依据、缔约时序未经周密考虑、缔约过程缺乏严密组织、法定招标缺乏规范操作等。上述情形增加了项目管理难度，也加大了合同争议产生的概率，进而影响项目实施进程，因此工程人员应重视服务类合同的规划。

6.5.1 合约规划一般思路

1.合约规划的含义

合约规划是项目管理前期策划的重要方面及必要步骤，对项目管理局面具有决定性影响，对于确保有效推进项目进程意义重大。一方面，合约规划将复杂建设项目总体实施分解为多个任务，使项目管理变得更加简单。通过揭示各事项任务内在联系，以及在纷繁关系中抓住关键因素，确保合同与招标管理卓有成效。进一步通过对事项任务科学优化化解项目实施重大风险，平衡项目管理复杂关系。另一方面，合约规划助力项目总体管理与建设目标实现，为建设项目总体策划提供条件。

建设项目合约管理涵盖缔约准备、缔约过程及履约三个阶段。从广义上看，合约规划应是对上述三个阶段管理的规划，是对建设期各类事项任务进一步分解的过程。通过揭示任务间关系，优化了参建主体的委托程序。由于项目各参建单位间关系是通过缔约方式确立，从狭义上看，合约规划又可理解为是针对各参建单位的管理，以及确立委托事项关系的规划。构建以建设单位为中心、各参建单位与之管理保持密切协同的服务关系也是科学编制合约规划的精髓和要义。合约规划具体含义就是通过将项目建设期各类事项任务合理分类，以全过程管理目标为导向实施科学统筹与优化的过程。

2.合约规划的特性

从本质讲，合约规划是项目任务分解与项目缔约的指导计划，是探寻各参建单位管理规律的举措，是强化科学管理、提升管理效率的手段，是项目管理资源分配的方案，它揭示了建设项目具体任务与合同委托规律，保障了建设项目管理的系统性和统一性，凸显出项目各参建单位实施协同管理的内涵。由于合约规划具有如此特性，才使得其无论在宏观上还是微观上均具有丰富的内涵，有关建设项目合约规划的主要特性详见表 6.5.1。

建设项目合约规划主要特性一览表 **表6.5.1**

类型	特性名称	特性详细说明
宏观特性	计划性	对建设项目实施与管理各项任务进行计划部署，描述了委托时序、内容，通过对未来事项任务的预判，统领招标管理全过程
	科学性	通过对项目实施与管理任务分解、分类，挖掘委托事项内在规律，并通过优化整合，构建以建设单位为核心、各参建单位与之协同管理的局面，而形成基于合同约束的体系
	成果性	以文字形式详细描述有关项目各任务事项内容、范围、委托时序，以及通过对合同关系的描述反映出各参建单位间的协同关系等
	目标性	作为项目管理策划重要组成部分，是项目管理顶层设计，项目实施与管理目标是开展合约规划的重要导向
	系统性	揭示项目具体任务事项内在联系即关联性，展现各参建单位协同管理关系，构建形成基于合约约束的体系，使之与项目管理过程成为有机整体
微观特性	对象性	将复杂项目实施过程分解，形成独立可委托事项，具体事项将成为项目管理的基本单元。通过以缔约前置条件为“输入”、履约成果为“输出”的方式，充分展现出面向对象的管理特性
	动态性	作为规划的计划性方案，合同委托受多种因素影响，其最终成果动态变化，随项目进程实时调整
	脆弱性	规划过程以项目实施及管理目标为导向，服务于项目管理全过程，由于项目实施过程影响因素的复杂性，委托工作易发生变化，不确定性较强

续表

类型	特性名称	特性详细说明
微观特性	针对性	项目由其自身性质不同且易受多种环境条件影响，合约规划编制具有差异性，不同项目合约规划成果相似，但需根据具体情况有针对性地编制
	边界性	清晰界定项目任务事项范围，展现出各类工作关系与责任边界并建立在对委托范围清晰界定基础上
	时间性	任务事项具体委托过程需要经历多个阶段，时间性表现在各类委托任务事项时序先后及周期性等方面

6.5.2 服务类标的合约规划

1.服务类合同类型与特点

一个建设项目往往产生数十项服务类合同，这些合同除大部分以建设单位为主体委托外，部分由参建单位根据项目需要自行委托。通过合理规划服务类合同可降低委托合同的数量，提升项目商务管理效率。**对于政府投资建设项目，服务类合同可按属性划分为服务过程类、行政审批类、市政报装类、招标代理类、检测与监测类等。**

（1）服务过程类合同是指为在项目全过程或某一阶段针对某一类服务事项所签订的合同，包括设计、项目管理、监理、全过程造价咨询等。其中项目管理、设计、监理服务对项目实施影响较大，属于全过程类，而设计、监理则属于阶段类。由于过程类合同服务周期长、涉及内容广泛，故该类合同金额占比较大。由于设计与监理服务常采用法定招标方式缔约，该类受托人数量众多，已形成充分的市场竞争环境。

（2）行政审批类合同是指项目实施前期阶段，在逐步取得各类行政许可过程中，针对一系列咨询事项所形成的服务合同，包括项目投资咨询、各类专项评估评价咨询及规划测量、工程物探服务等。在房建项目中，这类合同数量规模大约为十多项或数十项，长期以来受项目行政审批与咨询供需关系影响，该类合同中部分受托人与行政主管部门可能存在配合关系，随着我国市场化改革的不断深入，咨询服务类企业逐步改制，该类合同对应的潜在受托人数量正逐步增加，市场交易竞争性不足情况正逐步改善。

（3）公用市政报装类合同是项目公用市政工程报装及委托报装咨询缔约形成的合同。与行政审批类合同类似，报装需经相关公用市政管理机构审批，这类合同包括电力咨询、燃气咨询、热力咨询等。受我国现行公用市政管理体制影响，各类公用市政基础设施资源归属指定的公用市政机构管理。长期以来，受项目报装审批与咨询供需关系影响，同样报装咨询类服务受托人与公用市政管理机构可能存在长期配合关系，随着市场化程度的不断加深，该类合同对应的潜在受托人数量将逐步增加，交易竞争性不足情况将逐步改善。

（4）法定代理类合同一般是指法定的招标代理委托合同，招标代理机构以招标人法定代理人身份代其履行法定程序。对于政府投资项目，采用法定招标缔约的情形较多，因此招标代理服务需求量大，多年来招标代理服务比较活跃，也是基于这一原因。我国招标代理机构数量十分庞大，代理类合同适宜采用竞争性方式产生。

（5）检测监测类是指针对项目建设过程中各类专业工程、施工过程、各类设备供货与安装等实施的监测、检测及验收等合同。对于房建项目，包括基坑监测、室内环境气体检测、消防检测、电梯与锅炉设备检测合同等。建设项目内容复杂性导致了所需检测、监测事项较多。在实践中，部分合同可由施工单位作为委托主体，从而消减建设单位项下合同数量。不同行业检测、监测潜在的服务机构数量差异较大，但总体而言，可依据市场成熟度适当选择采用竞争性方式组织缔约。

2. 合同规划与缔约时序

服务类缔约并非同时开展或越早越好，而是随工程建设时序陆续推进。由于性质不同，诸如项目管理和造价咨询等全过程类合同应尽早签约。招标代理合同往往早于勘察、设计、监理形成。总体而言，全过程项目管理与前期咨询类合同应尽早签约，而检测监测类合同可稍晚形成。有关政府投资房建项目常见服务类合同委托顺序详见表 6.5.2。

政府投资房建项目常见服务类合同委托顺序一览表　　表6.5.2

<table>
<tr><th>主要类型</th><th>主要合同类别</th><th>一般允许包含的合同事项</th><th>具体类型</th><th>委托时序</th><th>委托方式</th></tr>
<tr><td rowspan="3">过程管理（项管）</td><td rowspan="3">项目管理</td><td>全过程造价咨询</td><td>过程管理</td><td>A</td><td>招标</td></tr>
<tr><td>招标代理</td><td>招标代理</td><td>A</td><td>比选</td></tr>
<tr><td>工程量清单及招标控制价编制</td><td rowspan="6">过程管理</td><td>E</td><td rowspan="3">比选或招标</td></tr>
<tr><td rowspan="3">过程管理（造价）</td><td rowspan="2">全过程造价咨询</td><td>初步设计概算编制</td><td>C</td></tr>
<tr><td>工程量清单及招标控制价编制</td><td>E</td></tr>
<tr><td>工程量清单及招标控制价编制</td><td>无</td><td>E</td><td>比选</td></tr>
<tr><td rowspan="2">过程管理（设计）</td><td rowspan="2">概念性方案设计</td><td>总体设计</td><td>A</td><td>招标</td></tr>
<tr><td>设计任务书编制</td><td>B</td><td>比选</td></tr>
</table>

续表

主要类型	主要合同类别	一般允许包含的合同事项	具体类型	委托时序	委托方式
过程管理（设计）	总体设计及总包服务	临水报装方案编制	报装咨询	C	推荐
		临水工程设计	过程管理	D	询价
		临电报装方案编制	报装咨询	C	推荐
		临电工程测绘		E	询价或推荐
		临电工程设计	过程管理	D	
		外电源报装方案编制	报装咨询	C	推荐
		外电源工程测绘		D	询价或推荐
		外电源工程设计	过程管理	D	招标
		自来水报装方案编制	报装咨询	C	询价
		自来水设计	过程管理	D	
		外市政雨水、污水、中水报装方案编制	报装咨询	C	推荐
		外市政雨水、污水、中水设计	过程管理	D	招标
		热力报装方案编制	报装咨询	C	推荐
		外市政热力设计	过程管理	D	招标
		燃气报装方案编制	报装咨询	C	推荐
		外市政燃气设计	过程管理	D	招标
		红线内地形整理设计		C	比选或招标
		消防技术方案编制	行政审批	C	
		消防施工图设计	过程管理	D	招标
		人防方案编制	行政审批	C	比选或招标
		人防施工图设计	过程管理	D	招标
		园林景观方案编制	行政审批	C	比选或招标
		园林景观施工图设计	过程管理	D	招标
		红线内其他各专业工程设计		D	
		初步设计概算编制		C	比选或招标
		外部市政管线综合咨询	报装咨询	C	询价
		红线内各市政各专业规划	过程管理	C	比选或询价
		红线外周边道路定线	报装咨询	C	询价
		工程量清单及招标控制价编制	过程管理	E	必选或招标
过程管理（勘察）	总体勘察	红线内工程物探		C	比选或询价
		氡元素检测		C	询价或招标
		基坑第三方监测		F	招标
		沉降观测		F	比选或招标
		建筑协同分析		C	
		文物保护勘测	报装咨询	C	推荐

续表

主要类型	主要合同类别	一般允许包含的合同事项	具体类型	委托时序	委托方式
过程管理（监理）	项目总体施工监理（总承包）	总体监理及各专业工程监理	过程管理	E	招标
		项目管理		A	
		全过程造价		A	
		招标代理（非监理）	招标代理	E	比选
		工程量清单及招标控制价编制	过程管理	E	招标
行政审批（投资）	建议书编制咨询	项目可行性研究报告编制	行政审批	B	比选或招标
	可研报告编制	节能专篇编制咨询		B	
行政审批（交通）		交通影响评价		B	
行政审批（环保）		水影响评价咨询		B	
		环境影响评价咨询		B	
无		设计任务书编制	过程管理	B	
行政审批（地震）	地震安全性评价	无	行政审批	B	询价
行政审批（规划）	施工图审查	无		D	
	土地勘测定界			C	
	勘察成果审查			D	
行政审批（土地）	地灾评价	无		B	
	防洪评价			B	
	地籍测绘			B	
	用地测量			A	
	征地补偿			A	
招标代理	招标代理	咨询服务类标的招标代理	招标代理	A	比选或招标
		勘察、设计招标代理		C	
		施工总承包、监理招标代理		E	
		施工专业分包招标代理		F	

续表

主要类型	主要合同类别	一般允许包含的合同事项	具体类型	委托时序	委托方式
检测、监测	施工总承包管理服务	结构主体检测	检测验收	F	推荐或询价
		混凝土高强度回弹检测		F	
		室内环境质量检测		G	
		节能工程检测		G	
		消防验收检测		G	
		规划验收测量		G	
		环保验收检测		G	
		防雷接地检测		G	
		通风管道检测		G	
		锅炉设备检测		G	
		电梯设备检测		G	
		其他检测		G	

注：按照委托时序，随着项目的推进由早至晚分别用A、B、C、D、E、F、G字母表示委托时序程度。

3.非法定缔约方式

除法定招标缔约外，在实践中也存在若干非法定缔约方式，诸如“比选”“询价”“库选”“推荐”等。表6.5.2中列明了各类非法定缔约方式所对应的合同类别。在上述方式中，凡竞争性较强的，可参照招标程序组织缔约。对于非法定缔约活动，由于程序上并不具备法定性，其组织过程相对灵活，相对法定程序简化后，其缔约效率得以提高，由于缺乏法律约束，其严谨性较差。工程人员应秉承公开、公平、公正、诚实信用等原则谨慎采用。

“比选”是一种常见的非法定竞争性缔约方式，是指通过针对一定范围潜在受托人综合优势比较，优选确定签约人的过程，其程序与法定招标类似，不同之处在于其时限及程序不受法律限制，如可不必履行中标候选人公示等。在实践中，与其他非法定缔约方式相比应用最为广泛。

“询价”是针对有限范围潜在受托人，通过仅比较服务价格因素优选确定中选人的方式。该方式适用于服务标的费用小、内容简单、周期短暂且市场成熟度不高的交易活动，如检测、监测类合同中有关结构、消防、节能检测等以及项目各类技术咨询、地籍测绘等服务。

“推荐”是指项目在办理行政许可手续过程中，经行业主管单位或机构推荐受托人的一种方式。在实践中，公用市政工程报装咨询、工程检测服务等可采用该方式。由于缺乏市场竞争，有关该类合同谈判成为难点。因此，在推荐的基础上，工程人员还需进一步组织必要的谈判、询价活动。

“库选”是在具备持续性服务事项委托条件下，针对一定数量和资格条件的服务群体，优选确定受托人的方式。库选方式实现了委托人对服务单位的持续跟踪，彼此间形成互信合作。竞争方式建库调动了市场竞争性。当项目数量较多时，可按类型对库中单位适当分类分组并开展评价。对于无法实现法定招标缔约的合同，可采用库选方式。然而在市场化改革条件下，库选方式可能引发市场壁垒，与优化营商环境政策要求不符，故不建议采用。

6.5.3 服务类事项受托回避与合并委托

各类合同事项并非孤立存在，而是彼此间相互关联，某合同事项往往是另外事项前置条件或后续工作。对于政府投资项目，合同缔约大多采用竞争性方式，当作为竞争性缔约组织者或原合同受托方的关联单位参加新合同受托缔约时，或当某一合同受托人继续参加关联服务受托时，或者作为诸如项目管理咨询机构、全过程造价咨询机构、监理单位等受托人参与后续竞争性受托时，潜在受托人均可能取得不正当竞争优势，使缔约失去公平、公正性。此外，对于管理类合同受托人，当其参与所辖管理范围事项受托时，还可能形成利益冲突或引发管理关系混乱。因此，针对上述情形受托人避免参加后续缔约过程称为“受托回避”。遵守“受托回避”原则将有利于确保缔约竞争性的实现。然而在单独委托条件下，不同合同事项由不同受托人完成，使得关联事项执行的延续性受阻，因此将关联事项整合后实施“合并委托”则是行之有效的方法。需指出，“受托回避”是针对独立委托事项而需考虑，在全过程工程咨询条件下，则纳入全过程工程咨询范围的事项无需考虑这种情况。

1.受托回避的三类情形

（1）缔约组织方受托回避。一般来说，建设项目的竞争性缔约组织参与主体包括建设单位、项目管理咨询机构、招标代理机构、造价咨询机构，还可能包括行政主管部门。施工分包的缔约组织主体还包括施工总承包单位及监理单位。不局限于招标，当竞争性缔约组织主体同时参与受托时，将可能导致不正当竞争而应回避。依据现行《招标投标法实施条例》第十三条第二款：“招标代理机构不得在所代理的招标项目中投标或者代理投标”；第二十七条第二款规定：“接受委托编制标底的中介机构不得参加受托编制标底项目的投标”；而第三十四条第一款规定：“与招标人存在利害关系可能影响招标公正性的法人、其他组织或者个人，不得参加投标”。从广义上看，招标代理机构、造价咨询机构以及其他各参与主体均应回避。而与参与主体存在利害关系的潜在受托人是否回避，则应视其是否存在“可能影响公正性”情形而定。若在竞争性缔约过程中，所参与的潜在受托人法定代表人与竞争性缔约组织主体为同一人，或其在股权关系上受控于竞争性缔约组织主体等情形，则可能构成利害关系，应予回避。

（2）关联事项受托回避。建设项目实施围绕基本建设程序展开，且项目建设过程被分解后的各类事项之间存在前置、因果、互补等关系，从而成为关联合同事项受托回避的基础。关联合同事项受托回避是指当某原合同受托人继续参加后续与本合同事项关联事项的缔约竞争时，由于存在不正当竞争而可能回避的情形，有关依照合同类型梳理的主要类型关联事项回避情形详见表6.5.3。

部分主要类型关联事项受托回避情形一览表　　　　表6.5.3

<table>
<tr><th>顺序
合同类型</th><th>1</th><th>2</th><th>3</th><th>4</th><th>5</th></tr>
<tr><td>招标代理类</td><td>前期咨询服务招标代理</td><td>勘察、设计招标代理</td><td>施工总承包及监理招标代理</td><td>施工分包招标代理</td><td>其他</td></tr>
<tr><td rowspan="2">勘察类</td><td rowspan="2">红线内工程物探</td><td rowspan="2">文物勘测</td><td rowspan="2">红线内工程勘察</td><td>基坑监测</td><td rowspan="2">其他</td></tr>
<tr><td>沉降观测</td></tr>
<tr><td rowspan="2">设计类</td><td>概念性设计</td><td>方案设计</td><td>初步设计与施工图设计</td><td>某专项设计</td><td>设计施工一体化</td></tr>
<tr><td>红线内设计</td><td>公用市政报装方案咨询</td><td>公用市政总体设计</td><td>某市政专项设计</td><td>设计施工一体化</td></tr>
<tr><td>造价类</td><td>投资估算编制</td><td>初步设计概算编制</td><td>工程量清单与招标控制价编制</td><td>工程结算编制</td><td>工程决算编制</td></tr>
<tr><td rowspan="3">前期咨询类</td><td rowspan="3">项目建议书</td><td rowspan="3">概念性方案设计</td><td>节能评估、交通影响评价等</td><td rowspan="3">可行性研究报告编制（资金申请报告）</td><td rowspan="3">项目总体设计</td></tr>
<tr><td>水影响评价、环境影响评价等</td></tr>
<tr><td>地震安全性评价、防洪影响评价等</td></tr>
</table>

注：较小顺序号对应的合同受托人应在同类合同中较大顺序号对应的竞争性合同受托中回避。

（3）管理合同受托回避。管理类合同主要包括两类，一是由于行政主管部门在行使管理职权过程中，对项目实施行政审批或开展行政检查而使项目产生的合同，例如项目跟踪审计、各类检测检验、第三方监测、鉴定、见证类合同等。二是出于项目组织或管理需要产生的管理类合同，包括项目管理、造价咨询、监理服务合同等。由于招标活动旨在将项目管理要求纳入缔约过程，并为后续履约管理奠定基础，因此也可将招标代理委托合同归属为管理类。此外，考虑设计单位对项目管理重要影响及为项目推进所创造的必要条件。从广义上讲，也可将设计纳入管理类合同范畴。相对于非管理类合同，管理类合同受托人在建设项目发挥着至关重要的作用，出于管理需要，其往往掌握了更多的项目信息或便利条件，若其参与竞争性缔约过程，容易产生不正当竞争优势。因此，其应在后续竞争性缔约中回避。鉴于管理类合同相比一般合同更具特殊性，管理类受托人在履约中开展的管理工作应具有独立性、权威性，因此对其他受托合同履约监督成为其重要职责。从这一角度看，其亦应在非管理类合同缔约中回避，尤其是其直接管理的受托事项。管理类受托人同时接受其自身所管辖事项委托，将使受托人在该事项上可能构成利益共同体，从而导致管理责任缺失、管理角色错位、利益冲突等情况发生（全过程工程咨询除外）。

2.服务类事项合并委托

在受托回避原则下，在组织合同事项单独委托时，可能使得合同缔约组织变得更加复杂。更重要的是还可能使得原本联系紧密的合同事项，在不同受托人执行时，合同事项间工作的延续性、一致性及完整性遭到破坏，从而增加履约风险。鉴于受托回避原则可能造成的上述负面影响，有必要结合项目实施或管理事项的关联性对密切相关事项合并后再委托。“合并委托”是合约规划的重要思想理念。

（1）**非管理类事项合并委托**。有必要针对服务上具有相同或相似特征的非管理类合同事项合并委托。针对设计类合同，将项目中所有与设计相关的事项纳入设计范围。设计单位以总承包单位角色对所有受托事项实施总承包。对于造价类合同，将项目投资估算、初步设计概算、工程量清单与招标控制价编制、工程结算审查与决算编制等事项合并。考虑到项目设计对造价管控的影响，为便于开展限额设计，也可将项目造价与设计合并，并交由设计总承包单位组织完成。可将工程物探、文物勘测、基坑检测、沉降观测、氡元素检测等委托事项合并，全部纳入项目勘察范围，并交由勘察单位作为总承包单位承担。对于房建项目，当涉及公用市政工程规模相对红线内项目总体规模占比较小时（如低于10%），可将红线外公用市政工程与房建项目合并，即纳入红线内项目施工总承包单位的承包范围。此外，还可将法律法规中非强制由建设单位单独委托的第三方检测、监测事项合并后纳入施工总承包范围等。总体而言，凡具备上下游关系、前置、互补或者交叉搭接的工作事项均可合并委托，这有利于各受托主体与建设单位间形成管理协同关系。

（2）**同级管理类事项合并委托。**在管理类合同事项中，应从建设单位视角并站在项目全局高度审视问题，其中项目管理所处管理层级较高，全过程造价管理、招标代理、设计及监理服务次之，施工总承包管理服务层级较低。当低层级合同受托人接受高层面受托人管理时，为避免利益冲突及管理责任缺失的情形，不建议将处于不同管理层级的事项合并。所处同一管理层级的事项彼此间不构成管理关系，更可能保持有效协同，如全过程造价咨询与招标代理合并委托，将有利于造价管控通过招标环节实现。再比如将造价咨询与设计服务合并，则有利于限额设计实现等。

（3）**非同级管理事项合并委托。**

在管理类合同单独委托下，受托人应对其所辖管理范围内事项在受托过程回避。由于其所辖管理范围合同受托人可能并非与其构成合同关系，因此管理类合同受托人的履约对其委托人负责，其管理过程通过委托人实现。非同级管理或与其他类合同事项合并委托时，合同主体发生变化。要么管理类受托人直接与其所辖范围合同受托人构成合同关系，要么管理类受托人与所辖管理范围受托人可能为同一法人。管理类受托人的合同义务范围进一步扩展，其履行管理义务不再直接为委托人所显见。相比而言，其管理已转变为内部管理，且不再通过委托人对所辖合同事项进行管理。对于委托人来讲，其管理路径虽得到优化，却加重了管理类合同受托人的负担。实践表明，上述情形可能造成利益冲突或项目管理缺位，演变形成的利益共同体可能给项目实施带来风险。

本质上管理类合同受托人围绕计划、组织、指挥、协调和控制五大管理职能实施管理服务。虽然对委托人而言，不同层级管理事项合并委托后，其受托人作为独立主体履约，但其各类服务均由其内部团队专业人员完成。对于其管理团队而言，其内部管理实施仍须具备上述五项管理职能的实施环境。针对临时组建的项目部，按服务类型搭配人员是提供上述实施环境的良好方式。由于一般管理咨询服务企业内部各类服务由不同部门完成，因此项目部模式将可能演变为矩阵型或混合型组织方式，项目经理权限可能被削弱。合并受托人组建的跨部门管理团队的优势包括具备成熟管理方法、较强的服务组织和跨部门协调能力等。实践表明，由于服务具有相对独立性和市场化特征，增加了受托人内部管理机制创建的难度，合并委托所演化的内部矛盾复杂多变，给项目实施带来风险。

建设项目合同委托中的回避问题不容小视，弄清各类回避情形有利于合约规划的科学编制。充分运用合并委托思想，尤其是将相同、相似及关联事项合并委托，有利于提升项目管理效率，规避管理风险，激发合同主体间的协同潜能。非同级管理事项及与其他类合同事项合并委托，涉及受托人责权划分、内部融合机制建立及管理缺失等问题。随着全过程咨询模式的不断发展以及项目管理服务的不断优化，合并委托将变得十分常见。

6.5.4 暂估价内容列项

在工程量清单计价模式下，暂估价是指招标人用于在工程中支付必然发生但暂时不能确定的材料、设备或专业工程费用的金额。暂估价内容的设置对于缩短工程量清单及招标控制价文件编制周期、实现高效招标活动发挥着重要作用，其丰富了合约规划的思想内涵。在实践中，本着压缩缔约周期、简化经济文件编制等目的，出现了盲目设置暂估价内容与确定暂估金额的情形。**实践表明，不加区分地过多设置暂估价内容并纳入施工总承包范围将增加分包工作量，影响项目整体实施进度。**项目施工后期有关暂估价内容的大幅度调整也将导致项目实际结算金额与暂估金额间差距加大。因此有必要结合实际条件，探索暂估价内容影响因素和列项方法。

暂估价内容列项思路：

（1）列项影响因素。在实践中，诸多因素导致暂时不能确定的情况，这些因素往往来自建设期多方面管理过程。良好的设计条件有利于暂估价内容列项，为避免暂估价内容列项是迫于设计工作不充分造成的，应在设计招标阶段提早谋划和部署暂估价内容。

（2）列项基本思路。

建设项目涉及材料设备种类众多，对于纳入工程计价体系具有法定计量单位的材料与设备理论上均可列项。现行国家标准《建筑工程施工质量验收统一标准》GB 50300 中明确了分部、分项工程内容。《建筑业企业资质标准》也指出建筑

业企业资质专业类别，暂估价内容列项可参照上述文件要求进行。有关各类影响因素及列项思路详见表6.5.4，表中所列因素是设置暂估价内容时重点要考虑的。

过程管理科学地决定了项目实施的成败，总体而言，暂估价内容列项应首先兼顾便于管理。项目管理规划是针对项目实施与管理的总体策划文件，暂估价内容列项应服从项目管理总目标。从宏观上看，合约规划旨在化解或转移合同风险、提升管理效率、创造良好管理局面。从微观上看，这项工作重在确定各参建单位合约关系。暂估价内容列项应满足合约规划总体要求，确保与项目管理策划保持统一。招标管理以服从项目管理规划及合约规划为原则，施工招标中有关招标管理思想落实则直接指导和制约着暂估价内容列项。

暂估价主要影响因素及列项思路一览　　表6.5.4

类别	主要影响因素	暂估价内容列项基本思路
过程管理	造价控制要求	（1）削减列项内容；（2）减少列项数量；（3）与初步设计概算子目对应列项；（4）根据前期漏项补充列项；（5）针对未来预测有关内容列项
	进度管理要求	（1）削减列项内容；（2）按施工进度顺序列项，从空间由下至上、由里及外，从施工由易至难、由紧前至紧后，从进度从关键至非关键线路事项；（3）避免针对同时存在多个紧后事项的内容列项；（4）避免对计划工期过长的内容列项；（5）避免对需要多类前置条件或易受多因素影响的内容列项
	质量管理要求	（1）对于特殊专业或专业性要求较高的内容列项；（2）避免对关联性、统一性、延续性强的系统内容分开列项；（3）列项有利于质量检验评定与验收
	人员管理要求	（1）列项应与总承包项目团队分包管理能力相匹配；（2）列项导致的商务管理任务能够与总承包自行施工部分平衡协调；（3）建设单位商务管理人员数量与能力；（4）监理单位商务管理人员数量与能力
	范围管理要求	（1）与设计单位针对专业工程设计范围对应；（2）与总承包自行施工内容范围有效衔接；（3）与总承包配合服务范围、措施项目范围的有效衔接；（4）从便于施工组织界面范围考虑；（5）与设计总包自行施工内容范围界面与分包设计界面对应；（6）从便于安排设计施工一体化范围角度设置
	风险管理要求	（1）项目环境变化导致内容调整补充列项；（2）为规避或转移实施主体责任风险而纳入总承包范围单独列项；（3）处于全过程管理各类各方面风险考虑单独列项
	现场管理要求	（1）列项内容与资质许可的承包范围对应；（2）列项内容避免施工过程专业搭接，独立性强；（3）列项内容有利于质量检验、评定与验收；（4）有利于实施安全管理与评价；（5）列项内容原则上应具有清晰的工作面和施工环境，有利于制定科学规范的施工组织方案
	协调管理要求	（1）减少列项内容；（2）从减少建设单位协调管理工作量与难度角度纳入总承包范围列项；（3）列项须避免施工过程部分内容在空间、时序上的大量交叉

续表

类别	主要影响因素	暂估价内容列项基本思路
合约规划	计量计价要求	（1）将暂估价内容纳入分部分项清单避免单独列项；（2）便于总承包内容与暂估价范围界面内容计量计价；（3）避免对受市场价格正向波动较大的材料单独列项；（4）避免对市场档次水平差异较大的材料与设备列项；（5）从有利于认价工作顺利开展的角度列项
	承发包关系	（1）从有利于构建责任清晰、分工明确的承发包关系角度列项；（2）从有利于落实承发包责任和义务，强化施工总承包管理的角度列项
	承包人资格条件	对于承包人资格条件较高、管理能力较强的，可增加列项内容
	市场价格水平与趋势	（1）避免对市场价格正向波动较大的工程内容列项；（2）可针对市场价格负向波动较大的工程内容列项；（3）避免对市场价格水平波动与趋势不稳定内容列项
	合同段规划	（1）根据合约规划的最终结果列项；（2）从有利于构建清晰合约关系角度列项；（3）从维护合约间对应关系角度列项
	合同范围管理要求	（1）从有利于构建清晰、完整的合同范围角度列项；（2）从有利于合同履约过程，定位合同主体实施责任角度列项
	责权利分配要求	（1）从有利于界定清晰、有效的责权利分配关系列项；（2）根据建设项目定位的各参建单位最终责权利关系列项
	总承包合同条件	（1）从有利于建立完整、系统的合同条件角度列项；（2）从有利于对各参建单位履约考评的角度列项；（3）从有利于权衡总承包单位及建设单位对分包单位及分包工程内容开展管理的角度列项；（4）从有利于合同履约、合同条件条款执行的角度列项
招标管理	招标工作进度要求	（1）为提高总承包招标进度对部分工程内容列项；（2）为提高施工总承包分包招标工作进度，减少对分包工程内容的列项；（3）须结合项目全过程管理权衡上述两种情形对招标工作进度的总体影响；（4）减少列项内容，对内容适当合并后列项；（5）多标段情形，可针对施工总承包单位联合招标内容列项；（6）可采用设计施工一体化方式列项；（7）减少暂估价材料与设备内容列项；（8）避免对专业工程或专业设备系统工程内容按设备采购方式列项
	招标范围完整性	（1）为确保招标范围完整性对补充内容进行列项；（2）针对工程内容实施过程中可能导致的范围变化列项；（3）对于未达到招标限额内容则可纳入总承包自行施工范围
	招标竞争性	（1）针对有利于通过单独招标方式竞价的内容可单独列项；（2）针对有利于纳入总承包管理而通过施工总承包方式竞价的内容则应避免列项；（3）通过对未达到法定招标限额的内容合并列项后实施招标

续表

类别	主要影响因素	暂估价内容列项基本思路
招标管理	临时补救措施	（1）将已经列项的内容合并或拆分；（2）从已经列项的内容分类中分裂新内容列项；（3）修改已中标的施工总承包范围，列项新的内容
	法律法规强制性	（1）根据暂估价内容投资在施工总承包投资中所占的比例限额列项；（2）根据施工总承包资质许可的承包范围列项；（3）根据施工总承包合同约定的承包范围列项；（4）根据招标交易平台或监管环境要求列项；（5）根据实施过程中产权主体要求列项等
	过程文件编制要求	由于设计成果不完善，工程量清单及招标控制价编制周期的限制等原因，提高招标工作进度需要对部分工程内容列项
	招标缔约性要求	（1）通过纳入总承包合同范围便利于协调管理与风险管理等列项；（2）通过发挥竞争优势并建立管理优势局面谋取投标承诺而列项
	招标活动主体利益	（1）通过削减总承包单位自行施工部分工程利益而对部分内容列项；（2）为削减总承包管理权限而避免纳入自行施工管理对部分内容列项；（3）为了加强建设单位对分包的管理及透明化分包过程管理而列项
设计要求	设计成果完整性	（1）设计单位工作失误造成的缺漏项内容；（2）设计单位违约造成的缺漏项内容
	设计成果准确性	（1）可针对一定工程量、专业性较强的缺少准确设计内容单独列项；（2）避免对于准确性较强的设计内容列项
	设计成果稳定性	（1）可针对一定工程量、专业性较强的欠稳定的设计内容单独列项；（2）避免对于稳定性较强的设计内容列项
	设计成果深度要求	（1）可针对一定工程量未达到清单编制深度的设计成果列项；（2）可针对部分仅达到初步设计深度的设计成果列项
	设计进度要求	（1）提高设计进度，避免进度滞后造成被迫列项；（2）进度较快时，针对遗漏或非稳定内容列项；（3）进度缓慢时，评估过程管理等风险后列项
	设计单位资质	（1）针对限定设计单位进行强制分包的内容列项；（2）资质序列完备、等级较高的设计单位情形则减少列项内容；（3）针对资质序列欠完备、等级较低的情形进行设计施工一体化列项
	设计单位能力水平	（1）避免对具备丰富设计业绩的部分工程内容部分列项；（2）避免对设计专业人员资源丰富、能力较强的部分工程内容列项；（3）可考虑业绩欠丰富、设计单位人员专业实力较差的部分工程内容列项
	设计前置条件	（1）针对功能需求调整预测内容列项；（2）针对设计前置条件不完备造成的遗漏内容列项；（3）受公用市政工程报装等前期手续等限制列项

6.6 暂估价招标管理部署

建设项目暂估价招标是指在工程量清单计价条件下，对以暂估价方式纳入施工承包范围的内容，由施工总承包单位组织实施的分包活动，主要分为暂估价专业工程和暂估价材料设备两种类型。当项目存在多个施工总承包标段时，针对同一类暂估价招标内容，可由包含该暂估价内容的多个施工总承包单位组成联合招标人同步实施。由于相关法律、法规赋予建设单位针对暂估价招标管理的"确认"权，在实践中，暂估价招标形成了由建设单位管理而总承包单位具体组织的局面。鉴于招标活动对设计条件的依赖，因此一定程度上使得招标过程对项目设计服务具有牵动作用，并对项目总体进程产生积极影响，合理统筹规划暂估价招标是项目管理的关键举措。

暂估价招标管理方案是对暂估价招标活动组织具有指导性的纲领性文件，对于把握管理局面、实现管理目标具有重要意义。与项目总体招标管理方案编制思路一致，暂估价招标管理方案是项目整体招标管理方案的补充和延续，方案内容主要包括：前置条件、准备任务、招标依据、招标形式、招标方式、交易环境、监管主体、招标范围、重难点问题、进度计划及管理风险的分析及应对措施等。

6.6.1 各参建单位职责分工

暂估价招标活动直接参与主体为施工总承包单位及其委托的招标代理机构，直接管理主体为监理单位、项目管理咨询机构及建设单位，设计单位是招标活动的配合主体。暂估价招标各参与主体分工来自于现行法律、法规的规定，也集中反映出各参与主体的管理利益。为落实职责分工要求，应将此纳入项目各参建单位的合同条件，有关暂估价招标活动各参建单位职责分工详见表 6.6.1。

暂估价招标活动各参建单位主要职责分工一览表　　表6. 6.1

主体类型	主体性质	具体主要职责分工
招标代理机构	执行主体	编制工作方案、组织招标程序、起草过程文件、办理招标手续等
造价咨询机构	执行主体	编制工程量清单及招标控制价文件、协助开展工程计量、组织相关材料与设备询价、协助开展限额设计优化等
总承包单位	执行主体	履行招标人义务、监督招标代理工作、编审招标管理方案、协调与推进招标活动、审查过程文件、履行签章手续等
监理单位	管理主体	监督推进暂估价招标过程、沟通协调相关事项，主持招标管理例会、审查过程文件等
设计单位	协助主体	主持开展限额设计优化、开展投标答疑、协助编审过程文件等
项目管理咨询机构	咨询主体	编制招标管理方案、审查招标活动方案、协调招标活动过程事项、推进招标活动进程、审核招标过程文件、研究并提出相关决策意见等
建设单位	确认主体	履行“确认”义务、办理签章手续、进行最终决策、协调推进招标工作等

6.6.2　暂估价招标制度设计

1.工作群组与例会制度

各参建单位在各自组建项目部时，须安排专人负责暂估价招标，并在建设单位组织下，在项目层面组建暂估价招标工作群组。群组模式使得各单位建立沟通渠道，提升招标处置效率，有利于暂估价招标活动的推进。招标例会制度作为必要手段，其目的是为检查计划执行情况、发现问题并研商措施、集中审查过程文件及快速形成相关决策等。在实践中，例会定期召开，在项目工期紧张阶段以每周召开 1~2 次为宜，有关各参建单位暂估价招标服务人员安排详见表 6.6.2。

2.过程文件审核制度

招标过程文件须经各参建单位逐级审核，审核进展决定了招标活动的总体进展。鉴于文件涉及内容广、专业多、技术性强，参建单位各自审核中需要安排多种专业人员协同参与。招标过程文件报审是项目暂估价招标活动的重要管理工作。各管理单位审查以合法合规为基本出发点。然而由于职责和利益不同，文件审核取向存在差异，关于暂估价招标过程文件编审分工差异详见表 6.6.3。

各参建单位暂估价招标工作群组人员一览表 **表6.6.2**

参建单位	各参建单位暂估价招标工作群组成员		
	负责人员	经办人员	辅助人员
招标代理机构	项目负责人	招标过程文件编制人员、招标事项协调人员	签章办理与文档人员
造价咨询机构	项目负责人	工程量清单、招标控制价编制各专业人员	签章办理与文档人员
施工总承包单位	项目经理、商务负责人	招标管理人员、合约管理人员、预算管理人员	签章办理与文档人员
监理单位	总监、总监代表或商务负责人	招标合约管理人员、预算管理人员	文档人员
设计单位	设计联系人员	设计各专业工程师	驻场人员
项目管理咨询机构	项目经理、商务负责人	招标合约管理人员、造价管理人员	文档人员
建设单位	建设主管	建设主管、驻场代表	签章办理与文档人员

暂估价招标过程文件编审分工与差异一览表 **表6.6.3**

参建单位	工作分工	编制及审核主要工作重点与出发点
招标代理机构	编制及修改	满足合法、合规要求，落实各参建单位要求，满足文件格式与完整性要求，提出初步意见，降低过程风险等
造价咨询机构	编制及修改	满足合法、合规要求，满足编制依据性与完整性要求，强调文件编制科学性、合理性及准确性等
施工总承包单位	编制、审核及修改	围绕总承包利益提出意见与要求，强化分包管理要求，满足施工组织进度、质量、成本以及安全等管理要求，关注招标工作计划实现及风险事件防范，对经济文件强调编制内容全面性、范围完整性以及价款合理性，落实监理单位要求等
监理单位	审核、提意见	满足合法、合规要求，满足进度、质量、造价等控制目标要求，强调文件编制依据性要求，强调文件编制准确性与合理性要求，审查与管控分歧意见并协调、落实建设单位及项目管理咨询机构要求等
设计单位	审核、提意见	落实限额设计要求，强调设计成果与文件编制一致性，满足文件编审前置条件，有针对性地补充设计成果；审查材料设备选型合理性；协助审查工程计价方式合理性等
项目管理单位	审核、提意见	综合各方意见，以项目管理目标实现为基础，实现全过程、全要素管理要求，协调管控分歧，关注招标工作进度计划实现，关注招标工作风险事件预防，落实建设单位相关要求等
建设单位	审核、确认	综合各方意见，侧重全过程、全要素管理效果确认，审查最终成果与效果，强调项目整体建设目标实现等

当纳入施工总承包范围的暂估价内容达到法定招标规模与标准时，应由施工总承包单位作为招标人组织开展法定招标活动，即施工总承包单位依法履行招标人义务、享受招标人权利、承担招标人责任。由于暂估价招标关系工程建设全过程管理各方面，因此有必要将暂估价招标管理纳入监理服务范畴，并作为监管协同的重要事项纳入监理合同条件。在施工分包中，建设单位有义务对分包过程予以确认，此时可要求项目管理咨询机构协助。建设单位及其委托的项目管理咨询机构所开展的确认应以全过程项目管理目标为导向，并在监理服务提供的基础上完成，有关暂估价招标管理过程文件审核流程详见图 6.6.1。

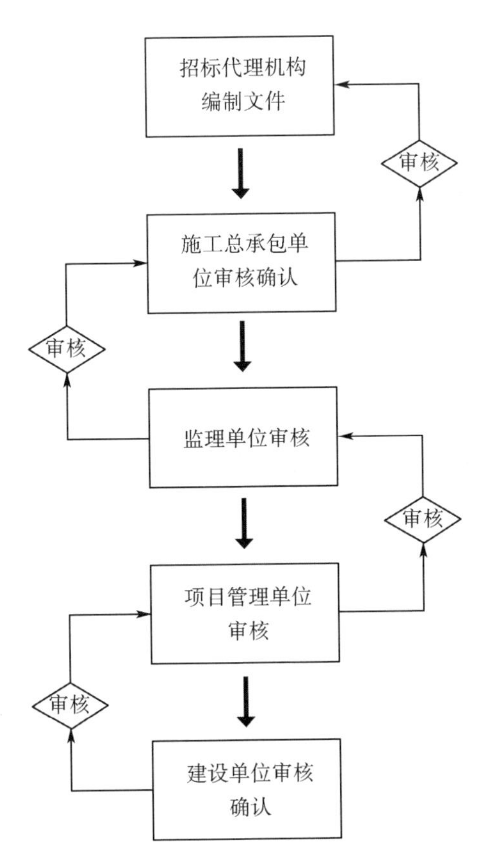

图6.6.1　暂估价招标管理过程文件审核流程

3.过程文件论证优化制度

在暂估价招标过程文件中，暂估价招标合约规划、招标管理方案编制应针对重点问题展开，并对关键环节实施论证，以确保招标活动的科学性。经论证的招标文件为项目限额设计、风险管理及招标快速推进奠定基础。而论证则应围绕技术经济合理性、实施依据可靠性、工程量清单及控制价编制有效性等展开。

4.暂估价招标协同机制

暂估价招标全过程围绕招标公告、资格预审文件、招标文件以及工程量清单、招标控制价等招标过程文件审核展开。项目各参建单位人员共同组建招标工作群组并协同工作是确保暂估价招标推进的关键。过程文件申报、审核、修改及伴随大量沟通、协调均离不开工作群组中各参建单位的人员相互配合。由于暂估价招标参与主体多、涉及事项复杂，招标过程文件审核确认的过程实质上是各参建单位就暂估价招标所涉及的事项达成一致意见的过程。有关招标活动相关问题研商与决策机制的建立是顺利组织招标活动的核心。由于招标过程文件编制尤其是招标文件中涉及的有关项目造价、进度、质量等重要因素管理领域，均关乎各参建单位核心利益，需要通过工作群组内部之间充分沟通，随着分歧的消除而使招标进程得以推动。

6.6.3 暂估价招标管理方案

暂估价招标总体实施计划原则上由施工总承包单位根据各管理单位要求编制，经各参建单位审查后，最终由建设单位确认。实施计划的内容包括招标总体目标、重点难点问题与处置方案、时间计划及合同段招标方案等。作为项目招标管理方案核心组成部分，由建设单位委托项目管理咨询机构编制，显然方案有利于工程人员识别管理风险，统筹项目总体招标管理思路。

1.暂估价招标时间计划

项目暂估价内容划分的合同段越少，对项目总体实施进度影响就越小。招标时间计划应以施工总承包单位提交的经批准的施工组织设计为基础编制，并随项目实际动态调整。时间计划应编排招标程序重要环节，列明各参建单位招标活动事项办理时限，围绕招标过程文件审查而展开，重点是对过程文件报审的版本进行控制，关于暂估价招标总体时间计划要点详见表 6.6.4。

2.合同段招标管理方案

暂估价合同段招标方案由招标代理机构根据施工总承包单位、监理单位及项目管理咨询机构的要求编制。方案编审应遵循若干原则，其中针对性原则是指方

暂估价招标总体时间计划要点一览表　　表6.6.4

设计单位	施工总承包及招标代理机构	施工总承包及造价咨询机构	监理单位	项目管理咨询机构	建设单位
电子成果提交时间	招标公告及资格预审初稿提交时间	工程量清单及招标控制价编制初步送审稿提交时间	招标公告及资格预审意见提交及落实完成提交时间	招标公告及资格预审意见提交及落实完成提交时间	招标公告及资格预审意见提交时间
纸质成果提交时间	资格预审文件修改周期	工程量清单及招标控制价修改周期	资格预审补充答疑文件审核意见提交及落实完成时间	资格预审补充答疑文件审核意见提交及落实完成时间	招标公告及资格预审文件签章时间
签章时间	资格预审答疑文件送审版提交时间	工程量清单及招标控制价文件签章封样案送审版提交时间	资格预审评审结果文件审核意见提交及落实完成时间	资格预审评审结果文件审核意见提交及落实完成时间	资格预审补充答疑文件审核意见提交时间
最终成果提交时间	资格预审评审时间	工程量清单及招标控制价备案发售版提交时间	招标文件初步送审版审核意见提交及落实完成时间	招标文件初步送审版审核意见提交及落实完成时间	资格预审补充答疑文件签章完成时间
招标文件审核与论证意见提交时间	招标文件初步送审版提交时间	工程量清单及招标控制价答疑成果提交时间	补充答疑文件审核意见提交及落实完成时间	补充答疑文件审核意见提交及落实完成时间	招标文件审核意见提交时间
工程量清单及招标控制价审核与论证意见提交时间	招标文件签章封样备案送审版完成时间	—	评标结果等文件审核意见提交及落实完成时间	评标结果等文件审核意见提交及落实完成时间	招标文件最终版本签章时间
协助答疑成果提交时间	招标文件发售版完成时间、开标、评标以及中标时间等	—	—	—	补充答疑文件最终版本签章时间

案应从项目特点与环境条件出发编制，简明性原则是指方案应尽量简单明了、具有可操作性。方案编制要点包括：确定招标范围，即暂估价内容与总承包及与其他各专业工程范围；确认监管主体、选择交易环境，即判断所属监管领域，并确

认应遵循的监管规则，明确招投标交易的平台环境；确定必要合格条件，针对合同段需要，依据相关法规要求确定必要合格条件；确定主要合同条款，包括合同义务、计价方式等；确定拦标价，明确造价总控要求、限额设计调整及控制价编制依据；分析前置条件，厘清现有条件及考虑有限前置条件下招标过程风险与应对等。

6.6.4 中介咨询机构委托

1.委托主体

实践表明，招标代理机构、造价咨询机构服务水平高低对暂估价招标活动实施进程和质量发挥着重要作用。**中介机构委托主体虽然是施工总承包单位，但法律赋予建设单位对于暂估价招标过程“确认”权决定了其对招标活动的“间接”参与程度。**在实践中，各参建单位有效协同，围绕招标开展沟通与协调，由中介机构提供相关服务。**有必要在施工总承包招标阶段明确暂估价招标管理制度，明确建设单位在中介机构委托与管理中享有的权利。**

2.委托方式

中介机构委托可针对具体合同段采用“一事一委托”，也可将合同段归类，针对相似类别合同段实施“一揽子”委托，还可依据项目实施情况“分批次”委托等。将所有合同段独家委托单一机构不利于调动积极性，而分批次委托则是良好的做法，有利于结合其专长提升服务质量，营造竞争环境。但一次性将全部暂估价内容的造价咨询任务独家委托，则有利于确保造价管控延续性和项目经济成果的完整性。

3.合同要点与履约评价

为提升中介机构服务质量，组织实施履约评价十分必要，须将履约管理机制纳入施工总承包合同条件。评价过程须与服务水平、合同要点保持一致，并与违约责任相对应，有必要将评价结果与价款支付关联，评价要点包括：拟派服务人员专业水平、服务态度与经验、综合协调与沟通能力、服务成果文件质量、各参建单位服务水平、服务工作效率、管理要求完成情况等。委托合同订立旨在增强针对中介机构的管控力。委托合同要点包括：项目管理咨询机构相关服务义务与违约责任、代理服务范围、服务前置条件、合同价款支付条件、多方参与的评价细则等。

6.6.5 暂估价招标管理要点

1.获取招标前置条件

推动暂估价招标须具备两类前置条件。一是技术条件，这是由于投标资格条件以及招标文件、工程量清单、招标控制价编制依据均来自设计技术条件。因此设计成果应尽早获取，并保持相对稳定。项目功能需求及设计成果不断变化是必然的，但应有效管控项目功能需求，以谋求设计成果的持续稳定，应尽量避免由于限额设计优化而导致的控制价调整。二是准确选择交易平台，尽快确认监管主体，明确行政监管条件与交易规则。

2.分步推进招标进程

招标活动是按照法定招标程序推进的，可归纳为标前、标中和标后程序三部分。标前程序以资格预审为中心，标中程序以招标文件准备与发售为中心，标后程序则以答疑及开、评、定标为中心，每类程序所需前置条件不同。其中，设计成果主要为标中程序的前置条件。可根据设计成果提交批次计划，先行成批启动对应合同段标前程序。在实践中，先行启动尚未提交审计成果的合同段标前程序将给设计成果提交带来压力，从而驱动设计成果编制与提交进程。此外，在招标文件、工程量清单及招标控制价编制、备案及发售准备中应避免较大调整。对于小幅度调整，可以在补充答疑文件发放后进行，这是确保暂估价招标计划按期实现的关键。分步推进招标活动的思想主要是将活动分解为具体步骤，逐一落实各环节前置条件，随着条件逐渐成熟，招标进程得以逐步推进。

3.合理管控分歧意见

由于各参建单位分工及利益不同，分歧普遍存在，且严重阻碍着招标过程文件审核工作，从而导致招标进度失控。各参建单位均有责任就分歧保持克制，努力统一思想，并达成一致意见，隐瞒分歧将使得招标管理复杂化。管控和化解分歧核心在于履行暂估价招标活动各方职责，力争通过管理例会方式或必要沟通协调化解分歧。在实践中，从大局出发，暂时搁置争议，避免延误招标活动是明智之举。

暂估价招标管理是项目招标管理的重要组成部分，是各参建单位协同推进项目建设的重要方面。建立健全暂估价招标管理制度，将分工及管理义务纳入合同条件，将使暂估价招标管理更加规范和高效。科学编制暂估价招标管理方案，分步推进招标活动，将带动项目管理效能全面提升，促进建设项目高质量开展。

6.7 案例分析

案例一 管理咨询机构委托时机

案例背景

某大型医院建设项目，医院方作为建设单位，招标代理机构在组织施工总承包招标过程中，向招标人提交了其编制的招标文件初稿，文件在地方行政主管部门发布的标准施工招标文本基础上编制，在填写少量项目信息后，便进行了发售，最终顺利完成招标。施工总承包进场前夕，医院方正式委托专业项目管理咨询机构对实施阶段进行项目管理。项目管理咨询机构在仔细阅读施工总承包合同后认为合同内容过于简单，发现其并未针对项目特点和问题进行详细定制。因此，项目管理咨询机构本着负责任的态度，从合同中梳理出诸多履约风险点。为改善履约境况，项目管理咨询机构会同建设单位与施工总承包就施工过程可能涉及的风险进行谈判，并草拟了补充协议。当建设单位持补充协议到行政主管部门备案时，行政主管部门以《招标投标法》第四十六条“招标人和中标单位不得再行订立背离合同实质性内容的其他协议”为由拒绝办理备案手续。于是，建设单位与施工总承包单位只能私下签订了未经备案的补充协议。

案例问题

问题1：项目管理咨询机构出于管理需要，将梳理出的合同风险对策组织谈判并以补充协议方式处理的做法是否妥当?

问题2：造成案例如此被动的局面，谁应该承担主要责任?

问题解析

问题1：项目管理咨询机构出于管理需要，仔细阅读施工总承包合同并梳理风险的做法是科学、专业的。其会同建设单位就原施工总承包合同存在的风险和问题组织谈判，并试图签订补充协议予以明确的做法可以理解。但由于《招标投标法》第四十六条的规定，其组织签订的补充协议是无效的，尤其是涉及对合同实质性内容的改变。

问题2：造成这样的局面建设单位应当承担主要责任。在实践中，招标代理机构按照《招标投标法》法律体系规定代理组织招标活动，其有义务就招标活动专业性和对后期实施的影响告知招标人，或提请其高度关注文件编制过程。建设单位出于管理责任，更应认识到招标活动的重要性以及缔约的时机问题。一旦缔约完成，合同对于双方具有约束力，此时若合同中有关建设单位利益未能保障，已经失去争取利益的时机。案例教训是深刻的，也是实践中普遍存在的问题。因此，提倡建设单位在招标活动开展前委托专业化的项目管理咨询机构，有利于对招标活动实施科学管理，也有利于提升招标管理乃至整个项目管理的质量与成效。

案例二　暂估价招标管理分工

案例背景

某大型医院建设项目，其建设内容包括大量的医院类专业工程内容。项目建设单位为医院方，建设采用代建模式。代建单位是具有丰富经验的管理咨询机构。项目安排了多项暂估价专业工程，且全部纳入施工总承包范围，除上述医院类专业工程全部作为暂估价专业工程外，还包括建筑智能化、变配电、锅炉、电梯等多项非医院类专业工程内容。尽管暂估价招标过程文件需要由施工总承包及建设单位共同签章，但施工总承包单位坚持认为由于暂估价内容纳入其总承包范围，理应由其主导招标活动，建设单位无权干预。但建设单位认为，他作为项目建设主体，在施工总承包招标过程中，暂估价内容作为非竞争性内容，招标活动仍应由其最终决策。代建单位则认为，其作为建设组织的实际主体，应在招标活动中具有一定的话语权，而作为医院方的建设单位仅为使用人，不宜全面介入暂估价招标管理。此外，监理单位认为，其仅负责对施工过程予以监督，完全不参与由施工总承包单位组织的暂估价招标管理。然而，代建单位却坚持要求监理单位全面监督招标活动。基于上述情况，各方争执不下，一度导致项目暂估价招标总体进展缓慢。

案例问题

问题 1：在暂估价招标中，建设单位、代建单位、监理单位以及施工总承包单位分别应履行什么主要职责？案例中各自主张是否有道理？

问题 2：代建单位、使用单位以及施工总承包单位针对暂估价招标推进较为合理的分工是什么？

问题解析

问题 1：建设单位是项目的实施主体也是管理主体，而施工总承包单位则是项目施工主体。在代建模式下，代建单位在一定程度上亦成为项目实施主体和管理主体，建设单位会同代建单位对施工总承包单位进行管理。暂估价招标属于分包活动，建设单位具有对施工总承包单位组织的分包过程予以确认的权利。因此，建设单位与代建单位都具有对暂估价招标各项工作参与和确认的权利。此外，监理单位负责开展施工监理，自然也包含对施工总承包单位所组织的分包活动监理过程，因此监理单位应按代建单位要求实施暂估价招标管理。案例中，各主体主张均具有本位主义色彩，听起来似乎都有一定的道理，但显然各自对法律赋予的真正权利和义务并不十分了解。

问题 2：合理的分工是：由施工总承包单位负责具体组织暂估价招标，监理单位负责对各项暂估价招标实施具体的协调与管理。代建单位可侧重对与非医院类工程暂估价招标活动实施确认或决策。而医院方则侧重对医院类工程的暂估价招标活动实施确认或决策。各方应组建协同工作群组，就招标活动中的分歧高效协调，尤其是建设单位与施工总承包单位更应本着相互尊重原则，力争达成一致意见。建设单位会同代建单位重点行使好“确认权”，施工总承包单位作为招标人重点行使好“决策权”。

案例三　招标人角色转变

案例背景

某高校新址迁建项目，学校方作为建设单位，资金来源为全额政府固定资产投资。发展改革部门向学校方批复了项目可行性研究报告，招标方案核准意见显示学校方是该项目的招标人。项目前期阶段，学校方以招标人身份组织完成了勘察、设计招标。而后项目转为实施代建模式，由地方教育行政主管部门作为代建委托人，由专业化的项目管理咨询机构作为代建单位，而学校方作为使用单位，三方共同签订了代建委托协议，即由地方教育行政主管部门会同使用单位共同委托代建单位。在后期施工总承包与监理招标中，学校方指出，既然项目实施代建制，理应由代建单位作为招标人组织开展后续招标活动，而学校方角色已经转变为使用单位，不宜再作为招标人，也不应再承担任何招标人的责任。但代建单位认为，既然相关行政主管部门已经核准学校方作为招标人，按照我国现行法律规定，招标人角色不可转换，学校方仍须作为招标人且履行法定义务。对此，学校方和代建单位出现了严重分歧，后续招标活动停滞不前。

案例问题

问题1：案例中学校方和代建单位关于招标人角色的观点谁是正确的？

问题2：在代建模式下，面对招标活动组织与管理，建设单位应如何定位？

问题3：建设项目中，代建单位的主体地位到底存在哪些局限？

问题解析

问题1：案例中代建单位的观点是正确的，项目早期由学校方发起立项，行政主管部门批复学校方为建设单位，招标方案核准意见也明确显示学校方作为招标人，标志着项目主体角色已经锁定，且不因项目模式改变而变化。招标人角色一经核准则轻易不能改变。《招标投标法》指出：招标人是依照本法规定提出招标项目、进行招标的法人或者其他组织。因此，既然项目由学校方提出，那么招标人角色转变为代建单位缺乏法律依据。

问题2：在代建模式下，招标活动的组织与管理应秉承建设单位授权委托代建单位方式开展。就招标活动而言，对于必要环节，代建单位可代替建设单位履行义务、行使权利或承担责任。但并非所有责任、义务和权利均可交由代建单位全权行使，这需要依据法律规定的具体程序或行为性质做出具体分析，例如在开标中，招标人代表必须由招标人拟派。在评标中，招标人评标代表也应是来自建设单位在职人员。但在现场踏勘环节，代建单位可以代替建设单位组织开展。此外，所有签章手续也必须由建设单位履行。

问题3：代建单位作为实际组织项目实施的管理单位，在我国现行建设体制下，其并非项目真正的立项单位，其无法完全承担建设单位主体责任，无法完全行使建设主体权利，更无法完全履行建设主体义务，而只能在建设单位授权范围内，有条件、有限度地组织开展管理活动。时至今日，有关代建单位的主体地位在我国现行法律体系中仍未得到明确，其代建管理服务程度和具体过程仍缺乏详细规制。作为专业项目管理咨询机构，将代建单位管理过程对权利、义务、责任深度依赖与其主体地位缺乏立法保障而导致其管理行为受限之间的矛盾称为代建单位地位局限，这一局限是当前代建制难以推行的根本原因之一。

案例四　提升招标管理效率

案例背景

某大型新建写字楼项目，外装饰主要采用玻璃幕墙，投资约1.5亿元人民币。在外装饰设计中采用局部金属装饰网架方式，网架结构将作为建筑标志性亮点设置在玻璃幕墙局部范围外侧，投资约1100万元人民币。项目幕墙装饰设计已经基本完成时，由于招标人对设计单位提供的多个局部金属网架装饰方案均不满意，因此，有关金属网架部分的设计成果始终未能完成。然而由于工期紧迫，外装修工程招标在即，计划将幕墙与装饰网架合并作为整个外装修工程一体化实施，这主要考虑到若将网架与幕墙分开，则在施工组织上存在较大难度，并可能产生施工质量、安全等风险。但由于装饰网架设计成果始终未能明确，从而无法就该部分开展工程量清单及招标控制价编制。对此，招标代理机构提议将两者分开单独招标。但项目管理咨询机构则坚持要求两者一起招标，双方为此争执不下，最终项目管理咨询机构还是提议将金属网架结构作为整体以独立分项形式纳入整个外装清单，并根据概算投资额估算该金属网架分项控制性金额。在招标文件的技术要求部分以及工程量清单的有关金属网架分项清单特征描述中同步提出设计总体要求，并由中标单位在中标后的一个月内深化设计后再施工。最终项目外装修工程顺利完成招标，为金属网架方案设计争取了宝贵时间。

案例问题

问题：该案例带给我们什么启示?

问题解析

这个案例是有关项目合约规划、工程计价、施工组织、深化设计等知识灵活运用的一个典范，是运用项目管理理论方法成功处置项目问题的经典案例。在工程量清单计价模式下，将金属网架作为单独分项是大胆创新。坚持将金属网架与幕墙纳入一个施工专业承包段，充分诠释出合约规划便于施工组织和项目管理的重要原则，树立了保进度、保质量、保安全等管理目标的重要思想。案例巧妙将设计单位与建设单位就金属网架设计之间的矛盾转移，并将金属网架深化设计时间与幕墙施工时间并行考虑，从而为后续工作赢得了宝贵的时间和资源。

案例五　暂估价招标管理

案例背景

某房屋建筑工程招标项目，建设单位在施工总承包招标中安排了一定规模的暂估价内容。在完成施工总承包及监理招标后，随着建设进程的推进，施工总承包单位陆续自主启动了暂估价招标。由于其作为分包招标人，因此在暂估价招标中占据主动地位。表现在自行委托招标代理机构而未通知建设单位，自行组织编制招标过程文件而不听取建设单位意见，也拒不落实建设单位针对暂估价招标管理的各项要求等。此外，虽经建设单位多次督促，但监理单位仍拒绝就施工总承包单位组织开展的暂估价进行招标管理。施工总承包单位还多次致函敦促建设单位尽快提交暂估价内容所对应的设计成果，可以说建设单位针对暂估价招标的管理十分混乱。

案例问题

问题1：建设单位对由施工总承包单位组织的暂估价招标进行管理是否有必要？

问题2：监理单位是否应对施工总承包单位组织的暂估价招标实施管理？

问题3：建设单位如何对施工总承包单位组织的暂估价招标进行科学部署？

问题解析

问题1：施工总承包单位组织的暂估价招标是建设项目重要的分包活动。根据我国现行招投标法律及建设制度，建设单位应全面参与并实施管理。由于暂估价内容涉及分包工程的质量、进度、造价等方面，作为建设项目管理重要的组成部分，针对暂估价招标实施科学管理是十分必要的。

问题2：暂估价招标是施工总承包单位组织实施分包的过程，作为重要的商务工作，监理单位当然有义务对这一过程实施监管，况且暂估价招标对项目质量、安全、进度、造价等方面管理均产生重要影响。

问题3：有条件的情况下，建设单位应委托专业项目管理咨询机构对暂估价招标实施管理，首先应颁布有关暂估价内容招标制度，分别在施工、监理合同条件中部署有关在建设单位管理条件下由施工总承包单位组织暂估价招标及由监理单位介入直接管理的合同义务。审阅施工总承包单位提交的暂估价总体实施计划，对施工总承包单位委托招标代理机构过程予以确认，进一步按照管理制度履行招标过程中有关文件报审、签章流程，形成由建设单位、项目管理咨询机构、设计单位、监理单位、施工总承包单位和招标代理机构共同组成暂估价招标工作群组，定期召开协调例会，研商有关问题，化解矛盾分歧，力争统一思想，实施集体决策，按照管理制度要求循序渐进地推进暂估价招标活动。

案例六　盲目招标的后果

案例背景

某大型新建住宅楼开发项目，施工总承包招标在即，设计单位向建设单位提交了施工图设计成果，但尚未通过施工图消防、人防和园林等专业强制审查，部分专业工程设计成果有待完善，其中电梯工程中有关设计参数并不详细，且土方及边坡支护工程图纸也不够全面。此时，建设单位抓紧委托了招标代理机构，仓促启动了施工总承包招标，并提出要求土方及边坡支护工程图纸由中标方深化设计完善后组织施工，并希望在施工总承包招标完成后尽快举行开工仪式，实现破土动工。考虑到电梯工程中有关井道需与项目主体结构一并实施，井道尺寸需尽快确定，因此，有必要将电梯工程纳入施工总承包招标的分部分项工程量清单。但施工总承包招标结束后，建设单位对施工总承包投标申报的电梯型号并不满意，并认为有关参数不能满足项目所需，于是向施工总承包单位提出对电梯实施变更。施工总承包单位在组织新电梯厂商考察后，电梯厂商报价均高于原投标报价。此外，在项目土方开挖过程中，由于土方及边坡支护工程图纸不完善，施工单位向建设单位提交了由其亲自组织深化的设计成果，并提出要结合此设计成果对土方及边坡支护工程的原合同价款进行增量调整。

案例问题

问题1：案例中有关建设单位的做法哪些是欠妥当的？

问题2：案例带给我们什么启示？

问题解析

问题1：在本案例中，只有土方及边坡支护施工图应由设计单位编制完成后并纳入施工总承包招标分部分项清单中，且由施工总承包单位自行组织实施，才能实现进场后立即实施土方作业的效果。而不应将其设置为暂估价内容，更不建议由施工总承包单位就此开展深化设计。一般来说，中标单位深化设计不能作为工程计价的直接依据，依托于中标单位的深化设计存在利益共同体问题，不利于项目总体的造价控制。此外，尽管电梯井道结构施工十分重要，确需应尽早确定有关参数，但电梯参数只有在经过充分论证和稳定后才能实施精准招标。若参数不详细，则应将其纳入暂估价内容。抓紧利用施工总承包招标的周期尽快完成电梯参数设计，待后期施工总承包中标后，先行启动电梯工程暂估价招标，以确保电梯井道尺寸准确。

问题 2：总体而言，建设单位仓促启动施工总承包的做法是欠妥当的，应在各项工作条件成熟后启动，尤其应注重施工总承包招标前若干必要前置条件的实现，否则将给后期履约和项目实施带来风险。

第7章 工程招标组织过程

导读

为使工程招标顺利组织，项目层面的招标管理制度安排十分关键，制度执行是实现项目管理策划、落实管理要求、实现建设目标的重要保障。要充分认识影响招标组织各类影响因素，识别活动组织过程重大风险，并实施卓有成效的应对措施，要扎实做好工程招标各项准备，确保在准备相对成熟条件下推进招标进程。要重视招标代理机构委托，将精细化管理要求纳入委托合同条件。要加强沟通管理，探寻沟通管理内在规律，利用沟通手段化解活动组织过程中各参建主体分歧，统一思想，提升组织效率。活动组织全过程要重视规范化的文档管控，确保对招标全过程形成详细记录，成果得以系统、完整地保存。此外，招标活动组织中以及结束后要着力做好招标代理服务和项目招标管理评价，确保项目招标活动及管理过程持续改进。

7.1 工程招标管理制度

统筹组织好工程招标,需要在项目层面做出制度性安排。项目管理制度明确了参与单位职责、任务及工作时序等，是理顺管理关系、规范招标活动开展的规则，也是各参建单位围绕建设单位有效协同的保障。项目管理制度将确保工程招标高效、有序、平稳地开展。在实践中，制度体系跟不上，尤其是招标管理制度得不到重视，或未能抓住制度内在联系，将在一定程度上降低项目管理成效，使得工程招标实施及管理局面陷入被动。因此有必要从招标活动及管理规律出发，探究工程招标管理制度的设计思路。

7.1.1 招标管理制度的特性

工程招标管理制度是依据各参建单位围绕建设单位管理协同思想设计的。作为项目管理制度体系重要的组成部分，其具有鲜明特性，包括：①规则性，是指管理制度通过理顺工作程序、要求、明确职责的方式规范各主体行为。不同于招标活动遵循的法律体系，其主要通过规范项目层面管理过程，确保工程招标组织与管理有章可循。②目标性，是指秉持项目管理总体目标和招标活动具体目标，明确程序与实体内容，只有通过有效措施保障才能确保交易目标顺利实现。③职能性，是指立足各参与主体在招标活动中具体合同权利、义务和责任，突出法律法规赋予各参与主体的法定权利。④针对性，是指充分结合项目属性与特点，并考虑组织机构安排的灵活性及各参与主体利益诉求的差异化，需结合项目实施过程分阶段逐步调整完善。

7.1.2 招标管理制度要义

在制度设计中，招标管理策划思想贯穿始终。鉴于工程招标在项目建设中所发挥的重要作用，以及招标活动作为实现项目管理策划的重要手段，制度设计应确保项目最终形成各参与主体围绕招标人即建设单位的管理协同局面，严格面向合同约束管控体系。简而言之，制度设计就是围绕招标管理核心路线展开，**完整的招标管理制度涉及的内容应包括招标活动前期策划、招标代理机构选择、过程文件编审、招标活动评价以及中标单位履约管理等。**

7.1.3 招标管理制度类型

招标管理重在落实项目管理策划及全过程管理要求，只有针对招标活动实施精细化管理,才能确保项目营造出更加主动、科学的局面。有关一般项目工程招标管理制度类型详见表7.1.1。

一般项目工程招标管理制度类型一览表 **表7.1.1**

制度类型	简要说明
过程文件编审制度	针对招标公告、资格预审文件、招标文件、评审报告、合同文件等开展编审工作的制度
过程文件签章制度	针对招标、合同过程文件组织报送、审批与签章确认的制度
招标管理评价制度	针对招标代理服务、项目招标管理效果组织实施评价的制度
暂估价招标管理制度	针对由建设单位或施工总承包单位项下的暂估价内容组织实施招标与分包管理的制度
招标合约监管制度	针对招标活动过程，包括开标、评标、招标人拟派评标代表等全过程实施监督的制度
招标管理例会制度	针对招标活动过程中开展各类会议实施管理的制度
招标文档管理制度	对招标合约过程文档实施管理的制度
多标段定标制度	针对多标段招标条件下组织定标的制度

7.1.4 制度设计相关问题

（1）与法律法规关系问题。招标管理制度设计应依据充分，合同和现行法律法规文件均是制度设计的依据。为确保效力，有必要将招标管理制度纳入合同条件。就招标管理制度而言，一方面应将其分别纳入建设单位、与其委托的项目管理咨询机构、与招标代理机构的委托合同中。尤其针对暂估价招标，还应将此纳入施工总承包合同条件。另一方面，由于管理制度的可扩展性，内容还应围绕招标管理展开，纳入合同条件的管理制度可视为是对现行法律体系的补充与细化，将有效确保工程招标精细化管理的实现。此外，招标管理制度在设计时也应与其他制度同步考虑。

（2）管理制度执行与完善。招标管理制度随缔约过程形成，随项目推进而逐步完善，由项目管理咨询机构在项目整体管理规划阶段酝酿产生。就一般项目而言，制度初步草案在项目管理策划阶段形成。在缔约阶段，将其核心内容纳入各参与主体合同条件后，投标人应在投标文件中承诺对制度的恪守，从而成为中标单位的履约义务。履约初期，建设单位及其委托的项目管理咨询机构、招标代理机构编制制度终稿，并向相关参与主体征询意见后颁布实施。为确保积极主动的管理局面早日形成，管理制度有必要在合同履约初期就启动执行，在履约过程中，随着项目环境变化并根据项目实施情况逐步调整完善。

（3）制度执行的组织方式。招标管理制度执行需采取科学组织方式，并基于项目管理协同思想搭建,由此才能确保各参与主体在招标活动组织过程中形成合力，才能保障制度执行始终沿着科学方向迈进。在实践中，招标活动的相关参与主体一般应建立工作群组，并以例会方式高效协调解决有关问题。可以说招标管理制度是群组运行的规则，有效调整了各参与主体协作关系。就暂估价招标而言，由建设单位或其委托的项目管理咨询机构作为群组牵头人，监理单位作为群组负责人，施工总承包单位和其委托的招标代理机构在群组模式下组织开展招标活动。

（4）制度执行的程度效果。项目管理制度执行不力、流于形式，将使得招标管理制度形同虚设。参建单位敷衍建设单位及其委托的项目管理咨询机构，规避管理制度执行情况时有发生，这对工程招标高质量开展产生致命影响。**管理制度执行不彻底可能是由于制度设计不合理造成的，也可能是由于对中标单位履约尤其制度执行不力造成的。应强化履约管理，将制度执行纳入履约评价，并与参与主体合同价款支付相关联，通过经济手段确保中标单位对管理制度的恪守。**

（5）制度设计的体例要求。不同项目的招标管理制度具有相似的特点，有必要提出制度类示范文本。在范本的基础上，项目可以根据需要灵活定制，提高制度设计效率和质量。管理制度在结构上一般包括总则、参与主体职责、程序性描述、实体要求和附件等内容。此外，还可以参照行政主管部门发布的政策文件要求或体例编制。招标管理制度需要语言凝练、用词规范、内容全面、思路清晰、逻辑严谨。

招标管理制度必须紧密围绕项目管理策划及全过程管理要求制定，充分贯彻执行以建设单位为中心的管理协同思想，科学的招标管理制度体系将确保工程招标组织更加规范，精细化的制度设计虽可能增加管理工作量，但同时也将提升管理成效。工程人员必须把握制度设计关键方面，强化制度执行，确保工程招标在建设项目实施中发挥应有的作用，以促进招投标交易高质量开展。

7.2 工程招标前期准备

工程招标的顺利开展需要一系列必要条件和准备工作。在实践中，很多项目招标活动之所以进展缓慢或出现各种问题，往往是由于未能取得必要前置条件或准备不充分造成的。总体而言，做好工程招标准备依托于对项目实施科学的管理过程。委托经验丰富且具有较强专业水平的招标代理机构同样是关键。**总体而言，工程招标顺利开展需要具备技术、经济、商务以及市场四个方面的条件，上述条件的充分性与成熟度直接决定了工程招标组织及管理的质量。**

施工总承包招标是项目进入施工实施阶段的重要转折点，是全面实现全过程项目管理策划，落实项目管理各项要求的重要时机。从项目实施过程来看，施工总承包招标前期更需要大量的准备工作，项目前期成熟度直接决定了施工招标的成败以及后期实施效果。所谓成熟度是指前期工作的完善程度，一方面决定了整个建设项目实施及管理目标的实现，另一方面依据目标实现的可能性衡量出项目对前期工作的依赖程度。成熟度越高则项目管理诉求满足的越充分，项目实施风险越低，其管理目标实现可能性就越大。反之，越寄希望于在项目施工及后期各阶段顺利实施，则招标前期越应达到较高的成熟度。在实践中，工程人员往往缺乏对施工总承包招标前期准备的深刻认识，迫于某些压力，盲目组织招标，未充分认清在确保实现项目建设目标，也未能获得施工招标所需的必要前置条件，从而致使招标活动及项目后期实施陷入被动。

7.2.1 工程招标必要条件

1.工程招标技术条件

在项目各类招标活动中，过程文件如资格预审（招标）公告、资格预审文件、招标文件等，以及招标管理文件包括总体方案、合约规划等编制均需要以获取项目技术条件为前提。技术条件是指从广义技术角度对项目在招标阶段管理做出准备，还包括以招标缔约方式向投标人提出技术要求等。

从工程招标管理层面看，项目前期各类规划条件、概念设计、功能需求、建设总体目标等均成为典型的前期技术条件。在项目决策阶段开展的各类咨询评估评价方案、方案设计、可行性研究均为重要的技术条件。从广义上看，项目周边公用市政条件及凡是影响项目实施的各类干扰因素等均可视为影响工程招标的技术条件。在上述技术条件中，项目概念性方案设计、方案设计以及功能需求论证中有关内容将直接影响合约规划编制。此外，项目技术水平程度也直接决定了投标人必要合格条件的确定。工程内容与类型决定着项目交易环境及行政监管主体的明确等。

从工程招标组织层面看,所需技术条件是指工程招标需要的详细的技术性细节，如勘察与设计主要包括勘察任务书、设计任务书。而项目管理、监理等服务类招标，则包括项目管理规划及监理大纲编制要求等。对于施工总承包单位，招标文件中有关“技术标准与要求”部分详细载明了施工阶段所应遵循的有关技术规范、标准等。

2.工程招标经济条件

工程招标的经济与技术条件应同步提出，它同样是实施招标管理、组织招标活动极其重要的基本条件。所谓经济条件就是依据项目投资管理要求在招标阶段所要开展的一系列造价控制前置影响因素与要求。

在工程招标管理层面，项目建议书、可行性研究报告以及项目经批准的投资估算、初步设计概算均是项目招标所应具备的直接经济条件。然而出于项目投资管理需要，项目管理策划阶段需要明确投资管理目标，项目投资管理目标体系是工程招标的直接经济条件，也是开展项目招标管理的基本依据。在全过程咨询模式下，为了更好地管控项目投资，考虑影响项目投资的所有因素，提倡在项目前期开展投资决策综合性咨询。经济条件直接影响着招标阶段落实项目投资管控要求的充分性以及合约规划编制的彻底性。

在工程招标组织层面，项目所属具体招标活动至少需要明确两个方面的经济条件，一方面本招标活动在实现项目投资管理与造价控制中所要遵循的基本要求，例如就设计招标而言，建设单位所需遵循的限额设计就是典型的经济条件。另一方面，最高投标限价同样是典型的经济条件，限价机制是项目投资管理与造价控制在工程招标中的典型措施。

3.工程招标商务条件

在工程招标中商务条件时常被忽略，它是工程招标在组织或管理层面所应具备的项目非技术和非经济性条件的统称。在管理层面，招标交易环境选择及监管主体确定是确保工程招标实现科学、规范管理的前提。工程招标依赖的技术与经济条件对商务条件构成影响，如根据现行招投标监管分工，当项目内容包含不同专业时，行政监管的范围可能出现交叉。商务条件集中在工程招标组织层面，包括明确投标人资质、业绩等要求。在项目建设中，有关各参建单位围绕建设单位开展的管理协同要求均可理解为是典型商务条件。另外，从市场环境看，围绕市场竞争行情，对投标产品型号、档次要求也是典型商务条件。在具体招标活动组织前，市场摸底与考察十分必要。项目管理人员及招标代理机构应对行业市场行情具有充足的了解。在施工总承包招标中，工程项目涉及的重要材料、设备同档次品牌要求等也是极其重要的商务条件。

4.工程招标市场条件

工程招标肩负着委托参建单位的重任。确保优选是招标活动的根本目的，要树立以建设单位科学实施项目管理为中心，各参建单位与之协同的优选取向，各类招标活动条件的获取或相关要求的提出应以满足招标人科学管理利益诉求为前提。工程招标组织重点是要考虑中标或受托单位如何有效推进项目，以及项目建设单位如何便利实施科学管理及提高履约成效。在实践中，建设单位对投标人的期望或招标活动目标与实际市场环境条件之间存在差距。因此，建设单位提出的优选条件和投标要求均需要依托市场环境，如在资格预审阶段，有关必要合格条件应参照市场潜在投标人具备的实际水平设置，技术要求也要侧重考量投标人是否能够真正具备投标响应能力。在报价方面，则应重点掌握在一定竞争条件下投标人所能接受的报价底线。总体而言，了解潜在市场环境、发展趋势及投标人实际履约水平和能力是科学实施招标管理的关键。

7.2.2 施工总承包招标准备

1.施工总承包招标条件

若实现项目建设与管理目标，落实全过程项目管理诉求，施工总承包招标活动需达到充分的前置条件。

（1）手续办理的程度。从项目实施全过程来看，施工总承包招标处于项目总体实施期的前期，在招标启动前，项目需完成投资、规划、国土等建设手续。只有当手续推进到一定程度时，才能确保施工总承包招标所需的技术、经济等条件逐渐成熟，从而为保障工程招标合法、合规开展奠定基础。以房建项目为例，施工总承包招标前需办理的建设手续详见表7.2.1。

施工总承包招标前需办理的主要建设手续一览表 **表7.2.1**

手续类型	施工招标前主要建设手续完结内容
前期咨询	取得各类评价如环评、交评、水评、能评、震评、稳评并取得批复
投资	取得项目建议书、可行性研究、初步设计概算编制并取得批复
规划	取得规划意见、方案审查、用地规划许可、工程规划许可等
国土	办理完成土地预审、地籍测绘、权属登记、土地划拨（出让）手续等
其他	完成施工图审查、勘察审查等

（2）设计成果的深度。施工总承包招标所需遵循的重要原则是要确保投标报价在竞争条件下产生。房屋及市政基础设施项目的工程计价采用工程量清单计价方式，这必然要求设计成果达到施工图设计深度，即分部分项深度并保持稳定。不少项目部分与使用功能密切相关的专业工程功能需求及设计成果并不稳定，暂估价机制为项目设计成果分步骤、分阶段实现创造了条件。暂估价内容若采用招标方式分包则周期较长，且过程易受多种因素影响，因此，不推荐过多地安排暂估价内容。大量实践表明，建设项目的使用功能需求具有渐进明细的特点。针对部分与使用功能密切相关专业工程内容设置暂估价的做法为后期明确需求、实施深化设计赢得时间，最大程度上减少后期工程变更的概率，缓解了工程量清单编制的压力，有效地推进工程招标进程。

（3）投资论证的深度。对于政府投资项目，根据现行投资管理体制，经批准的初步设计概算是行政主管部门针对项目投资监管的总目标。在实践中，初步设计概算同样是设计单位实施限额设计的根本遵循。根据设计成果编制的工程量清单及招标控制价文件须紧密围绕经批准的初步设计概算展开。可行性研究是项目投资与决策论证的主要环节，在实践中，初步设计概算阶段仍存在着大量影响投资的决定性因素，且比可研报告编制阶段更加清晰。只有经行政主管部门审批完成，项目有关投资论证与决策才真正彻底结束，项目建设投资管理与造价控制目标体系才能最终确立，因此，施工总承包招标前投资论证与决策水平有必要达到初步设计概算深度。

（4）上述三者的关联程度。在实践中，不少项目手续办理、设计成果编制及前期投资论证缺乏有效统筹，建设单位未能将项目前期手续办理与项目后期工作充分融合，更未能有效落实限额设计，从而造成项目技术、经济管理的脱节。从专业管理视角看，前期手续办理一方面是要确保项目按基建程序和基本建设制度合法、合规实施，另一方面也推动了项目设计成果编制及投资论证的开展。设计成果编制与投资论证须严格遵照规划、国土、资金等相关行政审批要求，投资论证过程也须与设计成果编制严格对应。只有这样，项目管理才可能具备可控性，其关联关系主要包括：①应确保行业发展规划、国土空间指标及各类前期专项评价咨询成果在设计及投资论证中充分融合；②项目初设成果原则上应不超过经批准的投资估算；③施工图设计应充分依据经批准的初步设计概算编制；④项目投资估算在项目初设成果条件下得到验证；⑤项目初步设计概算在项目施工图条件下得以验证；⑥招标控制价应与经批准的初步设计概算进行对比分析，并根据项目造价管控需要预留一定额度等。

2.施工招标前期工作成熟度

（1）前期工作的合理时序。在实践中，尤其是大型复杂建设项目，设计与投资论证周期较长，各类前期工作相互交叉。一般房建项目前期工作的时序安排详见图3.3.1。为确保项目投资的准确性与稳定性，同时从紧凑组织招标活动出发，总体来看，项目初步勘察应尽可能提早进行，并在初设成果提出前完成。为确保投资论证效果，适当将设计工作前置，初步设计应随着项目投资估算完成而尽快结束，并抓紧开展项目详细勘察，施工图设计应在项目初步设计概算调整完成前结束。施工总承包招标文件、工程量清单及招标控制价文件编制应尽早启动，这是因为招标文件需充分落实项目管理各项要求，为将管理要求纳入合同条件，并为扎实开展相关问题论证预留充足时间。此外，工程量清单及招标控制价文件编制应待初步设计概算审批及施工图联审后定稿，以确保成果准确与稳定。

（2）**招标前期工作成熟度。当项目初步设计概算审批完成、施工图设计审查后，以及招标文件、工程量清单及招标控制价文件达到成熟状态，凡在图3.3.1中D线所示以后组织招标文件发售，则施工总承包招标及项目后期管理将处于可控状态。当项目施工图设计完成，初步设计概算编制完成并报审后，凡在图3.3.1中C线所示之后，则施工总承包招标开展处于较成熟阶段，但由于初步设计概算尚未批复且仍在调整，图纸评审尚未结束，此时发售招标文件必然使项目投资管理面临较大风险。在图3.3.1中B线与C线之间阶段，虽然初步设计概算编制完成，但由于施工图尚未完成，概算也未经调整修正，此阶段并不具备招标文件编制条件，项目风险较大。同理，在图3.3.1中A线到B线之间阶段，即使施工图设计、初步设计概算及招标过程文件编制同步，然而并不可行，必将迫使施工总承包招标过程及后期实施面临巨大风险。综上所述，在图3.3.1中C、D线后期阶段开展施工总承包招标准备是值得推荐的，只有当项目施工图成果强审完成、项目获得初步设计概算批复，所编制形成的招标文件才能确保可靠。可以说，图3.3.1中C线是施工总承包招标成败的预警线。**

3.确保前期工作成熟的要点

（1）**适当前置编制设计成果。**在估算编制中，深化方案设计并力争达到初步设计深度，从而使项目估算更加明朗。在初步设计概算编制环节，抓紧开展施工图设计，着重结合项目特点，细化工程内容，力争使初步设计概算能够更好地涵盖项目实际实施范围并充分考虑所有投资影响因素。虽然将必要设计成果予以前置，但由于各阶段成果仍需最终审查确认，因此，各阶段投资论证应预留一定额度用于设计成果调整。

（2）**确保成果论证与优化调整时限。**为确保施工总承包招标前期工作成熟度，以及具备合理的设计技术与经济工作实施周期。一般来说，项目估算、概算编制与评审需要分别预留合理周期，以便有充足的时间对技术、经济成果调整完善。项目施工图设计基于初步设计展开应保证论证与强审周期。只有设计成果通过论证并且有关问题解决充分后，才能确保成果准确而稳定。技术与经济的联动协同十分重要，在设计成果调整中，项目投资随之调整。对于工程内容简单的房建项目，施工图设计最短也需要数月完成。在精细化管理条件下，更是需要同等时间调整完善。对于复杂房建项目，初步设计概算准备及编审同样需要持续数月完成，同样需要足够的时间优化完善，以确保达到成熟状态。

(3) **重视招标管理方案编制。**要合理制定招标管理方案，科学编制合约规划，尤其是要做好设计分包及暂估价内容规划。有必要建立有效的招标管理制度，将包括项目管理、招标代理机构及设计单位等在内的主要参建单位组成工作群组，并按照既定制度安排组织招标活动。拟定招标活动进度计划，采取必要措施确保按既定计划实现。加强对招标代理机构的精细化管理，通过提升招标活动质量促进有利管理局面形成，将精细化管理要求纳入招标代理委托合同，对招标活动实施过程评价，将招标代理服务与项目后期项目预期实施成效关联等。

(4) **提早开展工程量清单及招标控制价编制。**将工程量清单及招标控制价文件编制纳入设计总包范围，由设计单位自行组织完成，保障了工程量清单及招标控制价成果与初步设计概算有效衔接。通过将项目技术和经济任务委托给同一主体，两项工作有效融合，有利推进了限额设计进程，强化了设计责权利。随着施工图变更，同步对工程量清单及招标控制价进行完善，从而提升经济文件编制效率和质量。此外，也有利于实施控制价与初步设计概算对比分析，便于设计单位为项目管理咨询机构提供伴随服务。

(5) **科学编制招标过程文件。**一般来说，项目管理要求涉及大量的管理条款内容。将管理要求纳入缔约文件旨在对施工总承包单位构建合同约束力，借助合同约束力实现对施工过程有效管控的目的。以一般房建项目工程量清单及招标控制价文件编制为例，招标控制价总价应相比经批准的初步设计概算总金额预留约10%～15%的资金比例，安排不低于初步设计概算总金额10%比例的暂列金额。此外，暂估价内容一般按对应初步设计概算资金85%～90%比例设置为宜。

工程人员应充分认清施工总承包招标在为项目奠定管理局面的重要意义，厘清组织开展招标活动的必要事项，采取必要措施扎实做好各项准备，尤其是设计成果编制及技术经济论证，确保设计成果稳定，力求使得施工总承包招标前期工作达到成熟程度，唯有此才能真正确保项目管理处于受控状态，后期各项管理任务推进才能事半功倍，而科学化项目管理才能持续高质量地开展。

7.3 招标代理机构管理要求

通过招标过程，中标单位得以优选产生，建设目标得以实现。在项目管理模式中，专业项目管理咨询机构将管理要求通过招标过程实现。然而在实践中，部分项目建设单位缺乏对专业化项目管理的认识，对招标代理服务要求还停留在程序性服务认识方面。招标代理机构作为招标活动的重要主体，有必要对其从建设项目管理视角提出精细化要求，以便实现对专业化建设项目管理过程的实施协同配合，避免使工程招标流于形式。

7.3.1 项目管理与招标代理服务关系

项目管理咨询机构从项目管理视角出发提出系统的管理要求，通过招标文件传递给投标人，并利用投标的竞争特性使其要求得到充分响应。招标人或其委托的项目管理咨询机构对工程招标实施专业化管理，重视招标环节对项目后期实施的重要作用，开展招标总体策划，确保招标方案科学性，强化过程文件编审，审慎实施招标事项的决策，努力规避风险隐患等。例如更加注重对投标人实际能力考量，慎重对待合同条件，有针对性地提出建设要求，结合项目特点定制招标过程文件，扎实做好各项前期准备，准确把握招标前置条件等。与形式化地执行招标程序相比，招标代理机构则应更加注重结合项目特点有针对性开展服务，更加关注招标后期合同主体的履约实效，并配合管理咨询机构实施专业化管理。招标服务范围进一步延展，服务深度有所提升。招标代理机构服从项目制度安排，听从建设单位及其委托的项目管理咨询机构指挥，并与各参建单位保持密切沟通与协同，积极提出合理化建议等。

7.3.2 招标代理的精细管理要求

实现对招标代理机构更加有效的管理必须依托于精细化管理思想，应从项

目三维度管理领域出发，结合实践向招标代理机构提出精细化的管理要求。在全过程工程咨询条件下，还可以进一步要求招标代理机构拓展业务范围，以增强咨询服务能力。

1.策划要求

在招标管理策划中，应要求招标代理机构协助招标人或其委托的项目管理咨询机构明确招标活动中各参与主体的分工与职责。招标管理策划是对项目招标全局层面的谋划。在具体合同段策划方面，应要求其首先明确本合同段招标服务具体目标，了解投标市场行情，明确交易环境与监管规则，协助确定招标范围、界面划分、招标类型、资格条件、评审要素、进度计划以及对重点与难点问题提出对策等。另外，还要求其协助获取招标前置条件，明确招标人或项目管理咨询机构针对合同段具体管理要求等。

2.范围要求

招标代理服务范围应从法定招标内容、服务周期和服务深度三个方面界定。在内容方面，要求其按照建设项目合同类型梳理法定代理服务内容，包括一般或重要咨询服务类合同、施工总承包和分包类合同以及监测、检测类合同等。法定招标范围的界定应以对上述合同标的类型分析为基础。在服务周期方面，可围绕项目建设过程各阶段即前期咨询、勘察设计、施工实施及收尾阶段，明确规定其服务起止时点，围绕上述各阶段要求将服务前后延展，例如可以涵盖招标准备阶段及中标合同履约阶段，将合同争议处置纳入服务范围，从而有利于确保其服务衔接并约束其工作质量。在服务深度方面，要求其对项目管理深度配合，并要求招标过程文件定制深度，此外还包括监管要求的落实、风险事件控制、难点问题处置、开展沟通协调及提供相关咨询服务等。

3.进度要求

招标活动进度对建设项目总体实施进度影响很大。因此，有关招标服务进度要求应至少围绕服务周期、时限及效率三个方面提出。在周期方面，要求其针对各招标事项编制进度计划方案，明确总周期与阶段周期目标。重点要求其结合进度调整情况提出优化措施。鉴于招标准备工作的重要性，要求招标代理机构协助开展必要的准备，预估准备周期，跟踪事项进程并对招标人予以告知或提醒。重点要求其提出节假日或特殊时段进度计划安排与有针对性的保障措施。在时限方面，要求其明确里程碑时点与时限，提出确保目标时点实现的保障措施。主要时点包括招标公告发布、资格预审、招标文件发售、评标及中标通知发出等。在实践中，时点目标设置对进度管控十分有效。工程人员进一步量化招标代理部分服务时限以增强管控力度，如成果文档编制装订、监管手续办理、管理要求响应、返工以及延误时限等。在效率方面，有必要针对其操作效率提出要求，包括招标过程文件编制、监管事项协调、管理要求落实、紧急事件处置、文件编制返工、文章签章协调及必要失误补救效率要求等。

4.质量要求

组织过程严谨、合法合规、成果丰富以及项目管理要求得以满足是招标代理服务优良质量的体现。概括而言，招标服务质量要求包括服务成果质量、咨询服务过程质量以及事项处置质量三个方面。服务质量应建立在质量分级的基础上，针对招标代理服务构建完整的质量要求清单，对应不同等级设置差异化质量基准，并将质量等级实现与招标代理服务费用支付关联。在成果质量上，应着重针对其成果文件编制及时性、准确性、完整性提出要求，要重视成果文件合法性及过程管理要求落实效果等。在服务质量方面，应着重考察其服务效果、服务程度、建议合理性以及与管理咨询机构配合程度等。在事项处置方面，可围绕处置效果、影响范围、方法合理性等提出要求。尽量采用量化指标实施质量管控，包括采用文件编制正确率、投诉次数、事项处置失误次数、成果合格率及风险辨识度指标等。应要求招标代理机构企业内部构建质量内控机制等。

5.沟通要求

为增强信息沟通效率，应围绕沟通形式、沟通机制对招标代理服务提出要求。沟通包括口头与书面形式。应在明确沟通事项必要性基础上，提出对应的沟通形式要求，例如要求招标代理机构就本项目与行政主管部门接洽过程以口头形式汇报，或要求其以书面形式组织提交评审报告等。为使招标人及项目管理咨询机构实时掌握招标进展，须建立招标代理服务成果汇报机制，对其汇报周期与内容等提出要求，包括要求其就招标进展、事项处置及成果文件编制情况等定期汇报，采用会议方式开展沟通，通过例会、专题会等方式研商招标活动重大问题。应对其参加会议提出各项要求，例如提出会议准备、会议主持、会议记录及发言要求等。此外，还应建立保密制度，对招标代理机构提出严格的保密管控措施，并在招标代理委托合同中约定保密责任等。

6.人员要求

人员能力高低决定着招标代理服务的效果，为实现与专业项目管理咨询机构良好的协同配合，应对招标代理机构人员能力提出要求，具体可围绕人员技能、品质、态度三个方面提出。在技能方面，需要拥有扎实的招标及工程建设知识，具有一定项目阅历和经验积累，熟悉项目管理理念，具有较强的心理素质及驾驭项目复杂局面的综合能力。在品质方面，具有端正的思想态度、明确的是非观念，恪守职业规范与准则，具有谦恭心态和不怕吃苦的精神。在态度方面，具有积极热情的服务态度和执着敬业的奉献精神，耐心细致、一丝不苟地落实管理要求，坚决维护招标人及项目管理咨询机构的项目管理利益。应具体明确拟派项目人员数量与构成，规定其开展本项目的组织方式，限定其拟派人员的职称、学历等资格条件，提出更换不合格人员的条件。此外，对项目负责人及团队人员针对本项目精力投入及企业针对本项目人力资源调度提出要求等。

7.文档要求

招标过程文件主要包括成果性文件、格式（制式）文件以及往来文函的管理文件等。成果文件是指由招标代理机构编制各类成果、评审委员会提交的评审报告以及由投标人提交的投标文件等。资审文件、招标文件、工程量清单及招标控制价文件是招标代理机构提交的最重要成果文件。在项目管理模式下，上述文件可能经历多次审核修改，为提高编审效率，应要求招标代理机构针对上述文件实施严格的格式版本控制措施。另外，有必要对招投标情况书面报告编制深度、内容、装订、编制时限等提出要求。此外，应对各类成果文件份数提出要求，并根据管理需要满足成果数量需要。制式文件是指各类反映程序性工作的过程文件，例如各类监管备案登记文件等，应要求招标代理机构确保内容真实、完整、全面，注意将文件中涉及的时间信息填写完整，确保签章手续齐全。应要求招标代理机构针对错误信息风险提出预案。往来文函是指与主管部门及相关单位针对招标开展沟通与协调的函件，函件涉及事项一般包括获取前置条件、向主管部门提出申请、处置异议或投诉等。往来文函有效记载了招标活动的发展历程、明确界定了相关责任、客观记录了招投标行为，有必要要求招标代理机构将其纳入招投标情况书面报告或作为项目管理文档留存。

8.风险管控要求

应要求招标代理机构建立健全风险管控机制，要求其就招标过程事项实施风险分析，编制风险预案，提出应对措施。工程招标风险来自进度、监管、法律等方面。在项目管理模式下，尤其应关注建设管理风险。在进度风险方面，应要求其采取确保进度按计划推进的对策措施。在代理委托合同中约定招标服务延误、流标、异议或投诉等情形的违约责任。要求其结合市场情形及项目要求提出投标资格条件合理化建议，采取措施消除不良竞争影响，避免出现投标响应不足的情形。在监管风险方面，其在落实监管意图框架下，确保招标人管理诉求实现，要求其协助开展上级主管部门组织的各类检查。在法律风险方面，要求其合法、合规组织开展相关服务，提供相关法律、法规及政策咨询，确保在合法框架下实现建设单位管理利益和诉求。在管理风险方面，除全面落实专业化项目管理要求外，要鼓励其提供相关资源、合理化管理建议、成熟的管理做法并提示项目管理重大风险等。

7.3.3　招标代理委托合同编审要点

招标代理机构是落实项目管理策划，将招标人项目管理利益诉求通过招标手段实现的具体经办主体，其委托合同签订过程十分重要。一方面应确保招标人及其授权委托的管理咨询机构确保对招标代理始终拥有较强的管理权利，另一方面应引导其始终围绕建设项目管理，保持与项目管理咨询机构的密切协同。通过面向招标代理机构能力的竞争性优选过程，将优选展现出的条件和招标人及其委托的管理咨询机构提出的有关精细化要求纳入招标代理委托合同。总体而言，有关委托合同编审要点包括以下方面：

（1）代理服务内容。关于招标代理类型的考虑，即招标人所委托标的类型。关于招标代理服务阶段的考虑，如项目在履行前期建设手续过程中，前期咨询招标事项委托为第一阶段。项目开工前有关勘察、设计、项目管理等重要服务事项委托为第二阶段。项目的施工总承包、监理招标为第三阶段。由施工总承包单位针对纳入自行实施范围的内容开展的分包招标以及以暂估价方式纳入总承包范围的事项招标为第四阶段。关于代理服务具体内容与范围，即在法定招标程序代理基础上，结合招标代理服务精细化管理要求，应由招标代理机构结合项目需要拓展服务内容，包括针对招标前期准备阶段的服务、为招标人及其委托的项目管理机构提供管理伴随服务以及中标实施阶段履约跟踪与延展服务等。

（2）项目招标策划。招标代理机构是项目招标策划的重要主体，其有义务会同招标人及其委托的项目管理咨询机构并结合项目需要，有针对性地实施项目招标策划。在代理委托合同中，应重点约定招标代理机构针对受托服务实施策划的内容、深度、原则形式以及目标要求等。为确保工程招标策划效果，合同中应重点约定招标代理机构落实策划方案，以及策划未能预期实现的违约责任。可以说，有关工程招标策划的合同要求同样是衡量招标代理服务质量的重要方面。

（3）项目管理协同。招标代理机构在服务中应以招标人为中心，要密切关注招标人管理利益诉求，服从招标人委托的项目管理咨询机构安排，响应其以项目建设目标为导向的各项要求。因此，有必要通过合同条款设计确保招标代理与招标人及其委托的项目管理咨询机构协同过程的实现。这主要通过代理合同中有关招标代理机构权利、义务以及责任条款约定实现。在权利方面，赋予招标代理机构出于管理协同需要而深度参与项目管理事务的权利。在义务方面，约定招标代理机构具有为项目管理提供合理化建议的义务，以及落实招标人及其项目管理咨询机构相关管理要求的义务。在责任方面，要约定为有效落实项目管理要求而应承担的具体违约责任等。

（4）代理费用支付。有必要采用经济手段强化对招标代理机构的管理。一方面应将代理费用支付同管理协同保持关联，另一方面也要与招标代理服务评价结果关联。只有与招标代理服务履约成效关联，才能够更加科学地衡量招标代理机构为推动项目建设所做出的贡献，才能够有效地激励和鞭策招标代理服务的深度开展。因此，代理服务费用可以分阶段、按服务工作量或比例支付，并以项目管理成效的实现作为支付里程碑。例如，对于施工总承包等复杂招标项目，可细化支付的节点包括：发布招标公告前的准备阶段结束后、招标文件发售后、中标通知书发出后等。有关支付金额或比例以标的估算费用为基数确定，待中标后进行修正。为确保招标代理服务成效，以确保形成有效的招标代理服务成果为导向，重点将招标文件编制、合同条件形成作为重要考量成果，以便招标人及其委托的项目管理咨询机构依据招标文件签订的合同对中标单位实施管理，应将中标单位履约成效作为招标代理机构管理的考量内容，例如将一定比例费用如20%比例费用用作剩余支付，待中标单位履约一定周期后，招标人视中标单位履行成效向招标代理机构支付剩余费用。

（5）实施履约评价。围绕招标代理服务以及管理协同过程，招标人及其委托的项目管理咨询机构应对招标代理服务过程及成效开展履约评价。将招标代理服务评价以及项目招标合约管理相关制度纳入招标代理委托合同条件。只有将招标代理服务履约要求纳入合同条件才具备执行效力和依据。

（6）服务人员要求。招标代理经办人能力与态度决定着服务质量及代理服务的成效，合同中应加强对招标代理机构人员能力及行为的约定。有关招标代理人员的要求在本书中已做出说明，在此不再赘述。在管理协同服务中，招标代理人员对于管理协同的认同十分重要，只有确保其与招标人及其委托的项目管理咨询机构在思想上保持统一，对招标人管理在意识上予以拥护，才能确保其服务成效实现。

在建设项目实施中，工程人员对招标环节应予以足够重视，努力将专业化项目管理要求通过招标环节予以实现，站在有利于为招标人及其委托的专业化管理机构实施科学项目管理角度选择招标代理机构。在过程管理视角下，在其委托过程中进一步使得管理要求精细化，避免工程招标组织流于形式。

7.4 工程招标沟通管理

工程招标顺利开展依靠科学的沟通管理。沟通管理在调整招投标交易主体关系、引导行为方向、化解分歧矛盾、控制管理局面等方面发挥着重要作用。招标管理成效显现，离不开招标活动本质特征决定的潜能释放。工程招标管理的根本目的是确保项目管理策划实现和管理要求落实，面向各参建单位构建基于合同约束力的管控体系，营造以建设单位为中心的管理协同局面。上述有关招标活动组织与管理的初衷决定了面向招标活动沟通管理思想的形成，也成为探索工程招标沟通管理规律的根本出发点。

7.4.1 沟通的基本条件

总体来看，面向工程招标沟通管理的条件主要包括主观与客观两方面。在主观方面：主要是厘清招标交易主体根本利益诉求，明确各方所持基本立场与根本观点，掌握各方相关意愿和期望。在客观方面，针对项目管理层面包括建设项目管理中已形成的较为完整的管理策划成果，有关全过程项目三维度领域的管理要求，以及招标管理中需明确的具体沟通事项等。针对活动组织层面则包括工程招标顺利开展所需的经济、技术及行政审批等各类前置条件，招标活动必要的系统周密的组织计划，以及有关组织中所需明确的沟通事项等。

7.4.2 沟通的基本原则

招标活动在建设中的作用及管理目的为实现科学沟通指明了方向，有关工程招标科学沟通的基本原则详见表7.4.1。

工程招标科学沟通基本原则一览表　　表7.4.1

原则名称	具体说明
坚持管理站位	始终围绕建设项目管理目标与具体要求展开，努力确保招标活动在工程建设实施与管理中发挥充分作用。从维护建设单位管理利益出发，从项目全过程管理全局视角把握沟通中的问题。坚持项目站位就是注重落实项目管理策划，并依据策划编制项目招标管理总体方案，从而统一各参与主体思想。坚持管理站位就是坚持招标准备工作的成熟度、坚持准备工作提早做、坚持实施招标活动策划、坚持参与主体责任制、坚持主管部门的联合调度、坚持客观规律与文件合理编制周期、坚持招标人决策制、坚持主体利益的互利共赢等
把握成熟时机	合理分析和判断实施沟通具体条件与时点，注重必要前置条件获取和准备工作开展，科学预测与评估不同时机沟通影响。确保把握沟通时机，以确保取得更大成效。如在纳入施工总承包范围的暂估价招标计划编制阶段，待项目施工组织设计审批后，即刻通知项目设计单位编制暂估价招标所需的设计成果。再比如，待房建项目初步设计概算审批及图纸强审后及时调整完善工程量清单及招标控制价文件等
确保积极主动	积极主动开展沟通的原则具有丰富内涵，包括提早分析沟通条件、尽早开展沟通准备，开展沟通规划、制定沟通方案、识别相关风险、部署应对措施等。被动的沟通过程将增加招标组织与管理难度，降低成效。主动沟通的关键是实现超前沟通，即提早预见沟通问题、识别沟通风险或负面后果，及时酝酿形成招标过程文件，提早获取必要前置条件，诸如设计阶段就谋划暂估价对应设计成果，提早计划以及提早与行政主管部门取得联系，获取详细监管要求等
力争效率优先	提升沟通的效果需坚持效率优先，积极主动沟通是提升效率的前提，效率提升应采取必要措施和依托有效沟通机制，确保高效沟通还需要就某些棘手或分歧问题提早规划，与相关利益主体尽早博弈，营造和争取主动有利的沟通局面等
促进持续沟通	复杂问题处置需要持续沟通，是落实沟通规划的重要原则，持续沟通以健全的沟通机制为基础，确保沟通过程可跟踪、可追溯与可记录。持续沟通将有效增强沟通效果。做好持续沟通就是要对必要事项高频率、密切沟通，例如频繁督促设计单位提交暂估价工程设计成果，协调施工总承包单位抓紧开展暂估价专业工程招标活动，以及作为建设单位密集召开管理例会、频繁协调招标人对过程文件予以确认或实施决策等
做到合法合规	合法合规原则应在沟通中严格恪守，并作为“底线”予以坚持，只有基于合法合规的沟通，才能确保招标活动过程合法性，沟通过程的合法性直接体现在过程记录中，确保沟通管理在招标活动组织与管理发挥根本作用

7.4.3 必要沟通事项

工程招标组织与管理过程顺利推进需要在某些关键环节实施有效沟通，就必要沟通内容而言，原则的把握尤为重要。必要内容的识别是确保沟通完整性的关键，厘清必要沟通事项间的关系是实现系统沟通的前提，有关工程招标组织与管理必要沟通事项详见表7.4.2。

工程招标组织管理必要沟通事项一览表　　表7.4.2

类型	必要沟通事项	事项具体说明
招标活动组织	获取活动前置条件	在获取招标活动所需项目有关技术、经济和行政审批条件过程中开展必要沟通，其中行政条件是指开展招标活动所需的必要的项目行政审批手续，以及行政主管部门的相关要求等
	开展招标活动准备	针对招标活动所需的各类准备工作开展沟通，包括获取必要前置条件、组织团队、签订代理合同、编制招标活动计划等
	组织过程文件编制	针对招标公告、资格预审文件、招标文件、答疑文件等过程文件编制进行沟通
	履行招标程序	针对投标报名、资格预审、组织招标文件发售、组织现场踏勘、组织投标答疑、开标、评标、定标等活动，履行招标程序等法定程序进行沟通
	组织合同签订	围绕合同签订中需要协调的各类事项进行沟通
招标管理过程	明确项目管理要求	针对项目全过程管理要求开展必要沟通，明确各参与主体的根本利益与所持主要立场
	必要的法律咨询	有关招标法律法规的咨询，有关招标活动相关信息的共享等，包括获知最新的政策、监管要求、必要招标程序或管理实体内容的交底等
	招标管理策划与决策	针对招标管理方案、明确招标活动组织和管理目标、实施必要管理决策等事项进行必要沟通
	招标过程文件审核与确认	就招标过程文件的审核进行沟通，包括谈论编审中的有关问题，提出审核意见，跟踪落实、对招标过程文件确认等
	组织成果汇报、问题论证与文件审批	组织就招标过程文件成果进行报告，组织招标过程问题论证、确认，针对文件的审批过程进行沟通等
	招标过程记录	就招标活动过程予以记录，形成包括招标台账，编制联系函、管理建议等各类书面往来文函等
	招标管理评价与总结	就招标活动的组织过程、招标管理效果进行评价沟通，就招标活动及管理实施总结等

7.4.4 沟通的方式与形式

在招标活动中，招标代理机构与招标人之间的沟通形式多样，招标代理机构在服务中需综合运用各种沟通方式，有关工程招标常见沟通方式与形式详见表7.4.3。

工程招标常见沟通方式及形式一览表　　表7.4.3

沟通方式	适用条件与应用情况
汇报	招标代理机构向招标人叙述招标项目进展中的事实情况或招标程序工作结果
询问	需要向对方了解的情况，例如向招标人了解项目需求或要求，向代理机构了解招标程序或问题处理方法与经验等
讲解	招标代理机构向招标人介绍与招标组织有关的工作内容、注意事项或需要招标人配合的工作等
倾听	招标代理机构听取招标人对招标项目组织过程中有关问题的看法与建议。招标人听取代理机构对有关问题的分析与认识
叮嘱	招标代理机构对招标人的行为进行沟通引导，说服其行为合法与有效，对可能的风险进行估计。招标人对代理机构就招标要求、项目特征等有别于其他项目的情况进行说明
告知	招标代理机构或招标人彼此就已经发生的问题或已经产生的后果进行通报，或将实际情况和有关信息通知彼此
劝诫	双方彼此试图为纠正对方错误认识、行为或可能产生的严重后果等导致高风险的行为进行沟通
商议	双方就招标项目中有关问题进行判断、分析、评估的过程
沟通形式	适用条件与应用情况
会议	需要广泛告知的事项、重大问题的决策、复杂问题的分析或由于制度的需要而采用集体商议的方式
座谈（面谈）	招标人或招标代理机构就项目需要广泛了解的情况、需要学习的知识或借鉴的经验进行座谈
书面	须以书面形式记录、送达、收取
电话	为提高项目办事效率，该形式可满足频繁而密切联系的需要
邮件	传送电子文档工具，确认并组织修改完善
传真	以纸质形式传递或收取，内容告知或提取证据

招标代理机构应积极分析项目所处环境，密切关注各方有关招标问题上的核心利益及发展态势，以此为基础运用好沟通技巧。纵观整个服务过程，由于项目所处环境条件及人员能力差异，即便是综合运用沟通技巧，其最终效果仍可能不尽人意。如具有较强决策能力、项目管理经验丰富、熟悉相关法律法规的招标人，采用倾听、汇报、商议、邮件等形式较为适当。对于经验缺乏、对法定程序不了解、主观意识不强的招标人，则要采用讲解、劝诫、叮嘱等形式进行沟通，以引导招标人在合法、合规条件下组织招标活动。

1. 性格特征、态度及心理变化

招标代理服务人员的性格决定其思想态度与行为心理，很大程度上影响沟通效果。性格开朗、包容性强的人员似乎更有利于保持良好沟通，而性格内向、不善言语的人员，则沟通效果往往不佳。办事态度细致认真的人员往往工作的主动性也很强，思想意识消极的人员，需加强引导，待其态度和认识扭转后，沟通质量将会有所提升。此外，还要抓住行为人心理特征及周期心理变化规律。一般来说，在招标活动启动环节人员比较兴奋，但由于项目实施未知风险多，或项目进展并不明朗时，人员往往心存焦虑。当招标进展到开、评标环节时，人员情绪比较紧张。当组织过程遇重大问题、突发事件而导致推进难度上升时，则焦虑情绪大幅度提升。当顺利完成评标、活动组织接近尾声时，人员心理则略感轻松。沟通过程应充分抓住上述人员心理周期性变化规律。经验表明，越是引起兴奋或忧虑的招标环节，沟通技巧运用就越重要。

2. 紧扣项目需要与要求沟通

为了使沟通管理更具有针对性，应紧密围绕招标人针对招标代理服务提出的精细化管理要求展开，只有这样才能切实维护招标人的项目管理利益，实现项目招标最终目标，其中对项目精细化要求的准确了解是重点。由于建设项目环境条件的复杂性，项目管理要求往往随着时间变化。招标代理机构对项目管理要求的准确把握依靠与招标人之间充分密切的沟通。一方面要注意沟通的周期与频率，另一方面要不断评估项目管理要求调整对工程招标的影响。招标代理机构与招标人沟通应共享问题分析过程。实践表明，复杂问题的研究过程往往会激发灵感，促进科学决策的形成。

3. 掌握事前沟通的时点

总体而言，合理沟通应该发生在需要沟通事项之前，因此，“提早沟通”

成为重要原则。依据项目经验，对有关问题提早预见并及时沟通将获得良好效果。受招标活动时效性本质特征影响，每个程序环节均具有明确的时间点，沟通管理可以围绕该时点展开。每一环节时点作为沟通截止时间，超出该时点的沟通将影响工作开展。沟通最佳时机往往处在环节时点前一段时间内，以便为招标活动关键环节预留充足时间。招标代理机构应在履行该程序环节同时，提早准备下一环节的沟通。在针对问题沟通时，要注重把握时机和尺度，应在对项目环境条件、问题产生原因清晰的前提下进行，或在各方态度较明朗的情况下开展。

4. 注意沟通语气和做好语言组织

做好沟通管理就必须注意语气、语调并组织好语言。缓和的语气和轻快的语调有利于减轻面对棘手问题的心理压力，有利于促进思考与判断，并促进形成一致意见。严肃语气和沉重语调，则劝诱、告知作用明显。仓促语调易唤起对问题的重视。缓慢语气则便利于引起思考等。语言组织主要表现在对问题和处置过程的逻辑上，合理铺垫事件背景和问题起因是有必要的，但更应注意因果、递进、并列等逻辑关系的严谨性。语言合理组织，需要经历审慎的思考，避免本末倒置的表达效果。重点问题或关键结论要先说，注重围绕对方关切的问题适当凝练所要表达的思想内容。

7.4.5 沟通方法与步骤

沟通需要过程，做好必要准备十分重要。形成沟通方案是关键一步，这直接关系到沟通目标能否顺利实现，不仅需要明确所应坚持的沟通底线，更要确立沟通站位，从全局视角提升沟通高度。尽可能从整体利益出发，注重引导沟通立场变化。要注重换位思考，从利益对立面入手切入沟通的关键方面，明确沟通程度和范围，判断预期效果。此外，要确保持续沟通的可能，增强信任，营造良好环境。要注重构建平等姿态和地位，采取有力的措施，包括借助信息化手段、制度保障等。要确保沟通充分性，对有关问题做出周全考虑，要注重过程叙述的逻辑性，尽力做到观点鲜明、思路清晰、内容全面。此外，还要确保沟通有痕、过程可追溯、责任风险可规避。工程招标沟通一般步骤详见图7.4.1。

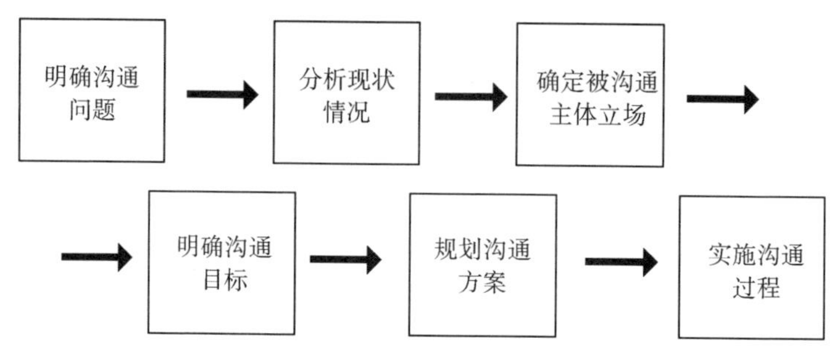

图7.4.1 招标活动开展沟通的一般步骤

7.4.6 工程招投标用语

工程招标组织过程中，大量使用了非法定术语，这些术语大部分由我国各地方或各行业领域在长期工程招标组织与管理实践中形成，其中大多数术语并非源于现行法律体系。目前，招投标领域术语呈现蔓延态势，由于术语类型多样且实践中应用随意，很多专业人员都难以辨识某些术语的确切含义。因此，掌握招标活动术语组成、分类及其演进，不仅有利于促进工程招标知识的普及，更有利于对工程招标形成深刻理解，提高沟通科学性。

1.用语内容与特点

总体而言，工程招标术语包括规范性与非规范性用语。所谓规范性术语源自《招标投标法》等法律体系的专业词汇，如开标、评标等。一般来说，规范性术语在法律体系中具有确切定义或严谨含义。《招标投标法》属于程序法性质，法律体系中大量规范性术语必然围绕程序展开，并在程序执行过程中广泛使用。相对而言，非规范性用语是指并非出自法律体系的用语，被招标活动主体在日常活动中广泛使用，但由于没有法定出处，且未经过确切定义，故缺乏权威含义。在实践中，非规范性用语多源于工程建设领域各类参与主体长期使用而形成。大量用语表述通俗，并不十分严谨，部分还存在歧义或语义模糊的情形。

非规范性用语因使用群体不同，而在应用频率上呈现差异。在实践中，招标代理机构在组织招标活动中采用的非规范用语情况比较多见，有关主要规范术语与少量非规范用语及相关解释说明如表7.4.4所示。用于规范程序性内容的相关术语可称为核心规范术语，这是工程招标最重要的术语。

招投标活动核心规范术语表 表7.4.4

阶段	规范术语	非规范术语	非规范术语的解释说明
参与主体与制度	招标人、招标师、投标申请人、投标人、正式投标人、投潜在投标人、联合体投标人、联合体投标牵头人、招标代理机构、招标代理服务费、招投标交易、招投标交易服务费、招投标监管办公室、招投标行政主管部门、招标备案	标的、标段、标段划分、大小标、切标、分标	指对标的物进行合同标段划分，属合约规划内容
		招标方案	指对招标活动进行规划、编制计划、制定制度提出解决相关问题的思路
		意向标、程序标	指对中标结果抱有期望或通过非法手段确保期望的投标人中标的违法行为
		预审标、后审标	指对投标人的资格审查，在投标前为预审，在投标后为后审
		施工标、设计标、监理标等	指从标的物类型的角度对招标项目或活动进行划分
		停标	指招标活动暂停或投标人被行政主管部门暂停投标
		纸质标、电子标	是指组织开展招标活动所遵循的规则
招标阶段	招标、招标方式、招标类型、招标公告、招标范围、招标内容、招标形式、自行招标、委托招标、公开招标、邀请招标、电子招投标、暂估价材料设备招标、暂估价专业工程招标、招标项目估算价、干扰招标、招标失败	二次招标	指第一次招标活动因某种原因没有完成或终止后重新招标，或指施工总承包单位组织的分包招标
		发标	指招标文件的发出，泛指招标活动已经启动
		售标	指招标文件或资格预审文件的发售活动
		询标	指招标人在招标前对投标市场情况的考察，或指投标人对招标文件或活动向招标人进行询问
		同时招标	指两个以上合同段或两个以上类型的招标活动同时进行
	招标文件、招标文件标准文本、招标文件补充修改、招标控制价、招标工程量清单、重新招标、规避招标、暂停招标、终止招标、招标程序、发售招标文件、招标文件发售期	标书	指对招标文件或投标文件的通俗称呼
		自施招标	指施工总承包单位自行施工范围内的招标，即在以分部分项工程量清单形式纳入施工总承包范围的内容、由施工总承包人组织的分包招标
		暂估价招标	指达到法定招标规模与标准的暂估价内容的招标
		分包招标	指对自施招标和暂估价招标的统称，由施工总承包的单位针对起分包内容组织的招标
		邀标	指邀请招标，有时也称为比选

续表

阶段	规范术语	非规范术语	非规范术语的解释说明
投标阶段	投标、投标资格、投标要求、投标邀请书、投标报名、限制投标、排斥潜在投标人、投标文件、投标文件技术部分、投标文件经济部分、信用标、投标函、投标疑问、投标担保、投标有效期、最高投标限价、投标截止时间、投标文件递交截止时间、以他人名义投标、投标格式	回标	指投标文件递交给招标人或完成开标程序
		撤标、改标、补标、悔标	指投标人针对投标文件所作出的撤回、修改、补充
		竞标、抢标	指对招投标活动的俗称，具体是指多家投标人竞争投标的情形
		接标、等标	指招标人及其委托的招标代理机构接收投标文件的过程
		延标	指一般指原定开标时间被推迟，投标周期被延长
		报标	指投标人提交投标文件的过程
		经济、技术、商务标	指从内容性质上对投标文件进行划分的方法
		封标、存标	指对投标文件密封与保存的过程
		陪标、试标	指串通投标的一种情况
开评标阶段	开标、开标会、开标记录、唱标、标底、拦标价	隔夜标	指开标后的当日未能完成评标，而次日或以后完成的招标
		押标	指将投标文件送往指定地点或环境的过程，例如招标人及其代理机构将投标文件送往评标室，或投标人将投标文件送往开标室等
		截标	泛指招投标活动已经结束
		闹标	泛指招标活动参与主体扰乱招标活动的情况，具体多指投标人扰乱开标秩序等
	评标、评标委员会、评标专家、评标专家库、评标资格、评标方法、评标基准价、评标报告、废标、废标条件、无效投标、串标、围标、放弃投标、有效投标、投标报价、有效投标报价、有效投标报价、明标、暗标、否决投标、清标	决标、结标	指招标活动已经结束，中标单位已经产生，或称评标委员会已经确定中标候选人的情形
		述标、讲标	指投标人在评标过程中所做的陈述环节
		议标	评标过程的俗称
		监标	指行政主管部门或纪检监察机构对招标活动监督的过程
		弃标	指投标人放弃投标的情形
		飞标	指投标报价超出拦标价或触犯废标条款而导致废标的情形

续表

阶段	规范术语	非规范术语	非规范术语的解释说明
中标阶段	中标、骗取中标、中标候选人、中标单位、中标结果、中标无效、中标通知书、中标候选人公示	定标、选标	指招标人确定中标单位的过程
		拿标	指投标人取得中标资格
		流标	指招标活动因有效投标数量不足或其他原因而导致无法进行的情形

2.用语发展与分类

随着法律体系的不断完善，规范术语逐渐丰富，有些非规范用语也逐渐纳入规范术语行列。随着法规及政策性文件的废止，部分规范术语也随之消失。为便于规范工程招标专业术语，进一步丰富法律法规术语内容，有必要在非规范用语范围内梳理程序性语言，并将其纳入规范术语范畴，同时对已有规范术语细化界定，规范术语演变是工程招标用语演变的基本脉络。对应核心规范术语，将描述实体性质内容的术语称为非核心规范术语，有关工程招标规范术语分类详见图7.4.2。重要规范术语是指直接源自《招标投标法》，一般规范术语则源自其他领域的法律体系。

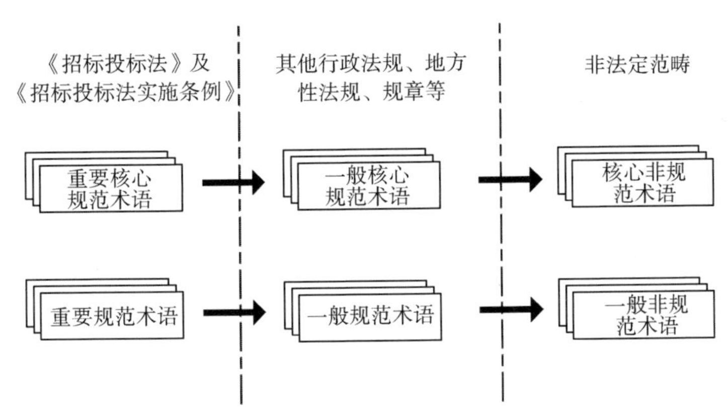

图7.4.2　招投标活动术语主要分类

3.用语使用及来源

工程招标各参与主体对规范术语应用十分频繁，同时也是应用及创建非规范用语的群体。由于招标活动属地监管特性，在全国范围内，各地均不同程度上形成了一定规模的非规范用语。在跨区域招标活动中，常出现由于非规范用语应用而致使沟通障碍的情形。关于各参与主体术语应用及非规范用语创建情况详见表7.4.5。综合来看，工程招标直接参与主体应加强对规范术语的学习，并掌握部分非规范用语。行政主管部门及立法机构在主持解释、说明、引导促进规范术语应用的同时，还应关注非规范用语的形成情况，适时将有价值的非规范用语纳入规范术语范畴。

工程招标参与主体对术语应用与创建情况一览表 **表7.4.5**

参与主体	应用情况	非规范用语创建
招标人	出于对招标代理机构服务实施监督、与其保持沟通、在活动中做出必要判断与决策的需要，而应用一定量的规范用语，但使用非规范用语情况较为普遍	满足通俗沟通需要而一定规模创建
招标代理机构	出于组织招投标活动全过程的需要而大量使用规范用语	因开展服务工作需要而大量创建
投标人	出于开展投标活动的需要而少量应用规范用语，使用非规范用语情况较为普遍	满足通俗沟通需要而一定规模创建
招标人聘请的项目管理咨询机构	在招标人授权下对招标代理机构实施招标活动进行监督，策划招标活动、制定招标方案过程中大量应用规范用语，也使用部分非规范用语	因对活动实施管理需要而大量创建
招投标行政主管部门	以合法、合规为导向对招投标活动进行行政监管，大量应用规范用语，基本不使用非规范用语	规范招投标活动监管过程而不创建
招投标交易部门	以促进招投标市场交易规则实现为导向，与相关活动参与方开展必要沟通，大量应用规范用语，基本不使用非规范用语	规范招投标活动的市场交易过程而不创建
立法机构	以规范法律体系为导向，大量应用规范用语，基本不使用非规范用语	规范法律用语而不创建

工程招标的成败很大程度上在于沟通，做好工程招标各项准备，也为沟通创造条件。工程人员应秉持上述沟通原则理念，运用好沟通技巧，从招标活动本质特征入手，始终站在全过程项目管理高度，关注参与主体核心利益，把握其根本立场，持续不断地优化沟通方案，改善沟通过程，这将有利促进工程招标高质量开展。

7.5　工程招标文档管理

建设项目合同类型多样、数量庞杂，缔约过程积累了大规模过程文件，因此合约管理特别是工程招标管理是一项烦琐的工作。招标过程文件专业性强，全面记录了工程招标始末，反映项目实施进程。合同文件体系更成为建设单位科学实施项目管理的依据，影响问题的决策过程。在委托招标条件下，招标代理机构在项目结束后编制项目招投标情况总结报告，该报告紧密围绕法定程序并收录了工程招标全部程序性文件成果，并对招标全过程形成客观记录。目前，我国尚未出台专门规范工程招标文档的政策性文件。**为使工程招标管理更加科学，构建系统完整的工程招标文档体系是必要的，有利于促进工程招标组织和管理规范化和标准化，确保招标管理策划、合约规划、招标代理委托、过程文件审核过程等得以客观真实地记录，展现通过缔约方式实现项目管理策划的完整过程。**

7.5.1　工程招标文档的类型

总体而言，工程招标文档分为两大类，一类是招标人及其委托的招标代理机构组织招标活动、履行法定程序中直接产生的，称为工程招标活动文档，详见表7.5.1。该类文档主要体现了工程招标中有关交易主体法定责权利的行使过程。该类文档又分为两类，一是行政主管部门出于监管需要而颁布的监管类文件，二是招标人履行法定程序而形成的文档，主要是由招标代理机构开展服务形成的。招标公告、资格预审文件、招标文件、投标文件、资格预审及评标报告、中标通知书均为该类文档。

工程招标活动文档清单一览表　　　　表7.5.1

招标方式登记材料	招标文件
委托招标登记材料	招标文件补充修改及答疑澄清文件
招标公告（资格预审公告）	投标文件报送签收记录
投标报名记录	投标文件

续表

资格预审文件	投标担保提交记录
资格预审补充修改及答疑澄清文件	开标记录
资格预审文件领取记录	招标人拟派评标代表申请
资格预审申请文件	评标委员会专家抽取申请
资格预审申请文件递交记录	招投标情况书面报告（评标报告）
招标人拟派资格预审代表申请	中标候选人公示
资格预审评审委员会专家抽取申请	中标通知书
资格预审评审报告	中标通知书送达记录
资格预审结果告知材料	中标结果公告
投标邀请书	合同

另一类则是招标人或其授权的项目管理咨询机构实施招标管理形成的文档，详见表7.5.2。该类文档包括项目招标管理方案、合约规划、经审核的招标代理委托合同、独立合同段招标方案、项目招标管理制度、招标评价等，直接反映了招标管理质量与成效，体现出招标人的管理意志。

工程招标管理文档清单一览表 **表7.5.2**

招标管理文档类型	具体说明
招标管理总体方案	包括项目招标活动组织参与单位的分工与职责、项目招标管理重点难点问题分析与对策等
合约规划	包括项目合同缔约时序、类型具体内容以及可视化图表成果等
合同段招标方案	包括交易环境选择、招标时间计划、投标条件等
招标管理专项方案	包括有关招标范围、价款支付、技术规格与要求书、投标报价要求、协同伴随服务要求等有关重点、难点问题的论证方案、论证报告等
招标代理委托合同	主要包括招标代理委托合同的审核要点
招标代理委托合同审核意见	包括针对招标代理机构的精细化管理要求
招标前置条件文档	包括相关审批手续、项目技术、经济等组织招标活动的前置条件
招标管理制度文件	包括项目招标管理制度、招标代理机构服务评价及招标管理评价制度等
项目招投标台账	主要包括有关项目各招投标活动的基本信息，如各法定招标环节操作的时间、中标的金额、中标单位名称信息等
项目招标管理文件	主要包括招标管理活动项目管理咨询机构、招标代理机构与招标人之间产生的联系单、代拟稿及管理建议文档等
招标管理会议纪要	各类招标例会或专题会议产生的会议记录与纪要

续表

招标管理文档类型	具体说明
非常规文档	有关项目产生招投标争议或招标情况终止等招投标活动非正常开展的文件
招标评价报告	对招标代理服务评价及项目招标管理评价的总结性文档
招标管理总结报告	对招标管理过程文件进行汇编并进行系统总结的文档

7.5.2 文档的作用与联系

工程招标活动文档记录了招标活动各参与主体行为，形成项目各参建单位的缔约成果，文档的形成全面依照招投标领域法律法规规定。行政主管部门在对项目招标交易的行政监管中，该类文档作为被查材料，反映项目招标活动组织的合法性。工程招标管理文档则直接反映招标人过程管理的行为，包括落实项目管理策划、实施管理过程、形成管理成果。工程招标管理文档不仅围绕法律法规要求形成，还由招标人在开展科学管理过程中产生，对科学引领项目招标活动发挥了重要作用。在行政主管部门对工程招标监管中，该类文档虽不直接作为被检查材料，却能够有效地跟踪招标交易各参与主体行为，是活动管理完整的过程记录，在一定程度上揭示出工程招标活动文档的成因。

工程招标活动文档以及工程管理文档共同组成建设项目工程招标文档，二者关系十分密切，从内容上看，工程招标管理文档侧重管理性质，而工程招标活动文档侧重服务及法定性质。工程招标活动文档是工程招标管理文档形成的具体成果，工程招标管理文档也是工程招标活动文档的有效提升，两类文档均充分展现出工程招标在项目建设中的重要地位与丰富内涵。

7.5.3 文档管理问题与应对

（1）工程招标行政检查。在工程招标中，行政主管部门履行法定监管义务，尤其是对于政府投资项目，监督检查必不可少。在两类文档中，行政主管部门针对工程招标开展监督、检查，管理文档将提供良好指引。通过工程招标管理台账，快速定位具体招标活动。依托合约规划，高效锁定项目招标范围与内容。依据大量招标管理文件，有效跟踪各参建单位在工程招标中应尽的义务和承担的责任。将招标代理机构行为与工程招标管理相统一，客观记录工程招标过程并确保留痕，这充分体现了以建设单位为首的招标管理主体履行的法定职责与义务。

（2）项目管理提供支撑。工程招标管理文档是项目管理文档的重要组成部分，文档形成不仅为了接受监督检查，更为了招标人落实项目管理策划，为实施过程、要素及主体三维度管理提供支撑。招标过程形成的合同文件将为各参建主体履约与评价提供依据，缔约形成的价格体系更是项目投资与造价控制的基础。招标文件中提出的有关技术要求，成为建设项目质量、安全及进度等要素管理目标体系的重要组成部分。

（3）项目招标管理总结。项目招标管理总结报告反映出项目招标活动成效，是全面总结和梳理工程招标过程的重要文件。报告客观全面地评价了工程招标给项目管理以及推动项目建设带来的价值，是工程招标全过程进一步量化分析的过程，总结了项目招标中形成的各类数据，诸如管理文件规模、召开管理会议次数、排除和应对风险问题的规模、组织招标活动的数量、累计中标金额、累计节约投资规模及中标价格指标等。

（4）工程招标文档形式。在电子招投标交易快速发展的今天，工程招标文档已经全部实现电子化，并以电子签章的方式实施认证。总体而言，未来电子化方式将成为工程招标活动文档的主要形式。随着建设项目管理信息化的深入推进，工程招标管理文档传输、加密等操作也将逐步规范。建设单位推进项目建设过程需要反复查阅工程招标活动及管理相关文档。工程招标数据终将成为项目大数据应用的重要组成部分。项目在缔约阶段形成的大量文档形成丰富的项目资源资产，为相似项目科学实施提供借鉴。

对工程招标文档实施规范化管理将有效地促进工程招标组织及管理的规范化，为总结提炼建设项目商务管理经验积累创造条件，也为实施招标活动后评价、量化招标活动在建设项目中的成效和作用奠定基础。工程招标文档管理丰富了传统建设项目文档内涵，拓展了文档范围，通过不断改进文档管理的方法，将更加有效地确保工程招标高质量开展。

7.6　招标代理服务评价

在建设项目实施过程中，勘察、设计、施工以及监理的缔约过程是项目构

建面向合同约束管控体系的重要一环，关系着项目管理策划落实和局面的发展。缔约环节被认为是以建设单位为首的项目管理方占据主动管控地位、谋求有利管理局面的关键阶段。招标代理服务评价是对招标代理机构组织的招标活动、提供的服务过程实施全方位、多角度的评价，旨在提高活动组织质量。**招标代理服务评价是项目管理评价和招标管理评价的重要组成部分，是项目管理专业化的切入点，旨在实现招标过程的持续改进**。在实践中，招标代理服务评价尚缺乏科学指引，未能精准衡量招标代理服务的价值，阻碍了市场主体活力的激发和交易潜能的释放。

7.6.1 评价出发点

项目所处的缔约阶段注重管理效果的实现，而不仅仅是以招标程序履行为目的，而是以实现高质量招投标交易为宗旨。因此，针对招标代理机构实施精细化管理，引导其提供丰富而有价值的服务，驱动其为后期合同主体履约及建设目标实现做出努力，这一考虑成为衡量和评价招标代理服务的重要指针。

7.6.2 评价导向

1.过程管理导向

从项目管理策划视角审视招标代理服务全过程，重点考量招标代理服务针对项目招标管理策划、招标活动实施方案、合约规划等要求的落实程度，审查代理服务成果对于全过程管理中有关过程、要素及主体维度管理需求的满足程度。重点关注服务成果系统性、项目管理目标的实现效果，以及所采取措施的有效性。全过程管理导向是衡量招标代理服务的根本。

2.过程服务导向

以过程服务为导向，全方位评价招标代理服务是否以全过程项目管理为中心，是否与招标人实施的项目管理过程保持一致，是否与项目中招标人委托的项目管理咨询机构服务保持紧密协同，以共同实现项目建设管理的目标。要重点评价招标代理机构在这一过程中的服务能力，并围绕其服务深度、效果、意识与态度开展，关注招标代理机构在这一过程中发挥的关键作用。

3.服务深度导向

要重点考察招标代理服务各环节，尤其是有关协助招标人开展的招标准备是否到位。侧重评价其在处置工程招标过程中，协助开展分析、论证以及提供合理化建议有效性等。充分性导向就是强调招标准备的彻底性、管理要求的系统性及招标组织的严密性。

4.法律规则导向

需遵循各类法律、法规及政策要求，接受行政主管部门监管。评价过程应以合法、合规为导向，立足规避法律风险。应做到服从项目管理制度安排，做到分析、决策、事项执行有章可循。

5.管理效果导向

在注重过程评价的同时，应以管理效果为导向。一方面要评价招标活动所采用的方法、措施效果、管理方案以及合约规划实施效果等。另一方面也要关注项目管理规划在招标中的落实成效。此外，重点评价工程招标对项目管理过程中的支撑作用。可以说，管理效果是检验工程招标管理科学性的重要标准。

7.6.3 评价要素

1.服务能力评价

招标代理服务评价可以从人员、资源、服务以及手段等几方面展开，能力评价的重点是针对全过程项目管理服务能力、自身企业的管理水平。招标代理机构评价注重针对服务过程，旨在加强招标代理机构管理，并通过评价谋求服务效能改善。有关招标代理机构服务评价主要内容详见表7.6.1。

招标代理服务评价主要内容一览表 表7.6.1

评价要素主要类型	评价要素的主要具体内容	
人员能力	人员组成与结构	协调能力
	知识水平	考勤状况
	经验水平	人员管理能力
资源配置	人力资源	社会资源
	经营生产资源	市场资源
	组织过程资源	工具资源

续表

评价要素主要类型	评价要素的主要具体内容	
服务能力	项目组织方式	文件编制能力与效果
	工作质量、深度及范围管控	招标策划能力
	工作效率与进度管控	策划执行能力
	沟通与协调能力	运营管理能力
	全过程管理服务响应与利益实现	风险管控能力
态度与意识	合理化建议	管理要求执行力
	对全过程项目管理的理解	与招标人及项目管理的单位的配合
	配合意愿程度、积极性与主动性	落实项目管理要求的程度
措施与手段	项目制度落实执行	事项处置
	风险管控	文档整理
	事项协调	过程记录
	服务严谨性与合法合规性	招标合约行政检查的协调与配合

2.组织过程评价

招标代理服务评价应侧重针对工程招标组织过程，重点包括各类事项及处置情况。同样是面向过程，该类评价旨在改进工程招标组织质量，围绕活动准备、协调、处置展开，以提升组织效率及风险应对水平。有关招标活动组织过程的评价主要内容详见表7.6.2。

招标活动组织过程评价主要内容一览表　　表7.6.2

评价要素主要类型	评价要素的主要具体内容	
活动准备情况	招标合约策划、方案、计划及合约规划等活动纲领性文件的编制情况	招标活动必要条件的完备性
	招标代理机构工作准备情况	前置条件不充分性及影响
	涉及招标人事项准备情况	招标代理机构委托情况
程序执行情况	程序执行的连贯性	程序履行的全面性与完备性
	程序执行的效率	程序执行的正确性
	程序履行异常与风险性	程序执行的严谨性

续表

评价要素主要类型	评价要素的主要具体内容	
事件处置情况	异议、投诉等处置情况	事件处置预案合理性
	重点、难点问题处置情况	处置方案与计划合理性及执行情况
	必要沟通与协调效果	事件处置的效率与总体效果
行政监管与协调情况	检查接待与配合情况	交易平台的选择与执行情况
	行政检查与稽查问题处置	行政主管部门沟通与协调情况
	面向行政监管问题的预控情况	协调难度与风险影响
各参建单位沟通与协同情况	决策形成与落实	过程文件确认效率
	管理要求落实与效果	成果形成与汇报情况
	协同效率与成效	过程记录与依据

3.服务效果评价

相比前两层次评价，招标代理服务效果评价是在招标代理服务结束后，相对全过程项目管理目标实现程度的评价，该评价围绕三维度管理知识领域展开。有关招标代理服务效果的评价主要内容详见表7.6.3。

招标代理服务效果评价主要内容一览表 **表7.6.3**

主要维度	具体评价内容（要求与落实执行情况）	总体评价要素（整体）
过程维度	建设手续办理	管理策划与执行效果
	投资管理	管理决策与执行效率
	勘察、设计管理	管理风险与规避
	现场协调管理	管理责任与分工的明确度
	竣工收尾管理	管理范围与界面的清晰度
要素维度	进度管理	管理的综合成本情况
	质量管理	管理资源配置情况
	安全管理	管理精细化程度
	档案管理	实施的进度与连贯性
主体维度	招标人管理诉求	异常事件处置情况
	管理咨询机构诉求	参建单位管理关系与协调情况
	设计单位管控	重点与难点问题处置
	监理单位管控	管理局面的主动性
	施工单位管控	管理协同体系构建与执行

7.6.4 其他若干问题

1.评价依据

招标代理服务评价总体上遵循招标代理委托合同，合同直接决定了招标代理机构履约条件，站在全过程项目管理视角约束招标代理服务的行为。针对招标代理服务过程评价时，应紧密围绕项目管理制度执行情况展开。

2.评价周期

招标代理服务评价应贯穿于项目招标活动组织始终。一般建设项目在招标代理服务开始后即启动评价，待服务完成后则评价完成。从项目建设周期来看，可将咨询服务类缔约评价作为第一阶段，勘察设计招标评价作为第二阶段，施工总承包与监理招标评价作为第三阶段，后期暂估价招标评价则作为第四阶段。各阶段评价完成后，还应根据需要组织项目总体评价。

3.评价主体

招标人是组织实施评价的主体，评价面向招标代理履约管理，以专业化的全过程项目管理要求落实与建设目标实现为方向。因此，评价应由招标人委托的项目管理咨询机构实施。评价过程与结果需要由招标人确认，有关评价证据的收集也需要通过招标人获得。项目管理咨询机构组织开展招标代理服务评价应通过招标人进行，且应遵循招标代理委托合同，遵守法律法规要求，避免假借评价名义对工程招标实施干扰。

4.评价方法

评价可采用“百分制法”，该方法简便、利于操作且具有较强的灵活性。对于重要评审要素可分配较高分值。需要指出的是，对招标代理机构的评价应与招标代理服务费用支付相关联，对招标代理机构管理形成经济约束力。

招标代理服务评价是项目履约评价体系的一部分，有利于形成管理过程记录，保留相关证据，厘清各参建单位责任，此外也有利于总结经验，提出改进措施，并为行政监管提供支撑。

7.7 工程招标管理评价

招标管理评价，一方面旨在通过对招标参与主体、组织过程、缔约成果及管理过程评价，客观衡量工程招标在建设项目管理中发挥的作用及取得的成效。另一方面，总结项目工程招标问题并促进持续改进。招标管理评价是项目全过程、精细化管理的体现，是实施科学管理的必要手段，为各参建单位围绕建设单位管理协同局面形成提供保障。

7.7.1 评价依据与定位

(1) 评价的出发点。对于工程招标管理的评价是以建设项目管理的总体策划要求和有关招标管理方案为依据，立足工程招标前置条件和项目特点，围绕建设项目实施与管理总目标展开。管理评价范围从具体组织招标活动参与主体及招标代理机构的服务水平，到开展招标管理中建设单位及其委托的项目管理咨询机构所采用方法的有效性等，全面围绕构建基于合同约束的项目管控体系和营造针对各参建单位的管理协同展开。

（2）评价的定位。项目管理规划和招标管理方案是针对项目实施和招标活动的计划性预案，本质上是一种前瞻性的管理估计。每次招标活动结束后，便进入实施阶段，各参建单位开始履约并陆续组织启动履约评价。显然，履约评价阶段也可理解为是工程招标的后评价阶段，履约效果反映招标组织与管理成效。项目前期招标管理方案评估、招标管理过程评价及后期履约评价三者应保持高度一致，并共同构成工程招标管理评价的完整体系。

7.7.2 评价原则与导向

确保招标管理评价科学开展应秉持以下原则，即有据可依、管理协同、面向实践、客观量化、持续改进、监管导向等。上述原则的确立为明确评价要素、内容和基准指明方向。

（1）有据可依。招标管理评价必须紧密依照项目管理规划、招标管理方案展开，以项目组织实施及管理过程依赖的技术、经济等文件为依据，充分结合项目特征及环境条件。总体而言，项目三维度管理领域成为评价要素设置对应的范围，而围绕招标活动组织过程的招标代理服务评价既是招标管理评价的基础，在某种程度上也是结果。

（2）管理协同。评价必须围绕项目管理协同思想展开。建设单位通过将管理要求纳入合同条件，面向各参建单位构建基于合同约束的管控体系，打造面向积极主动的项目管理协同局面。因此，评价必须紧密围绕项目管理要求，维护项目全局利益。

（3）面向实践。评价必须结合项目具体特征，有针对性地考虑项目问题，从具体实践出发，实事求是。从工程招标组织和管理过程中的具体问题和风险入手，注重评价问题处置效果，评价项目管理要求在招标组织中的落实情况等。

（4）客观量化。评价应注重主客观相结合，以客观评价为主，逐渐消除主观因素。以事实为依据并尽可能采用量化方法实施精准评价。要不断创新和完善评价指标，针对重要评价方面建立量化评价方法，确保科学评价工程招标在建设项目中的作用，准确诠释内在价值。

（5）监管导向。工程招标不仅应遵守工程建设领域法律体系，作为市场交易活动更应全面落实全面深化市场化改革各项要求。尤其对于政府投资建设项目，管理评价应注重从监管成效出发，既要考虑管理过程合法、合规，也要跟踪工程招标与改革要求的偏离程度，及时采取纠偏措施。

（6）持续改进。评价最终落脚点是要进一步改善工程招标组织过程，规范参与主体行为，提升主体能力，改善管理水平。因此评价应坚持问题导向，注重持续改进，侧重风险消除，考察实施策划的科学性和管理的有效性。要着力通过评价发现问题，形成对策，并促进工程招标持续改进、提质增效。

7.7.3　评价内容与方面

招标管理评价在主体方面是对招标活动各参与主体的评价，包括招标人、投标人、招标代理机构以及行政主管部门。在客体方面主要包括招标活动组织过程、管理过程、各类成果文件等。对于建设项目，招标管理评价主体是招标

人，其决定了评价必然站在全局高度，并以项目管理利益为出发点。有关工程招标管理评价主要内容详见表7.7.1。

工程招标管理评价主要内容一览表　　表7.7.1

评价内容类型	评价内容	评价的主要方面		
		合法性	过程质量	最终成效
评价主体	招标人	招标人身份情况、有关招标合约活动组织及管理过程主观行为情况等	招标人自身的知识水平、创新能力水平、组织与管理水平、团队组成合理性与经办人员能力水平等	履行法定责权利、坚持原则、遵纪守法、信用良好、敢于担当、制度完善、管理科学、能力提升
	中标单位	产生过程、身份情况	投标人自身实力、投标响应水平、履约能力与水平	中标单位履行了法定责权利、形成履约业绩、履约能力提升
	招标代理	招标合约活动组织和针对招标人及其委托的项目管理咨询机构配合主观行为情况等	招标代理机构企业咨询服务能力、创新能力水平、项目团队人员能力水平等	创新水平提升、管理科学、咨询能力提升、形成业绩与资源等
评价客体	活动过程	法定程序履行情况、法定时限遵守情况、法定要求落实情况、监管要求落实情况等	活动准备充分性、活动组织严谨性、程序执行顺畅性、要求落实针对性等	招标人履行完成法定程序、活动组织过程高效、严谨，投标过程充分响应招标文件，形成中标价格与合同条件，产生最优中标单位等
	活动成果	活动成果形成依据合法性、形成过程的合法性、法定与监管要求落实等	活动成果科学性、活动成果准确性、活动成果严谨性、活动成果一致性、活动成果与管理要求符合性等	形成质量较高的活动各类过程文件，尤其是合同条件，形成丰富可参照性的履约依据和招标合约活动档案等
	管理过程	法定要求与监管要求的落实程度，管理制度执行的情况等	管理计划周密性与系统性、管理方法合理性和可靠性、管理措施有效性、管理要求针对性等	实现管理目标，维护了交易主体利益，满足了项目管理诉求，落实了招标人项目管理要求、管理协同关系形成、形成面向合同约束的管控体系等
	管理成果	管理成果形成依据合法性、法定与监管要求落实等	管理成果针对性、管理成果完备性、管理成果科学性、管理成果准确性等	形成质量较高的管理类过程文件，尤其是各类管理方案，形成丰富可参照性的招标合约管理档案

7.7.4 评价其他问题

（1）评价基准。评价基准决定了评价深度与成效，是评价标准形成的前置阶段，为评价标准的确立奠定基础。可以从两方面考虑基准确立，一是通用基准，即从不同项目招标组织及管理的通用性考虑。二是专用基准，即针对不同项目招标特点，考虑典型差异问题，有针对性地定制基准。法定基准主要围绕法律法规执行，从法定责任权利出发确立，侧重对行政主管部门监管要求落实程度来考量。质量基准则主要围绕项目管理要求落实成效，从评价内容属性细化考虑。成效基准则主要以项目建设组织与管理目标为导向，从项目管理策划及招标管理方案落实效果实现确立。

（2）评价方法。评价方法应从微观和宏观两方面考虑。对于单个项目，就某一招标活动、某一招标代理服务评价是微观的，而针对整个项目招标活动及总体招标管理的评价是宏观的。从评价周期看，可分为阶段性评价和最终评价。微观评价多为阶段性评价，阶段性评价旨在谋求对工程招标组织与管理的改善。而最终评价则侧重总结提炼有价值的经验与方法。

管理指标法是对某一阶段、某一具体内容方面进行指标评价的方法。指标建议从三维度管理领域出发设计，尤其是从要素管理领域，将工程招标进度、质量、投资等管理指标考虑其中。应确保招标管理评价指标与项目管理评价指标保持一致，并在逻辑上使其成为项目管理评价的子评价。

在常用的百分制评价中，评价要素选择十分关键，应根据评价深度逐步将评价内容和基准细化，围绕项目管理要求确定评价关键事项，设置合理分值区间，确定分值合理比例。管理指标法是定量化的评价方法，而百分制法则是定性、定量相结合的方法。在改进中应尽量消除定性因素，这是因为定量评价将更加有助于准确衡量工程招标在建设项目组织与管理中的作用与价值。

从项目全过程管理视角组织招标管理评价，明确评价的目的，围绕主要方面细化评价具体内容和核心基准，不断完善评价方法，促进评价在项目管理中的应用。

7.8 案例分析

案例一 增加额外程序操作

案例背景

某政府投资建设项目建设单位为事业单位，其委托项目管理咨询机构代其组织实施全过程项目管理。针对项目施工总承包招标，其直接委托招标代理机构组织招标活动。某当地注册施工企业A渴望参与本项目，建设单位也期望其能够中标。因此招标人私下约谈招标代理机构要求其务必采取措施确保A中标。在施工总承包投标报名结束后，招标代理机构向建设单位提议，希望在正式组织资格预审前，由项目管理咨询机构组织对投标申请人进行初步筛选，并根据各投标申请人在报名阶段提交的材料，筛选出所谓"不能有效满足本项目施工要求的"投标申请人（真实意图是排斥域外投标企业），并提议让项目管理咨询机构通过电话方式劝说被筛选出局的企业不要再参与后续资格预审文件的领取。听取招标代理机构建议后，招标人责令项目管理咨询机构按照招标代理机构提议对投标申请人实施筛选，却遭到项目管理咨询机构的坚决拒绝。项目管理咨询机构坚持要求合法、合规组织资格预审，项目最终没有按照招标代理机构的提议去做，而是合法、合规地完成了资格预审，A也最终未能通过资格预审。

案例问题

问题1：在项目管理模式下，项目组织开展招标活动，招标人、招标代理机构以及项目管理咨询机构三者间应该保持什么样的合作关系？

问题2：即便不是排斥域外投标申请人，招标活动能否补充增加额外的程序环节？

问题3：针对招标代理机构在招标活动中频繁出现的违法违规操作应如何治理？

问题解析

问题1：在项目管理模式下，招标人组织开展招标活动时，招标人和招标代理机构以及项目管理咨询机构的合作关系需要首先确立。在《招标投标法》及《政府采购法》体系下，两体系均未对项目管理咨询机构在招投标交易中的法律地位作出明确，也未规制其项目管理行为。尽管与招标人签订了项目管理委托合同，但项目管理咨询机构代建设单位（招标人）实施的项目管理活动，仍不可以取代建设单位应履行的法定权利、义务和责任。因此，招标活动仍应紧密围绕招标人和招标代理机构展开。项目管理咨询机构可代替建设单位对招标代理服务实施必要的监督管理，但应围绕委托代理合同约定展开，包括就招标代理机构提交的服务成果进行审核、补充和完善，还可就招标代理机构出现的违法、违规行为或非专业化操作予以指正。

问题2：工程招标严格遵守《招标投标法》。作为程序法，招标人及招标代理机构应严格遵守法定招标程序，任何超出法定范畴而由招标人自行补充的且对法定程序造成影响的操作均是无效的。案例中，招标代理机构提议要求项目管理咨询机构对潜在投标人进行咨询筛选，这显然超出了法定程序范畴，而筛选结果也必定是无效的。

问题3：在实践中，招标代理机构非法组织招标活动、串标行为时有发生。行政主管部门应强化监管，构建招标代理机构服务诚信管理体系，形成违法行为信息记录系统，加强从业人员管理，将法律责任进一步细化落实到招标活动组织负责人或经办人员。

案例二　预审结果集中告知

案例背景

某施工招标资格预审顺利结束，招标代理机构项目负责人甲将资格预审委员会提交的评审报告报送给招标人并由其完成确认后，于次日送行政主管部门备案，项目共计产生7名投标人。一个月后，招标代理机构向7名投标人发售了招标文件。开标前两日，甲收到某投标申请人关于招标活动的书面质询函件，内容大致为其一直尚未收到有关是否通过资格预审的信息。招标代理机构将函件立即转交招标人，并向该发出质询的投标申请人取得联系，口头告知确认其未通过资格预审。但该投标申请人在接到口头告知后情绪激动，并表示要采取进一步措施质疑本次招标活动的规范性。经招标人再三安抚，该投标申请人才停止质疑。自此事件发生后，甲格外注意预审结果告知操作。在项目后续招标活动中，由于参与报名的投标申请人数量较大，为避免逐一告知预审结果所带来的大量重复性工作，其干脆在某公开网站上发布了通过资格预审名单，并集中通知所有投标申请人在网站上及时关注查看预审结果。

案例问题

问题1：招标代理机构负责人甲的做法有哪些不妥之处？

问题2：如何使得投标申请人合法、高效地获取资格预审结果信息？

问题解析

问题1：根据《招标投标法实施条例》第十九条规定："资格预审结束后，招标人应当及时向资格预审申请人发出资格预审结果通知书。"因此，招标代理机构项目负责人甲的做法是不专业的，也不符合条例的规定。在招标组织过程中，招标代理机构虽然受托于招标人，但为了更好地组织招标活动，招标代理机构同样有义务维护好投标人的合法权益，必要时应加强换位思考。案例中，及时告知投标申请人资格预审结果，是使其决定是否继续参与本次投标的基本前提，这涉及其对投资申请人资源安排等情况。此外，甲将资格预审结果直接在网站上公布，违反了《招标投标法》第二十二条规定，即"资格预审结果的通知不应泄露通过资格预审的申请人名称和数量"，这一违法情形造成的后果十分严重。显然，甲没有真正领会《招标投标法》的立法原则。

问题2：在投标申请人数量庞大的前提下，为避免逐一通知资格预审结果带来的大量重复性操作，在实践中，确实存在部分招标代理机构将未通过资格预审结果的投标申请人名单在网站上集中公告的现象。因此，电子招投标手段凸显出优越性，由电子系统逐一、自动告知结果，充分展现出电子系统的高效率，为招标活动的提质增效发挥了建设性作用。

案例三　文件密封异议处置

案例背景

招标代理机构主持某大型房建项目施工总承包招标开标会，招标人代表及各投标人法人授权委托人均在座。在投标文件密封情况检查环节，投标人A将投标文件商务部分按册分类并分别单独密封封装，形成了多册密封袋。而投标人B则将商务部分以分册形式密封在一个密封袋内。因此，B在开标会上当场提出异议，指出A对于投标文件密封的做法不符合招标文件关于投标文件密封的规定，并提出招标人不应接受A投标。此时，A也不甘示弱，同样回击指责B文件的密封情况不符合招标文件要求，并同时向参加开标会的招标人代表提出招标文件对投标文件密封约定不合理。招标代理机构及招标人代表当场翻阅招标文件并查看核实相关约定，果然，招标文件有关投标文件商务部分的密封并未做出详细规定，只载明“投标人需将商务部分密封在一起”。招标人代表沉思片刻后做了简要发言，指出：①认为招标文件约定不存在任何问题；②对A和B的投标均予以接受；③认为A和B各自关于投标文件商务部分的密封均符合招标文件规定。招标代理机构将上述全过程进行了记录。而后本次招标活动顺利组织完成，投标人也再未对此产生任何异议。

案例问题

问题1：开标会上，招标人的做法是否正确？

问题2：案例事件带给工程人员什么启发？

问题解析

问题1：在激烈的投标竞争下，投标人在开标会上就投标文件密封情况相互指责是常见现象，且往往连带对招标文件编制不合理性提出质疑也是正常的。此时为顺利组织开标会，确保会议进程平稳推进，确实需要随机应变。开标会上，招标人代表反应迅速、做法高明。一般而言，招标人拥有对招标文件的最终解释权，其坚持认为招标文件内容合理，同时尽可能维护投标人合法利益，自身能够分辨并排除不同投标文件密封结果影响，选择接受所有投标，坚持认为招标文件约定符合招标文件要求，可谓有效地破解了矛盾，化解了开标会上的风险。

问题2：开标是招标活动组织中十分关键的程序环节，是异议提出的重要窗口，充分体现出《招标投标法》立法原则。该环节突发因素多，案例事件再次提醒招标人，应重视招标文件中有关投标文件密封的约定，并尽量做到描述清晰。

案例四　评标方法的敏感性

案例背景

在某商品住宅楼建设项目施工招标中，资格预审顺利进行并产生7家投标人。招标人在资格预审完成后，花费了大量精力组织开展施工图设计，并以此为基础组织编制了工程量清单及招标控制价文件。三个月后，招标人正式发售招标文件。发售前，某投标人A和B却书面致函并退出投标。招标人打算向剩余5家投标人发售招标文件（其中包含投标人M）。然而项目管理咨询机构建议其再顺序递补产生两家投标人，以增强投标竞争性。因此，招标人按行政主管部门要求为投标人C、D办理了投标递补备案手续，使其成了新增投标人。而后，开、评标均进展顺利，其中评标采用了综合评分法，经济标以有效投标报价算术平均值作为基准价，其他各投标报价均据此差值计算经济标评分。最终投标人M为第一中标候选人，公示结束后，其也正式成了中标单位。

案例问题

问题1：项目管理咨询机构建议招标人递补投标人的做法是否合理？

问题2：试想若未递补投标人，则评标结果是否还是M中标？

问题3：案例带给我们什么启示？

问题解析

问题1：项目管理咨询机构建议是合理的，关于投标人放弃投标，招标人有权递补产生新投标人，这确实有利于增强投标竞争性。

问题2：若未递补C、D作为新投标人，则中标结果很可能不是M。这是由于C、D作为新投标人其报价若为有效报价，则直接参与了基准价合成。如此，将对所有投标人的经济标评价产生影响。当评标方法在相对基准价设置不同差值幅度时，这种影响可能被放大，并对总分产生影响，进而影响评审排序。

问题3：一是及时递补产生投标人是严肃的问题，将对中标结果产生影响。二是递补应在招标文件领取前完成，这有利于确保投标人拥有相同的投标周期。此外，招标活动的程序性特征表明，每一个程序不可逆转，程序环环相扣。三是投标竞争是激烈的，应给予投标人必要参与权利，这也是法律赋予交易主体的根本权利，而非由招标人在决定是否递补投标人问题上拥有自主权。四是评标方法需进一步改进，避免评审的脆弱性和敏感性，有必要将方法设计重点放在保障优选方面。

案例五　实施有效的进度管理

案例背景

某房建项目招标人聘请了招标代理机构A为其组织施工总承包招标活动。项目设计单位尚未完成施工图设计，且施工总承包招标必要的前置手续尚未办理完成。由于工期紧迫，招标人要求招标代理机构自受托之日起，务必在50日内组织完成施工总承包招标。A随即按约定启动了招标活动，但由于工程招标前置条件不成熟，A一直被动等待并指望招标人全部获取招标所需前置条件。50天过去了，施工招标仍未启动，招标人对此十分恼火，并终止了与A的合同关系。而后其委托了招标代理机构B，并同样要求其在50天内组织完成招标。B接到任务后，及时协助招标人分析并获取招标所需前置条件，定期提示和协助招标人为获取前置条件应开展的重点工作，B还主动协调主管部门，有效提升了前置手续办理进度。统筹安排招标组织步骤，对每一环节操作计划提前告知招标人，明示招标人事项与操作时限，并积极评估由于非招标代理机构原因而致使招标延误的时间损失。在与招标人的共同努力下，招标活动最终用了40天时间便顺利完成。B的做法与服务也受到招标人赞扬。

案例问题

问题：招标代理机构B的做法带给我们什么启示？

问题解析

招标代理机构B的做法是科学合理的，充分诠释了招标活动程序性和计划性特点。虽然工程招标的组织进度受到诸多因素影响，且大多数因素并非受控于招标代理机构，但其有责任、有义务将工程招标前置条件、风险因素及时告知招标人。向其及时预警风险，充分评估造成的时间损失，并尽可能向招标人提出合理化建议。要厘清招标代理责任，划清操作界面，注重发挥招标人的主观能动性。只有与招标人共同努力并紧密依靠招标人，才能使工程招标顺利推进。

第8章 工程招标文件编审要点

导读

招标文件是工程招标中最重要的过程文件。在项目管理模式和委托招标条件下，它不仅是招标代理机构为招标人起草的成果文件，也是项目管理咨询机构组织审核的重要管理成果。可以说，**招标文件凝聚着丰富的内容和管理思想，涉及项目缔约技术、经济及商务的广泛要求，包含标的实施的广泛内容。招标文件编审不仅决定着招标活动成败，更关系着未来标的实现和履约成效。**在实践中，招标文件由招标代理机构在编审完成后报请招标人确认，并经行政主管部门审核备案后发售。由于招标人实际能力及招标代理服务水平差异，或受限于多种因素影响，招标文件编审质量良莠不齐。对于房建项目，在项目管理咨询机构开展的专业化项目管理中，施工管理应充分借助监理单位协同完成，其中暂估价招标管理更需要通过对监理单位的管理而推动，不仅如此，还要依托设计单位的有效配合，以确保暂估价招标具备完整的设计条件。总体而言，只有依靠各参建单位共同努力，实施行之有效的编审方法，抓住各类文件编审要点，才能切实提升工程招标文件编审质量。

8.1 招标文件编审总体思路

在实践中，由于项目情况不同以及招标文件编审主体能力差异，不同项目招标文件编审质量差异很大。某些专业领域在招标文件编审中采用国家相关行政主管部门发布的标准文本。即便是在缺乏标准文本的限定条件下，也可以参照成熟的示范文本。正是由于招标文件编审面临的复杂性，高质量的编审依托于统一的思想。在实践中，大部分项目的招标文件编审未能秉持思想统一原则，或未能坚持科学编审理念，在编审技巧和方法上缺乏探索，工程招标质量与成效难以保证。

8.1.1 工程招标阶段划分

纵观项目建设始末，工程招标可以划分为四个阶段：一是项目前期咨询阶段，是在项目施工前期各类建设手续办理期间，针对有关咨询服务委托组织开展招标活动的阶段。二是项目勘察设计招标阶段，项目历经该阶段将具备推进施工的详细技术条件。三是施工、监理招标阶段，该阶段后建设过程将正式进入施工阶段，这是项目前期准备到施工实施过程的重要过渡阶段。四是施工总承包单位组织开展的暂估价内容分包阶段，施工总承包单位作为招标人，针对纳入其总承包范围的暂估价内容，按照既定建设时序安排和施工组织需要陆续招标，该阶段周期长，持续至项目临近竣工收尾时点。

8.1.2 常规编审模式局限

仅依靠招标代理机构编制招标文件，再由缺乏项目管理经验的招标人审核确认的做法无法形成高质量、专业化的招标文件。从法律角度看，由于工程招标涉及技术、经济、商务及项目管理等丰富实体性内容。从目前招标代理服务情况看，往往是面向项目缔约阶段的服务，而非贯穿于项目整个建设周期。服务重点也集中在活动组织与程序执行方面，这导致后期实施和履约管理的不彻底性。科学缔约过程是中标单位良好履约的前提，单纯面向程序性的服务在确保项目后期管理成效方面存在乏力。程序本位很难使得参与主体从项目管理全局、科学地把握缔约过程。**招标代理机构并不掌握项目管理的全部信息，更不具备获取项目资源的能力，这种不对称性也掣肘了文件编制的科学性。**从建设单位视角看，招标人努力维护自身项目管理利益，但由于招标文件编审的专业性，招标人仅依靠其自身实力往往难以实现专业性审核。上述几方面制约着招标文件编审的质量。

8.1.3 招标文件编审科学模式

考虑到招标文件对于缔约活动及项目管理、合同履约、推进实施的作用，有必要首先确立文件的编审合理模式，即建议由招标人委托专业项目管理咨询机构对招标代理草拟的文件进行审核及补充，或由其会同招标代理机构实施联合编制。该模式对建设规模庞大、工艺复杂的项目尤为重要。招标人将文件编审权与确认权委托给项目管理咨询机构，并由其充分结合项目情况，以科学编审原则为导向，采用更加有效的编审方法，顺利组织完成编审全过程。相比仅依靠招标代理机构编制，项目管理咨询机构服务贯穿于建设周期，对项目各类信息掌握比较全面，对招标人管理利益诉求把握更加准确，其组织实施的管理策划也依赖于缔约过程实现，其在项目有关技术、经济及商务等方面的要求充分纳入合同条件，以便实现对各参建单位管理的部署。由项目管理咨询机构编审完成的招标文件仍需报招标人确认，但只有经专业项目管理咨询机构审核并经优化完善的文件才能够确保缔约的高质量，才能够为项目后期履约管理开创条件，为后期实施项目全面管控营造积极局面。简而言之，由招标人授权项目管理咨询机构审核文件，由项目管理咨询机构与招标代理合力编制是更加科学的编审模式，编审分工更加明晰，充分发挥各自优势从而实现高质量的编审效果。

8.1.4 招标文件编审基本原则

招标文件由招标代理机构和项目管理咨询机构共同编审完成。在实践中，虽然招标代理服务存在局限性，但在面向活动组织、程序推进、法律风险规避等方面却十分专业。两家单位在面向文件编审方面的分工并没有绝对界限。无论是招标代理机构还是项目管理咨询机构均应遵循“关联一致”的编审思路，这有助于最大程度上统一编审思想。编审原则要充分考虑招标活动的强制性、缔约性、程序性、竞争性和时效性本质特征，并结合其在建设项目所发挥的作用提出。有关招标文件编审主要原则详见表8.1.1。

建设项目招标文件编审主要原则一览表　表8.1.1

编审原则	具体说明
针对性	内容应紧密围绕项目特性、实际情况、面临的重点、难点问题展开
前瞻性	内容应科学预见缔约以及履约过程可能遇到的一切问题与风险，作为招标文件发出后项目的管理与实施提供可靠的依据，为处置有关问题提供指导，对可能发生的情况做出积极的预测
系统性	内容涉及的技术、经济、商务以及项目管理的有关部署应确保完整、关联且得到统筹的考虑
合法性	内容应遵循工程建设领域以及标的物涉及的有关法律、法规、政策及国家标准规范的要求，符合行政监管规制要求等
管理性	内容应确保项目管理策划得到有效落实，确保项目管理要求充分显现，尤其是招标文件合同条件要充分融入项目管理的思想理念与方法等
延续性	内容要确保与招标活动的前期条件、必要准备以及项目招标前期相关工作保持紧密衔接，要依托于项目招标前期有关行政审批、项目技术、经济等文件编制，形成对招标前期文件的进一步延续，凸显项目管理与实施进程
一致性	内容在各方面保持一致，确保严谨性而避免出现相互矛盾、遗漏等情况

招标文件编审初衷就是要确保招标活动高效、平稳开展，实现各参建单位围绕建设单位的管理协同，确立建设单位针对各参建单位的管理关系，并由此形成基于合同约束的管控体系。招标人不仅履行了法定招标义务，更推进了竞争性价格的形成，实现了项目投资管理与造价控制目标，规避或转移了主体管理责任与风险。通过缔约过程实现对项目管理要求的部署，为项目确保建设项目高质量开展奠定基础。

8.1.5　招标文件编审主要思路

招标文件编审过程应尽量消除主观性，在遵循上述编审原则的基础上，秉持以下思路：

（1）关联一致。招标文件一般由投标须知、评标方法、合同条件等组成，其中合同条件包括承包模式、设计范围、成果交付、费用支付、责权约定、履约评价与违约责任等内容。**“关联一致”是指将招标文件各组成部分内容相互关联并前后一致，或可理解为以合同条件为中心，其他各部分与之保持呼应。**合同条件的关键内容应同时在投标须知中体现，旨在要求投标人有针对性地作出响应。应将投标要求及设计任务书关键内容在合同条件中的责权约定部分载明，并在违约条件与追偿约定部分予以明确，同时还应纳入评审范围以及履约评价范围等。**各组成部分关联一致不仅是招标文件完整性和连贯性的需要，更体现出项目管理要求在要约设计中实现。**

(2) **合法合规。**招标文件编审依据工程建设领域法律体系及相关技术标准要求。招标活动应严格遵照行政主管部门监管要求，招标文件内容应遵守各类政策性文件规定，这是确保内容合法的前提，也是规避相关法律与政策风险的基础。因此，法律法规是招标文件编审的基本依据，合法合规则是招标文件编制的根本遵循。

(3) **准备充分。**招标文件由技术、经济及商务等部分组成，编审需参照项目前期各类有关技术、经济等方面资料，是项目前期资料在缔约阶段的延续，例如对于施工总承包招标而言，项目设计成果成为文件技术部分编制的基础，项目投资估算、设计概算则是招标文件中经济内容形成的条件。实现科学招标，就是要保障工程招标准备以前置条件成熟为前提，项目前期的相关行政建设手续必须齐备，有关管理策划方案已经形成，项目实施阶段重点问题已经形成解决措施，以及有关项目难点问题论证已经完成等，只有这样才能充分确保工程招标成效按既定目标实现。

(4) **管理落实。**项目管理咨询机构本着科学管理需要编制的项目管理规划成了招标文件编制的指针。项目管理过程形成的各类会议纪要事项，需要在缔约阶段落实。**以管理为导向，确保系统完整的管理要求，尤其是三维度管理的精细化要求在招标文件中得以充分部署，**这包括在项目管理过程维度中有关管理事项的快速部署，项目管理要素维度中各要素管理计划、应对措施在缔约阶段得到有效安排等。此外，还包括项目管理主体维度中各参建单位协同关系的确立、职责分工明确以及群组模式搭建等。项目管理委托合同约定了项目管理咨询机构所享有的权利、义务和责任，同时也明确了其开展项目管理服务的目标。在招标文件编审中，项目管理咨询机构应确保合同责权利约定及管理利益诉求纳入招标文件，这是通过招标活动向各参建单位转移风险的重要方法，也是落实建设单位管理要求的重要方式。通过对照项目管理委托合同的编审，将使管理责权利在各参建单位中传递，是构建合约管控体系的重要过程。

（5）**确保优选**。以目标为导向，要确保充分达到缔约优选状态。从招标文件编审原则出发，重点发挥招标竞争性本质及在实现中标单位优选方面的突出作用。**科学合理设置评标方法，充分结合市场竞争环境，全面、系统地评价投标水平，充分调动投标单位满足项目管理利益诉求、响应招标过程的积极性。确保中标单位对项目管理要求充分响应，保证其具有高质量的履约能力。**

工程人员有必要从项目管理全局视角审视招标管理问题，克服通行惯例做法中有关文件编审局限，搭建科学合理的编审模式，抓住项目招标各阶段特点，充分把握好各项编审重要原则。相信在上述招标文件编审思路的指引下，文件编制质量将得以提升。

8.2 勘察招标文件

在建设项目实施中，勘察是指根据建设要求，查明、分析、评价建设场地地质、地理环境和岩土工程条件并提出合理建议，编制建设工程勘察文件的活动。它是项目建设实施的基础，也是项目立项、设计、施工的重要前置条件，与诸多项目技术工作密切关联。对于项目实施与管理而言，其具有基础性、前置性和关联性等特征。在项目全过程管理中，勘察单位需要与其他各参建单位密切协同，尤其通过与设计、施工的无缝对接，实现建设实施效果的提升。针对勘察服务的部署需要超前谋划，纳入项目管理总体策划。有关勘察服务的委托更应在合约规划中考虑。建设单位及其委托的项目管理咨询机构应以项目实施全过程为主线界定勘察范围，确保勘察为项目实施与管理形成有力支撑。

8.2.1 勘察管理思路与理念

勘察管理的总体思路是界定和规划好勘察内容与范围，厘清勘察与项目全过程各事项之间的协作关系，确保其与建设单位管理密切协同。**要贯彻总承包**

思想，将勘察前置性任务、平行开展的相似工作及需要与设计、施工紧密配合的内容一并纳入勘察范围，以优化合约规划，展现全过程咨询理念，提高委托效率和管理效能。要充分发挥勘察特性，统筹安排好与相关单位的交叉协作，确保各类勘察事项无缝衔接。

8.2.2 房建项目勘察总承包范围

勘察总承包范围与内容主要包括勘察准备事项、并行实施事项以及与其他参建单位协同的事项，内容详见表8.2.1。

建设项目勘察总承包范围与内容一览表　　表8.2.1

总包事项		详细说明
准备工作	项目资料、信息收集	项目情况、区域地质条件信息收集、开展现场踏勘等
	影响勘察的障碍移除	对场地内影响勘察的障碍物进行改移、拆除等
	地下管线或设施修复	对场地内影响勘察的地下管线进行改移、拆除、修复等
	临水临电与场平	对勘察所需临水、临电准备，根据勘察需要平整场地等
并行工作	氡元素检测	对项目区域放射性氡元素含量、浓度等指标进行检测
	文物勘测	对项目区域内可能存在的文物进行探测、检测等
	场地物探	对项目区域内地下埋藏和影响建设的各类障碍物进行探测
	工程测量	地形测量、土方测量、边界测量、规划测量；建筑物的灰线验线、正负零验线、结构测绘、房产测绘等
主体工作	勘察咨询与咨询协同	对拟建场地的稳定性、适宜性作出评价，符合选址要求。前置条件包括：区域地质、地形地貌、地震、矿产、项目区域工程地质条件、岩土工程和建筑经验资料等，满足项目建议书需要
	初步勘察	对拟建场地内建筑区域稳定性进行评价，查明地质构造、地下水埋藏等条件。对不良地质条件稳定性进行评价，场地和地基地震效应做出初步评价。对冻土深度、水土腐蚀性初步判定，以及对可能采取的地基基础、基坑开挖与支护、降水方案做出初步分析评价等。前置条件包括：拟建项目资料、项目地质和岩土工程资料、项目场地范围地形图等
	详细勘察	根据单体建筑物或建筑群提出详细的岩土工程资料和设计、施工所需的岩土参数，对建筑地基岩土工程进行评价，对地基类型、基础形式、地基处理、基坑支护、工程降水和不良地质作用的防治提出建议等，符合施工图设计要求。前置条件包括：建筑总平面图、场区地面整平标高、建筑性质、规模与荷载、结构特点、基础形式、埋置深度、地基允许变形资料等

续表

总包事项		详细说明
设计协同	协同分析	对结构不均匀性、非对称性导致的不良情况进行分析
	协助土方及边坡支护设计	协助设计单位开展土方及边坡支护设计与优化
	协助地基与基础设计优化	协助设计单位开展地基与基础设计与优化
	补充土方及边坡支护设计	对项目实施中可能发生的基坑超挖、支护变化进行设计与优化
	协助结构变更设计优化	协助设计单位对建筑结构变化涉及地质条件的影响进行评价，协助开展结构变更的设计与优化
	BIM信息服务	开展项目勘察相关的地理地质信息建模服务等
施工协同	基坑监测	对基坑岩土性状、支护结构变位和周围环境条件的变化，进行各种观察与分析，并将监测结果及时反馈，预测进一步施工后将导致的变形及状态发展,根据预测判定施工对周围环境造成影响程度等
	地基基础检测	对地基与基础相关的地基静载荷检测，基桩高、低应变法检测，锚杆试验，土钉试验，钻芯法检测等
	伸缩缝变形观测	项目建设阶段开始对建筑结构的伸缩缝变形情况的观测
	协助验收肥槽	在项目施工肥槽验收阶段提供的相关勘察服务
	建筑沉降观测	自项目建设阶段开始对建筑结构进行一定周期的沉降观测
管理协同	管理伴随服务	对建设单位实施的项目管理提供必要支撑与配合服务
	竣工验收	在项目竣工验收阶段提供相关勘察服务

8.2.3 建设各阶段勘察事项

项目勘察全过程主要分为以勘察咨询、初步勘察、详细勘察及围绕项目施工勘察服务几个阶段。总体来看，勘察咨询和初步勘察主要为项目选址、方案设计、初步设计提供必要条件，而详细勘察则建立在项目初步设计稳定情形上，旨在为细化施工图设计提供条件。在项目施工阶段，尤其是对土方及边坡支护、地基与基础工程的勘察尤为重要，旨在据此优化设计方案从而确保设计成果准确可靠。在后期建设实施中，勘察服务集中在建筑变形与沉降观测有关的地基基础、建筑结构验收等方面。招标文件应重点强化对上述事项的约定，界定好招标范围和建设管理关系。按照一般勘察工作时序，整理有关项目建设全过程各阶段勘察工作详见图8.2.1。

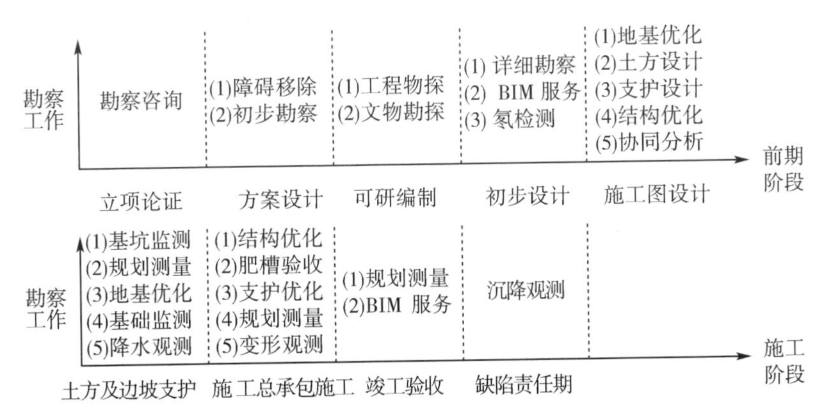

图8.2.1　工程勘察在项目建设全过程各阶段主要工作

8.2.4　建设项目勘察管理

（1）勘察进度管理。勘察服务进度计划编制的重点是如何确保为项目投资决策、设计、施工及项目管理提供支撑，保障各项工作具有充分的前置条件。因此，应尽快做好勘察准备，排除一切干扰因素，安排好勘察工作时序，合理确定工作周期等。在实践中，勘察进展越快越好，这是由于为确保投资决策可靠性，方案设计、初步设计及项目前期各类技术评价咨询均应尽可能前置到项目可研报告编制前，同时上述任务也高度依赖于勘察工作。

（2）勘察质量管理。可靠性和准确性是对勘察工作成果质量的基本要求，是确保成果科学性的前提。要充分结合项目性质和区域特点，有针对性地实施勘察，确保勘察范围全覆盖。勘察服务的总体质量依赖于精细化管理，由此才能确保其与各参建单位尤其是建设单位的密切配合。

（3）勘察造价管理。有关针对勘察的造价管理要求，一是以确保勘察成果质量，为项目后期与勘察提供稳定可靠的前置条件，保证后期工作科学、严谨。二是针对勘察成果显示的项目场地地质条件对项目投资造成的不良影响提出对策。三是勘察与各参建单位协作中从造价控制角度改善各参建单位工作，尤其是在限额设计方面。

8.2.5　勘察合同条件要点

（1）费用支付方案。在总承包模式下，勘察单位服务事项较多，也为项目全过程管理提供了大量的支撑服务。总体而言，费用支付方案应围绕管理协同展开，有关勘察阶段性事项与支付方案详见表8.2.2。

勘察阶段性服务事项与支付方案一览表 **表8.2.2**

支付比例	工作节点事项	形象进度
30%	勘察咨询、障碍移除、初步勘察等完成	勘察前期准备充分
50%	工程物探、文物勘探、氡检测、详细勘察等完成	勘察详细成果提交
60%	协助施工图设计、边坡支护设计、协同分析等完成	协助设计优化
70%	基坑监测、阶段性规划测量、降水观测、基础监测、结构优化、土方与支护优化等完成	土方及边坡支护、建筑结构正负零完成
80%	基础监测、变形观测、阶段性规划测量等完成	肥槽回填、结构封顶
90%	竣工验收、BIM成果、部分规划测量等完成	竣工验收完成
100%	勘察决算、沉降观测等完成	缺陷责任到期

（2）合同责权利约定。勘察单位应履行的义务、行使的权利及承担的责任是合同关键内容，有必要围绕勘察总承包内容和范围进行约定。在权利方面，勘察单位有了解与勘察工作相关的项目信息的权利。在义务方面，重点约定内容包括与各参建单位协作义务、与建设单位管理协同义务以及实施总承包管理的义务等。在责任方面，重在约定勘察准备不充分、成果质量问题、服务周期延误、管理不善及与建设单位协同乏力等方面的责任。

（3）合同管理的制度。鉴于项目对勘察服务高质量、高标准和精细化的要求，有必要针对项目勘察服务实施阶段性履约评价。由建设单位或其委托的项目管理咨询单位作为主体，重点针对勘察成果质量、与各单位协作水平、管理能力等方面进行评价，旨在充分促进履约水平，发挥勘察在建设项目中的支撑作用。

细化勘察服务管理、实施勘察总承包模式是确保项目建设高质量实施与管理的前提，是凸显勘察在建设项目中重要作用的具体做法。加强勘察管理要紧密依托于勘察与项目实施各项任务内在联系，谋划好相互间的协作时序，强化对各项勘察服务的技术要求，确保勘察服务的科学性与可靠性，要立足勘察技术支撑带动技术经济优化，通过合同手段加强对勘察单位的管控，建立履约评价机制，通过费用支付等经济手段激励绩效。只有通过对勘察服务实施卓有成效的管理，才能确保建设项目高质量推进。

8.3　设计招标文件

在建设项目中，设计管理是项目管理的重要组成部分，它不仅成为各项管理工作的前置条件，更是实施管理策略的重要渠道。科学实施设计管理将进一步提升管理效率，化解管理风险，有利于建设目标的实现。设计招标文件编审在秉持本章所述招标文件基本编审思想理念外，还应贯彻建设项目设计管理思路，包括设计总承包模式、多维界定设计范围、明确限额设计责任、协同管理配合服务等。在实践中，工程人员往往对设计文件编审缺乏足够的重视，盲目套用范本，未能将上述针对设计服务的管理理念融入编审过程，错失了通过合同手段对设计形成管理约束的良机，致使项目管理陷入被动。

8.3.1　商务部分编审要点

1.设计总承包模式

（1）设计阶段。项目设计服务一般依次分为概念设计、方案设计、初步设计、施工图设计、施工组织设计、深化设计等。概念设计作为最初阶段，是结合建筑功能需要与总体目标确立建筑外观与形式，这一阶段侧重总体理念与创意实现。方案设计是在已形成设计创意的基础上，完善建筑具体结构形式与外观，是侧重于建筑主要功能实现的阶段。初步设计是在具体方案的基础上，确立投资规模，谋求实现项目各类使用功能需求。而施工图设计将使项目具体造价得以确定，形成项目实体设计内容的阶段。施工组织设计及深化设计阶段，是以施工单位为主体，为项目施工组织建立依据的阶段。一般来说，中小型项目概念与方案设计合并开展。对于大型复杂建设项目，概念设计需要单独组织实施。

（2）房建项目设计范围。为全面、科学界定房建项目设计总承包范围，有必要从以下五方面界定：①空间方面：即项目红线范围内所有工程内容及红线周边随本项目同步实施的市政接驳工程等。②投资方面：即经批准

的初步设计概算范围内一切工程内容及其他各类投资主体另行投资的设备安装或接用工程等。③阶段方面：即项目设计必要的所有前置工作、方案设计、初步设计、施工图设计以及一体化设计、各类深化设计等，另外还包括其他设计单位组织实施但纳入总承包设计单位管理的内容等。④深度方面：即设计成果除应全面满足《建筑工程设计文件编制深度规定（2016年版）》要求外，还应具备工程量清单、招标控制价文件编制需要及能够交由施工总承包单位施工、实施施工安全与质量论证的需要。⑤服务方面，即设计单位应为建设单位或其委托的管理咨询机构提供基于专业化项目管理的各类伴随服务。

（3）设计总承包内容。设计总承包模式是指由一个设计主体牵头完成包括上述范围内的所有设计任务，允许其将上述范围部分内容以分包方式交由其他主体完成，但须由总承包设计主体承担总承包责任。以大型复杂公共服务类房建项目如医院为例，有关大型医院项目设计总承包五大类服务内容详见表8.3.1，即设计单位自行实施及分包内容A；设计必要前置服务内容B；关联经济与技术服务内容C；过程管理配合服务内容D；总承包管理服务内容E。

一般大型医院项目设计总承包服务内容一览表　　表8.3.1

<table>
<tr><th>类型</th><th>编号</th><th colspan="2">可包含的具体内容</th><th>实施模式</th></tr>
<tr><td rowspan="6">设计自施与分包</td><td>A1</td><td colspan="2">房屋建筑部分分部工程如建筑、结构、给水排水、防水、屋面、采暖、通风、空调、电气、院区小市政等项目批复范围内除A2～A6范围以外的各项工程内容</td><td>自行完成</td></tr>
<tr><td>A2</td><td>医疗项</td><td>医用气体、物流传输、净化、防护、实验室、标识导向等工程</td><td rowspan="3">自行分包</td></tr>
<tr><td>A3</td><td>一般非医疗项</td><td>土方开挖及边坡支护、室内装修、室外装修、锅炉及配套管线系统、电梯、绿化景观、交通一体化、污水处理排放、雨水收集利用、厨房、地下车库、医疗及餐厨垃圾收存及处理等工程</td></tr>
<tr><td>A4</td><td>特殊非医疗项</td><td>消防、弱电、太阳能利用系统、室外及楼体照明、报告厅及会议室内声学等工程</td></tr>
<tr><td>A5</td><td>永久市政接用工程</td><td>外电源、热力、燃气、自来水、雨污排水、中水、交通道口等工程</td><td rowspan="2">强制分包</td></tr>
<tr><td>A6</td><td>临时市政接用工程</td><td>临水、临电、临热和临气等工程</td></tr>
</table>

续表

类型	编号	可包含的具体内容	实施模式
必要前置工作	B	B1功能需求整理、B2方案设计、B3临电及外电源测绘、B4各类市政配套条件报装方案咨询等	自行完成或分包
关联经济与技术工作	C	C1方案设计估算、C2初步设计概算编制、C3工程量清单与招标控制价文件编制、C4设计变更预算编制、C5 BIM建模与实施等	自行完成或分包
项目管理配合服务	D	D1建设手续办理、D2招标采购相关技术文件及技术要求提供、D3投资分析及技术调整、D4现场技术协调及甲方管理工作配合等	自行配合
设计总承包管理服务	E	E1由招标人另行发包设计内容（如果有）的综合管理、E2表中A类由设计单位分包设计内容的综合管理、E3与项目密切相关的其他主体深化设计内容的综合管理以及E4中标材料设备供应商（含医疗材料设备）深化设计内容的综合管理等	自行管理

表8.3.1中，编号A1内容由一般房建项目主要分部分项工程组成，需由具有房屋建筑行业资质的总承包设计单位自行独立完成。为便于施工总承包招标顺利开展，编号A1内容应由总承包设计单位率先完成，并以工程量清单形式纳入施工总承包范围。编号A2～A6内容作为设计单位分包事项，总承包设计单位不得自行完成而需分包实施，具体包括编号A2即与医用直接密切相关的专业工程，以及编号A3、A4的非医疗内容专项。表中“一般非医疗专项”是指出于后期管理及详细设计需要而要求其分包的各类分部分项工程。表中“特殊非医疗专项”是指按现行计费办法可引入复杂程度系数计费的内容。编号A2～A4内容中“自行分包”要求总承包设计单位在组织自行分包期间，需针对分包内容组织不少于三家分包单位（含总承包设计单位自身）对应提出不少于三个设计方案（含总承包设计单位自身方案），在遵守限额设计原则的基础上，优选确定最佳分包单位及最佳方案。待建设单位确认并同意后，由总承包设计单位再行组织分包设计。编号A5、A6类内容需由总承包设计单位进行“强制分包”，所谓“强制分包”是指根据现行管理体制，鉴于公用市政设施资源归属于相关部门管理，总承包设计单位需将上述内容强制分包给经市政公用管理部门认可的专业设计单位完成。以某地区为例，对于公用市政工程，从范围边界看，外电源工程以“分界小室”作为产权界，自分界小室至红线外电力变电站应作为强制分包委托内容。热力工程以“换热站”作为产权界，将自换热站至红线外热力设施作为强制分包内容。燃气工程则其全部内容需作为强制分包委托。对于

雨水、污水、中水、自来水等公用市政工程，一般以临近红线的“管井阀门为”作为产权界等，将对应设计内容强制分包等。

编号B内容是在项目设计前需要完成的工作。由于该类内容与设计服务密切关联，故应纳入总承包设计服务范围，以便与设计工作有效衔接。在编号C内容中，考虑到项目经济文件编制与设计密切关联，故将项目各类经济工作纳入总承包设计范围，这将有利于限额设计及造价管理控制的顺利开展。需要指出的是，当总承包设计单位具备编号B、C事项相应资质时，可自行完成相关工作，当不具备资质时，需将事项分包给具备相应资格条件的实施主体。编号D内容是指总承包设计单位围绕项目手续办理、招标合约、投资、现场等过程管理以及进度、质量、安全、风险等要素管理而向建设单位或项目管理咨询机构提供的配合服务。总承包设计单位须及时响应管理要求，履行项目设计管理相关制度，实现与专业化项目管理的无缝对接。编号E内容是指由总承包设计单位针对建设单位发包的其他设计内容（如果有），以及各类分包设计内容实施协调管理服务，作为自行管理过程应主要包括统筹、签章、确认、论证、监督及协调等。

出于管理需要，某些专业工程可采用设计施工一体化模式，或根据标的性质，由专业承包人结合其产品特性深化设计。有必要将这类工程内容纳入总承包设计单位配合服务范围，即便总承包设计单位具备相关设计资质，但该类设计内容可能排除在总承包设计单位自行设计范围之外，总承包设计单位应在专业承包人开展深化设计前提出设计方案或基础性要求，便于专业承包人在遵从总体设计方案与要求的基础上开展深化设计，最终总承包设计单位应对专业承包人的深化设计成果组织必要的审查与确认。在房建项目现场施工开始前进行的必要零星准备工作，如地形整理、临时围墙工程等也应尽量要求总承包设计单位配合开展设计服务，当然也可视工程进展将此内容对应的设计、施工一并纳入施工总承包范围。有关一般房建项目总承包设计单位的自行设计、分包委托以及配合服务范围详见表8.3.2。

一般房建项目常见设计范围与内容一览表 **表8.3.2**

总承包设计单位自行设计范围		自行分包范围	设计配合范围	中标厂商或专业承包单位深化设计一般范围
土方及边坡支护、地基与基础	地基处理、桩基、地下防水、混凝土基础、砌体基础、钢筋混凝土结构等	土方及边坡支护工程	土方及边坡支护工程	土方及边坡支护工程、地基与基础工程施工组织设计
主体结构	混凝土结构、钢筋混凝土结构、砌体结构、木结构、索膜结构等	网架（轻型钢结构）	网架（轻型钢结构）	主体结构施工组织设计
建筑装饰装修、幕墙	地面、抹灰、门窗、吊顶、轻质隔墙、饰面板、幕墙、涂饰、裱糊与软包、细部等建筑装饰装修或初步设计，幕墙工程初步设计	装饰装修或精装修、门窗、幕墙工程	装饰装修工程、幕墙工程	建筑装饰装修、幕墙施工图设计、施工组织设计
建筑屋面	卷材防水屋面、涂料防水屋面、刚性防水屋面、瓦屋面、隔热屋面等	无	无	建筑屋面施工组织设计
建筑给水、排水及采暖	室内给水系统（含消防工程）、室内排水系统、室内热水供应系统、卫生器具安装、室内采暖系统、室内供热管网、中水系统、锅炉及辅助设备安装等	无	无	室内给水系统（含消防工程）、室内排水系统、室内热水供应系统、卫生器具安装、室内采暖系统、室内供热管网、中水系统、锅炉及辅助设备的安装施工及材料设备产品深化设计
建筑电气	室外电气、变配电室、供电干线、电气动力、电气照明安装、备用和不间断电源、防雷及接地安装等或照明工程初步设计	照明工程	照明工程	建筑电气安装施工组织设计及材料与设备深化设计
建筑智能化	办公自动化系统、建筑设备监控系统、火灾报警及消防联动系统、安全防范系统、综合布线系统、智能化集成系统、电源与接地等初步设计	建筑智能部分子系统	建筑智能部分子系统	建筑智能化工程施工组织设计及材料与设备、系统实施的厂商深化设计

续表

总承包设计单位自行设计范围		自行分包范围	设计配合范围	中标厂商或专业承包单位深化设计一般范围
通风与空调	送排风系统、防排烟系统、除尘系统、空调风系统、净化空调系统、制冷设备系统、空调水系统等	无	无	通风与空调安装施工组织设计及材料、设备产品深化设计
电梯	电力驱动曳引式或强制式电梯安装、液压电梯安装、自动扶梯、自动人行道安装等或电梯工程初步设计	电梯工程	无	电梯设备安装工程施工组织设计及设备产品深化设计
附属建筑	车棚、围墙、大门、门房、垃圾收集（处理）站、挡土墙等	无	无	附属建筑施工组织设计
红线内市政工程	室外给水系统、室外排水系统（雨水、污水、中水）、室外供热系统、室外供电系统、室外照明系统、室外道路系统（含交通工程）等或上述工程初步设计	红线内市政工程	部分红线内市政工程	室外市政工程施工组织设计及材料设备产品深化设计
绿化景观工程	建筑小品、亭台、雕塑、连廊、花坛、草坪、屋顶花园、喷泉、景观广场、雾气、喷、灌溉系统等绿化景观或上述工程初步设计	部分绿化景观工程	部分绿化景观工程深化设计	绿化景观工程深化设计及部分绿化景观工程深化设计
其他工程	雨水虹吸系统工程、太阳能系统、室外标识系统、地（水）源热泵系统等或上述工程初步设计	雨水虹吸系统工程、太阳能系统、室外标识系统、地（水）源热泵系统等	雨水虹吸系统工程、太阳能系统、室外标识系统、地(水)源热泵系统等	雨水虹吸（收集）系统工程、太阳能系统工程、室外标识系统、地（水）源热泵系统等施工组织设计及相关设备产品深化设计

2.设计协同管理配合服务

建设单位及其委托的项目管理咨询机构开展的管理主要围绕建设三维度领域展开。实践表明，设计服务在项目管理过程中发挥着举足轻重的作用。总承包设计单位服务确保按照建设单位或其委托的项目管理咨询机构要求，与项目

管理实现无缝对接，应提供各类设计管理伴随服务，有效满足项目管理需求。有关设计管理伴随服务内容详见表8.3.3。

设计管理伴随服务事项内容一览表 **表8.3.3**

类型		管理伴随服务事项
项目前期手续办理	投资等行政许可审批手续办理	（1）配合可研报告编制，提供设计方案，配合可研报告评审； （2）编制初步设计概算，配合初步设计概算申报、评审等； （3）协助申报政府投资等； （4）配合竣工图编制、工程决算编制、申报及评审等； （5）协助编制交通影响评价报告； （6）协助编制环境影响评价报告、行业专项影响评价报告； （7）协助编制水评价报告和地震安全评价； （8）协助配合文物行政许可手续办理
	项目外市政报装	（1）委托相关外市政报装所需测量、测绘、探测等工作单位，并提交相关成果； （2）测算提供项目各类外市政条件负荷需求量； （3）委托外市政报装方案编制咨询单位，提交外市政报装咨询方案； （4）委托外市政工程设计，提交外市政工程设计成果
	规划手续办理	（1）编制设计方案，配合设计方案申报、审查等； （2）编制人防、园林、消防相关设计成果，配合相关主管部门申报、审查等，配合办理《建设工程规划许可证》； （3）委托规划测绘单位、提交测绘报告及拨地成果、委托规划灰线验线单位，协助规划验收手续办理
招标合约管理	施工招标前期阶段配合	（1）设计总体成果及专业设计成果提交的计划； （2）提交满足施工工程量清单编制深度要求的施工图设计成果； （3）协助确定施工总承包招标范围、协助确定暂估价专业工程与施工总承包范围界面划分； （4）协助确定暂估价内容及金额
	招标文件编制与发售阶段配合	（1）协助编制招标文件中关于施工技术标准与要求有关内容； （2）参加招标文件审核与论证会议； （3）协助开展投标答疑，组织开展招标所需设计成果的修改与完善； （4）按照招标活动进度组织提交招标所需设计成果
	合同管理	（1）协助审核合同缔约过程中有关技术性的文件； （2）参与有关合同签订事项的评审会或技术论证会

续表

类型		管理件随服务事项
造价控制	施工招标阶段	（1）编制各项施工招标（含总承包、分包和平行包）工程量清单及招标控制价； （2）组织初步设计概算与招标控制价的对比分析； （3）优化调整设计成果以满足造价控制需要； （4）组织落实限额设计要求
	现场施工阶段	（1）提出设计变更估算，组织设计变更优化，组织技术经济论证； （2）协助申报项目投资计划； （3）协助开展施工图纸所对应工程造价的周期计量； （4）提供招标阶段及施工阶段设计成果的投资与初步设计概算差异进行对比分析； （5）为行政主管部门实施的行政检查提供必要协助； （6）协助开展设计变更管理
现场管理	现场日常管理	（1）派驻场代表（不少于2名），协调解决施工现场有关事项； （2）协助组织开展设计交底及图纸会审； （3）参与论证现场实施过程中发生的变更、洽商工作； （4）协助开展竣工图编制工作； （5）参与施工组织设计审查与确认； （6）协助开展工程竣工验收及工程移交； （7）专业工程深化设计审查、确认及材料设备深化设计； （8）协助开展工程涉及安全、质量、进度、风险等管理方面的设计论证； （9）协助开展施工工艺、施工技术方案论证； （10）配合开展缺陷责任期服务； （11）配合各项行政主管部门对工程现场组织的检查与整改工作； （12）协助开展重要材料、设备考察与评价； （13）配合工程实施过程中各类专业工程、特种设备、材料等的检测、监测、见证和认质验收
	档案管理	（1）满足全过程管理对设计服务各阶段成果的要求； （2）组织开展设计成果版本控制； （3）满足项目管理针对设计成果在形式或格式上的要求； （4）按全过程管理要求组织履行设计成果的签章手续； （5）安排设计档案管理专项人员与建设单位及其委托的项目管理单位对接； （6）按全过程管理要求补充、修改完善设计成果； （7）按全过程管理要求提交设计优化论证成果、设计协调会议记录性文件、专家评审意见等； （8）按全过程管理，按数量、进度、质量、保密等要求提交设计成果

基于过程及要素管理过程，向总承包设计单位提出的配合服务要求可理解为是对设计总承包模式的补充，是总承包设计单位结合项目实际，有针对性地向建设单位实施总承包管理与配合服务的主要内容。设计总承包管理的开展，使项目设计服务与实施有效衔接，充分发挥设计服务在建设项目实施中的重要作用。

3.总承包设计费用计取

在设计总承包模式下，设计费计取应综合考虑上述五类内容。参照类似建设工程量清单方式对设计服务内容分解并逐项计费。设计费用在招标阶段产生，由设计投标人按上述方法逐项报价后，进一步汇总形成总报价。一般来说，对设计费进行实际支付时，需逐项据实调整后结算。有关一般房建项目总承包设计费报价详见表8.3.4。

针对编号A类内容，相应各项费用应按投标人企业标准自行考虑。投标人自行估算各类设计内容对应的建安工程费与设备及工器具购置费。其中，对于A1内容，对应设计费可按最终建安工程费与设备及工器具购置费结算金额调整。对于A2～A4的设计分包内容，应从总承包设计费转出，各分包设计费应通过总承包设计单位向分包单位支付。考虑到总承包设计单位对分包单位实施管理，则要求总承包设计单位以分包设计费为基数计取管理费（例如不高于分包设计费基数15%）。为确保计取合理性，招标人须给出分包管理费率控制上限，但原则上分包投标设计费及管理费率在结算时不再调整。对于A5、A6内容，在设计招标阶段，由于尚未完成方案设计、公用市政方案咨询及报装咨询任务，因此可由投标人结合其自身经验（按相似工程或同期指标估算）估算报价。为确保报价合理性，须由建设单位给出设计费控制下限。同样，作为分包内容，设计费应由总承包设计单位转出支付给分包单位，并以分包设计费基数计取管理费。同样建设单位须给出分包设计管理费率控制上限，例如不高于分包设计费基数10%。与A2～A4项不同，分包设计费应据实调整，但原则上投标管理费率不再调整。而总承包设计单位最终计取的管理费将随着分包设计费最终结算金额调整。

针对编号B类内容,在招标阶段，由投标人应对各类内容自行单独列项报价，招标人可给出该部分内容设计费控制下限，各分项报价均纳入总报价。其中B2、B3内容由投标人按相似项目指标等自行估算填报。B1项费用不再调整，B2、B3据实调整。

一般房建项目总承包设计费报价方式一览表

表8.3.4

类型	编号	设计费投标报价说明	设计费组成与分项报价					列项要求	结算调整情况
			投资估算	总承包设计费	分包费转出额	分包管理费率	分包管理费		
基本设计费	A1	以对应建安工程费与设备及工器具购置费累计总额为基数计算基价，仅考虑专业系数与复杂系数	自行估算	自行计算				整项列项	费率不调整
	A2	以对应医疗项建安工程费与设备及工器具购置费总额为基数，每项单独计算收费基价，仅考虑专业系数与复杂系数	自行估算		自行计算填报	≤分包设计费总额15%	自行计算填报	分项单独列项	各项设计费均不调整
	A3	以对应一般非医疗项建安工程费与设备及工器具购置费总额为基数计算收费基价，仅考虑专业系数与复杂系数	自行估算		自行计算填报	≤分包设计费总额15%	自行计算填报	分项单独列项	各项设计费均不调整
	A4	以对应特殊非医疗项建安工程费与设备及工器具购置费总额为基数，每项单独计算收费基价，除考虑专业系数与复杂系数外，可考虑附加系数	自行估算		自行计算填报	≤分包设计费总额15%	自行计算填报	分项单独列项	各项设计费均不调整
	A5 A6	招标人给出该部分各项内容设计控制金额下限，投标人在此基础上按相似工程或历史项目指标进行估算填报，该费用纳入总报价	自行估算		A5、A6控制下限	≤分包设计费总额10%	自行计算填报	分项单独列项	分包设计费据实调整，分包设计管理费率不调整
其他设计费	B	各类内容自行单独列项报价，招标人给出该部分内容设计费控制下限，投标人在此基础上单独列项报价且纳入总报价；其中B2、B3内容由投标人按相似工程或以历史项目指标值自行估算填报		B1、B2、B3控制下限				按编号分项单独列项	B1项费用不调整；B2、B3项据实调整

续表

类型	编号	设计费投标报价说明	设计费组成与分项报价					列项要求	结算调整情况
			投资估算	总承包设计费	分包费转出额	分包管理费率	分包管理费		
其他设计费	C	编号C1内容，招标人给出设计费控制下限，纳入投标总报价；编号C2内容列项填报费率，由招标人给出费率控制上限，中标后费率不调整（该类费用最终由施工中标单位支付）；编号C3内容，须纳入总报价。编号C4 内容，招标人给出控制金额下限，并纳入投标总报价		C1、C4控制下限；C2项控制上限为工程标的额0.15%				按编号分项单独列项	各项费用均不调整
	D	D项中以编号A1至A6内容设计费累计总额即基本设计费总额为基数计算。投标人以此为整项填报协调配合费费率并纳入总报价		费率控制上限（不得高于基本设计费总额的5%）				整体列项	费率不调整
	E	编号E1内容，以招标人发包设计费为基数计取综合管理费，招标人给出费率控制性上限；编号E2内容，以表中A类分包设计费额为基础填报综合管理费费率；编号E3内容，整项填报综合管理费总额，招标人给出控制上限		E1项控制上限（为招标人发包设计费总额10%）；E2项设计管理费要求详见编号A内容；E3项控制上限				按编号分项单独列项	各项费率及E3整项费用不调整
总设计费基价=基本设计费+其他设计费			为表格第四列中以下各编号对应分项最终报价算数和，即A1+A2+A3+A4+A5+A6+B1+B2+B3+C1+C2+C3+C4+D+E1+E3（自行计算）						
设计费最终投标总报价			总设计费基价×浮动幅度值（其中浮动幅度值为 自行填报 ）						

对于编号C类内容，其中C1、C4内容由建设单位给出设计费控制下限。C2、C3内容则由投标人列项填报费率，招标人给出费率控制上限。上述内容均需纳入投标总报价，其中C1、C4项费用不作调整，C2、C3项费率不作调整。对于编号D类内容，以A1～A6内容设计费累计总额为基数计算。投标人整项填报配合费费率，招标人给出费率控制上限（例如不高于基本设计费总额5%），费用纳入总报价，结算时费率不作调整。对于编号E类内容，E1内容应以建设单位自行发包设计费为基数计取综合管理费，招标人给出费率控制上限（如建设单位发包设计费总额为基数的10%）。E2内容应以表中A类分包设计费额为基础填报综合管理费费率。E3内容应以整项填报综合管理费总额，招标人给出控制上限。结算时，编号E类中各项费率及E3整项费用不再调整。总承包设计收费基价为上述各类费用的算数和，其最终总承包设计费总报价为"总设计费基价×浮动幅度值"。

4.设计团队人员要求

优质的服务源于优秀的团队，设计招标的核心任务之一就是优选团队人员。对于团队的考量主要围绕总体服务能力，而对于人员的考量集中在团队负责人及专业人员能力上。有关一般房建项目设计团队人员要求范例详见表8.3.5。

5.限额设计编审要求

基于造价控制的编审思想是指将造价控制策略要求纳入文件编审过程，包括：要求设计单位参与初步设计概算及施工总承包招标经济文件编制，协助开展暂估价招标经济文件审查，开展初步设计概算与招标控制价的对比分析等。限额设计作为项目投资管理与造价控制核心，应将限额设计要求纳入合同条件，详见表8.3.6。应重点约定限额设计的违约责任，包括将限额设计经济赔偿纳入履约担保，探索由设计原因导致超出经批准的初步设计概算的情形，包括由其承担超出批复投资额度一定比例的经济赔偿责任，将限额执行情况纳入履约评价及追偿范围等。在投标须知中，应要求设计单位提交经济服务及限额设计方案等，并针对限额设计实现做出承诺等。

一般房建项目设计团队人员要求范例一览表 表8.3.5

人员类型	设计岗位	学历与专业要求	职称	资格或经验	最低从业年限要求	岗位基本要求	最低岗位人数要求
设计工作人员	总设计负责人	本科及以上	高级	注册建筑师（一级）	15年	承担过类似项目设计工作，并具有作为项目总负责人业绩	1人
	各专业负责人	本科及以上	中级及以上	具备相关执业资格	10年	承担过类似项目设计工作，并作为专业负责人业绩	6～10人
	各专业工程师	大专及以上	初级及以上	类似项目经验	5年	承担过类似项目设计工作	10～20人
	综合协调与联络工程师	本科及以上	中级及以上		8年	曾从事过不少于两项专业设计工作	2人
	驻场代表	本科及以上	中级及以上		8年	具有现场设计处置经验	3～5人
	BIM工程师	本科及以上	中级及以上	具备BIM相关产品认证或同等设计能力证明	2年	具有BIM设计工作业绩	2人
设计管理与服务人员	配合手续办理协调工程师	本科及以上	中级及以上	类似项目经验	无	具备相关工作经验	1人
	配合暂估价招标协调工程师	本科及以上	中级及以上		无	具备相关工作经验	1人
	技术经济管理工程师	本科及以上	中级及以上		无	具备相关工作经验	1人
	设计成果管理工程师	本科及以上	中级及以上		无	具备相关工作经验	1人
	深化设计协调工程师	本科及以上	中级及以上		无	具备相关工作经验	1人

建设项目限额设计一般要求一览表 **表8.3.6**

序号	主要要求
1	提出完整、翔实且科学合理的限额设计目标及方案，并报建设单位确认；结合项目进展情况，对目标及方案实施动态调整
2	服从建设单位对于本项目投资管理与造价控制要求，同时还应兼顾本项目全过程、全要素管理需要
3	不得因限额设计工作影响各参建单位正常管理工作或服务开展，不得对项目管理实施及项目建设过程造成负面影响
4	安排具有技术、经济等综合能力的专门服务人员组织开展限额设计，工程人员具有积极的态度、良好的服务能力，须定期汇报工作进展情况；未经许可不得随意撤走、调换限额设计专门服务人员
5	建立、健全限额设计工作制度，全面实行限额设计责任制，建立责任体系；确保建立内部限额设计工作监管、评价以及审核机制。按需组织召开限额设计论证会议或例会；确保采取科学合理工作手段与方法
6	就限额设计重点、难点问题及时向建设单位汇报，自行组织论证，提出解决办法或应对措施，不对工程实施造成任何影响
7	当建设单位提出调整或修改功能需求或对设计内容提出调整意见时，设计单位应全面考量限额设计可行性，总体优化设计成果，平衡调剂使用资金限额，调整限额设计目标，确保不突破限额设计目标值，满足建设单位要求，确保工程顺利进行
8	应考虑工程管理以及后期实施风险，限额过程应留有余地，努力确保工程结算金额不突破限额设计目标
9	应对其自行分包内容、施工组织设计及施工单位深化设计内容，或由建设单位委托设计的一并纳入其承包管理的内容，贯彻限额设计原则，提出或传递限额设计要求，监督限额设计实现
10	对于政府投资项目，限额设计应满足经批准初步设计概算要求，保障经批准的初步设计概算的顺利执行与实现，满足行政主管部门关于项目投资管控要求
11	对设计内容的正确性、准确性以及完整性负责，不得因自身失误而随意调整限额设计目标
12	深入了解材料、设备等市场价格情况，限额设计过程须充分考虑结合市场价格因素及走势
13	审查施工招标文件中有关技术标准与要求内容，并将此连同限额设计内容一并统筹考虑

6.招标文件其他编审要点

（1）设计费用支付方案。

关于费用支付，一方面要兼顾工作量，另一方面也要着眼于积极性调动。总体来看，应确保费用支付在服务周期内均衡，支付时点选择上应考虑以下方面：①以设计成果的阶段性提交作为支付时点；②将项目实施里程碑节点作为支付时点；③从全过程管理配合服务角度确定支付时点。基于上述内容确定支付时点有利于对设计服务的管控，确保费用支付与合同条件中设计责权利、履约评价及违约追偿相互关联。有关一般房建项目设计费支付范例详见表8.3.7。

一般房建项目设计费支付方案范例一览表　　　　表8.3.7

支付次数	支付时点	支付比例
第一次付费	合同生效后，建设单位账户政府投资资金到账后7个工作日内	10%
第二次付费	初步设计方案及初步设计概算通过审批，并按要求将设计成果提交给建设单位后7个工作日内	15%
第三次付费	办理完成建设工程规划许可，施工图通过强审，并按要求将设计成果提交给建设单位后7个工作日内	10%
第四次付费	施工总承包招标完成、施工总承包图纸交底工作完成及二次重计量全部完成后7个工作日内	10%
第五次付费	主体结构封顶后7个工作日内	10%
第六次付费	设计单位自施分包对应的暂估价招标全部完成，对应图纸交底完成后7个工作日内	15%
第七次付费	设计单位强制分包对应的暂估价招标全部完成，对应图纸交底工作完成后7个工作日内	10%
第八次付费	项目竣工验收合格，项目全部结算完成后7个工作日内	15%
第九次付费	全部行政检查结束，项目取得决算批复后7个工作日内	5%

（2）设计单位履约评价。履约评价是设计管理的重要措施，是以设计合同为依据对设计单位实施的一系列评价过程，是对设计单位违约追偿的必要手段。评价要点包括设计单位责任、权利及义务履行、管理要求落实以及配合服务实现等。评价周期应与费用支付周期保持一致，评价方法可采用综合评价法，评价要素设置应包括主、客观两方面，具体内容详见本书第9章。

8.3.2　技术部分编审要点

设计任务书是在项目设计委托阶段，由招标人提出的有关描述设计要求的文档，是设计招标文件中重要技术组成内容，也是衡量项目设计成效的基准，展现项目设计尤其是技术层面工作，充分体现出项目全过程管理思想。设计任务书编审是一项专业工作，要求工程人员具备较强的综合能力与技术水平。项目情况各异，任务书编审虽在深度、范围、质量等方面没有统一标准，但在编审思路方法上却有很强的规律性。只有秉持核心编审思想，充分抓住编审要点，才能确保项目设计服务的高质量。

1.任务书编审总体要求

为确保设计任务书编制取得良好效果，编审应遵从项目管理总体要求，并从编制深度、内容、水平及管理要求四方面予以考虑。

（1）编审深度。所谓深度是指任务书内容与项目契合的程度。需要指出的是，有关设计服务深度并没有既定标准，但任务书须引导设计单位解决项目重点、难点问题，采用科学设计方法提供有价值的服务。应面向各方面设计过程提出精细化管理要求。要对设计服务不彻底性和风险做出充分估计，对项目管理局面把控有充分的考虑，展现出引导设计提供科学服务并与建设单位保持协同的取向。

（2）编审内容。主要是对设计服务内容及范围提出要求。包括设计总承包模式、总承包范围内设计关联服务内容。强调设计全面性、完整性和系统性，包括项目前期必要事项、相关技术经济事项、项目管理协同事项、设计总承包范围内自行实施事项、委托分包、深化设计、需设计单位实施总承包管理内容以及设计成果等提出详细要求。

（3）编审水平。所谓编审水平是指编制的专业性，凸显设计服务在项目建设与管理中的价值与作用，强调设计与项目各项工作的衔接。突出专项设计标准化，侧重设计服务与项目管理协同，引导展现设计服务特色，确保设计方法有效性与成果的高质量。通过限额设计使得项目技术、经济管理有效融合，全面实现投资论证目标。突出设计重点、难点问题对策科学性，强化必要设计措施及论证等。强调相似项目做法，确保设计管理提质增效。

（4）管理要求。所谓项目管理要求是指在任务书中有关设计单位提供的与建设单位及项目管理咨询机构密切协同的服务要求，要求设计单位积极释放自身能动性和潜能。在任务中，重点强调设计单位在项目实施与管理中的责任，突出发挥设计效能，彰显技术因素对项目管理作用。强调以项目管理和建设目标为导向的设计服务，突出设计单位与各参建单位配合及有效衔接，确保设计过程合法合规，发挥设计服务对后期施工的前瞻性参照作用。

2.任务书编审条件

设计任务书编制要求决定了其对前置条件的依赖。总体而言，设计前置条件越充分、越成熟，则设计服务及成果编制质量越高。同样，工程人员只有充分了解项目已具备的设计条件，才能更好地将编审过程实际需要充分结合。有关一般房建项目设计任务书编制前置条件详见表8.3.8。

一般房建项目设计任务书编制前置条件一览表　　表8.3.8

前置条件与依据	具体说明
法律法规与政策	设计需要遵循的法律法规及政策性文件
设计标准与规范	设计需要遵循的设计标准与规范性文件
项目上位规划	设计需要遵循的上位专业规划、行业规划或区域规划
项目用地与规划	项目规划意见、用地预审、用地规划等行政许可要求
外市政条件	项目红线外市政接驳的现状情况与条件
项目测绘成果	项目前期测绘成果
项目勘察成果	项目前期勘察成果
项目技术评价	项目各类技术评估评价咨询成果
项目立项报告	项目建议书以及可行性研究报告
项目行政调度	项目行政主管部门调度指令文件
项目概念方案	项目概念性设计成果
项目管理规划	专业项目管理咨询机构编制的项目全过程管理规划文件
项目功能需求	建设单位组织提出的项目各类使用功能需求
项目市场数据	项目有关市场交易环境的分析数据

3.任务书内容框架

为使项目设计科学有效地开展，任务书必要内容不可或缺。通过对必要内容的描述，确保设计服务得以有效引导，项目管理目标顺利实现。结合任务书编制总要求及设计所需的必要前置条件，从项目全过程管理视角梳理总结一般房建项目设计任务书的必要内容，详见表8.3.9。

一般房建项目设计任务书必要内容一览表　　表8.3.9

必要内容	具体说明
项目情况与条件	项目有关设计前期一切必要性材料简要说明及影响设计的核心指标、数据内容等
项目管理要求	项目管理规划中有关项目管理原则、目标以及重要策划内容与管理要求，尤其是与设计密切相关的管理进度、质量、投资要求等
设计目标与原则	针对设计管理的目标与总体管理要求、有关概念性设计的基本思想理念、有关项目使用功能及最终效果的描述等
项目功能需求	有关项目总体功能需求、主体功能需求和专业功能需求，对于复杂工艺建设项目，提供有关多级使用功能需求与流程说明等
技术经济要求	价值工程理念、限额设计、设计优化论证及有关经济方面任务要求等

续表

必要内容	具体说明
项目管理伴随服务	设计单位围绕建设单位及其委托的项目管理咨询机构开展的全过程项目管理保持协同，相关支撑服务及管理伴随服务等
设计成果要求	设计成果所需考虑的为建设单位管理协同及项目实施需要提供的支撑服务要求等
设计工具与要求	对设计提供服务、开展必要管理的工具、沟通效率要求等

4.任务书编审主要问题

（1）编审主体与组织。设计任务书一般是由建设单位委托的投资咨询机构或项目管理机构编制，建设单位需对上述单位编制的设计任务书予以最终确认。任务书编制因项目情况不同而有所差异，一般来说，投资咨询机构对项目使用功能及项目前期信息了解全面，其作为主要编制主体有利于在任务书中明确需要设计单位配合的前期事项，便于对咨询成果详细描述与交底。对于大型项目而言，项目概念设计单位凭借其项目方案理念、方向及功能需求的理解，同样可以作为编制单位，可会同投资咨询机构共同编制任务书。此时，项目管理咨询机构将结合管理要求对任务书内容从管理角度予以补充。

（2）编审的基础文本。对于大型项目而言，针对设计管理的部署越详尽、内容越全面，则越有利于设计开展。由于同一专业类型项目设计管理及服务本身具有相似性，不同项目设计任务书具有可借鉴性。因此积累形成任务书示范文本十分重要，以范本为基础编制将有效提升编制效率与质量。在任务书内容框架中，技术经济、管理伴随、设计成果、项目管理要求等均可作为范本中的通用性内容。不同项目需对项目情况与基本条件、功能需求、设计目标结合定制，范本则通过不同项目积累完善。

（3）任务书内容优化。工程人员应强化针对复杂或体量较大项目设计任务书编制。由于任务书对贯穿于建设周期始终的设计服务具有较强的引导和约束作用，因此要重点确保任务书内容前瞻性和设计方法科学性。要重点围绕设计服务和质量不彻底性对项目建设影响做出评估。

设计总承包模式、限额设计及设计配合服务要求等均是设计管理的关键内容，是项目管理策划的重要组成部分，对项目实施产生重要影响。工程人员应抓住设计管理本质，以招标为契机，将上述核心管理思想和方法纳入设计合同条件，开创有利于建设管理的局面。

8.4 监理招标文件

在项目管理模式下，监理单位接受项目管理咨询机构管理，并与其协同为建设单位提供管理服务，项目管理咨询机构通过监理单位实现施工管理。鉴于监理单位在全过程项目管理中发挥的重要作用，项目管理咨询机构应重视对监理单位的管控。充分利用好招标环节，将对监理单位的管理要求纳入招标文件，确保招标过程中监理单位对管理要求的充分响应以及对管理伴随服务做出承诺。项目管理咨询机构从对监理单位系统化管理出发，科学开展监理招标文件编审，并分别在投标须知、合同条件及评标方法等重要方面部署针对监理单位的管理要求，力求对监理单位形成卓有成效的约束力。

8.4.1 监理管控的基本思路

项目管理咨询机构实现对监理单位的管控核心就是要着力构建“监管协同体系”。所谓“监管协同”是指监理单位以满足项目管理咨询机构管理要求为出发点，为项目管理咨询机构提供全过程管理的一系列伴随服务。针对监理单位的管控内容包括围绕项目建设目标以及管理咨询机构管理策划建立健全项目管理制度。划清监理单位与项目管理咨询机构的服务界面，确定各自明确的分工与责任。明确监理单位对施工的监管权力，将各类施工事项分类并纳入监理服务范围。全面实施监理总包模式，由监理单位牵头围绕全过程项目管理组建由各参建单位人员共同构建参与的协同群组等。在实践中，监管协同及群组模式有效推动了项目实施进程，通过精细化构建合同体系，围绕全过程项目管理要求补充监理单位责任、权利与义务，周期性地对其实施履约评价，将大大提升针对监理单位的管控效果。

8.4.2 监理招标文件编审要点

监理招标文件编审是针对监理单位实施管控的入手点。编审过程实质上是将监理管控思路纳入招标文件，从而形成对监理单位的合约约束力，为有效管控监理行为奠定基础。

1.监管协同与群组模式

监管协同模式是项目管理咨询机构基于监理单位协助，针对项目实施管理的过程，并通过监理单位对施工环节实现有效监管。该模式充分利用监理单位服务成效及相关服务成果提升项目管理效能，尤其是充分发挥了监理单位对施工环节监督主导作用。监理单位对建设单位管理的协同应从三维度管理出发，挖掘监理单位提供的管理伴随服务成为构建监管协同模式的根本。此外，从项目过程、要素管理维度入手，由项目管理咨询机构牵头、监理单位组织形成由各参建单位共同参与的协同工作群组，打造各参建单位间直接协调沟通的渠道，为项目管理咨询机构及监理单位协同发挥主导作用。在监理招标文件编审中，应将上述要点纳入合同条件中有关监理单位的义务。管理协同群组一般分为：招采合约管理组、认质认价组、计量支付管理组、设计管理组（变更管理小组）、质量管理组、安全管理组、验收管理组等。

2.推行监理总包模式

所谓“监理总包”是指将项目中包含的非主体、非关键或非本专业施工内容一并纳入监理服务范围的做法，由一家单位负责整个项目所有工程内容的监理工作。针对超出监理资质范围的内容，由监理单位自行分包，需从服务内容、阶段、深度等多视角界定总包监理范围。就房建项目而言，具体范围包括：①法律、法规规定的监理范围与服务内容；②项目涉及各类公用市政工程施工内容；③为建设单位及其委托的项目管理咨询机构提供过程、要素管理的伴随服务内容；④项目颁布的各类管理制度内容；⑤在建设单位及其委托的项目管理咨询机构安排下实施的必要沟通、协调内容；⑥服务时段自签订合同之日起至工程缺陷服务期结束，包括项目开工前准备、竣工验收及缺陷责任期阶段监理内容；⑦建设单位及其委托的项目管理咨询机构临时交办的其他事项等。在监理招标文件编审过程中，上述内容应在监理招标范围及履约义务中载明。

3.履约评价与支付关联

履约评价是依照合同内容由合同主体一方对另一方履约情况的评价，作为对主体履约状况考量的方式，是合约管理最直接的手段之一。针对监理单位的履约评价应从项目管理策划出发，评价要素选定应依据监理合同条件，侧重对管理伴随及服务效果的考察，关注项目管理制度落实执行情况。有必要将评价结果与费用支付相关联，采用经济手段制约监理行为。评价周期应与费用支付周期一致，并在费用支付时点前组织，通过评价梳理监理单位违约事项。将履约评价作为合同条件中建设单位有关权利予以载明，将以此为基础制定具体的评价方案作为合同附件。

4.团队配置与最低条件

监理单位服务成效与能力水平依靠其团队实现，团队合理配置及人员能力十分重要。一般来说，团队能力水平通过人员专业配置及对相关资格要求确立，因此有必要在招标中提出团队配置及人员资格限定条件。配置方案与资格条件应依据总包管理实施程度及其对项目管理咨询机构协同伴随服务提出。以某房建项目为例，有关项目监理团队配置与人员最低资格条件范例详见表8.4.1。

某房建项目监理团队配置与人员资格条件范例一览表　　　　表8.4.1

监理岗位	职称	执业（职业）资格	最低从业年限要求	岗位基本要求	最低岗位人数要求
总监理工程师	高级	监理工程师	10年	监理过类似项目	1人
建设手续协调	中级	投资咨询工程师	5年	丰富手续办理经验	1人
招标合约管理与协调	中级	造价工程师或招标师	5年	合同管理相关经验	2人
造价管理与协调	中级	造价工程师	5年	丰富造价管理经验	6人
设计管理与协调	中级	监理工程师	5年	丰富设计管理经验	1人
进度管理与协调	中级	监理培训证	5年	承担过类似项目工作	1人
安全管理与协调	中级	监理培训证和安全工程师	5年	丰富安全管理经验	2人
质量管理与协调	中级	注册监理工程师	5年	丰富质量管理经验	1人
文明施工管理	中级	监理培训证	5年	承担过类似项目工作	1人
建筑结构管理	中级	监理工程师	5年		6人
市政工程管理	中级	监理工程师	5年		每专业1人，可兼职
机电安装管理	中级	监理工程师	5年		每专业1人，可兼职
测量管理	中级	监理培训证和测量上岗证	5年		1人
试验检测管理	中级	监理培训证和试验上岗证	5年		1人
档案资料管理	中级	资料员上岗证	3年		1人
BIM管理	中级	信息系统工程师	3年	具有BIM技术工作经验	1人
信息系统管理	中级	信息系统工程师	3年	具有计算机软件开发、系统集成、网络管理等工作经验	1人

5.基于管理的支付方案

为进一步利用经济手段强化监理管理，应从监理协同与伴随服务出发明确费用支付方案。无论是支付时点还是比例，均应与项目总体目标及建设管理里程碑节点呼应。可将监理费用分摊至建设期各年份，每建设年支付1～2次监理费，有必要将上述内容在合同条件中关于费用结算与支付中载明。某房建项目监理费用支付方案范例详见表8.4.2。

某房建项目监理费用支付方案范例一览表　　表8.4.2

支付次数	支付时点或阶段	支付比例
第一次付费	合同签订10日内支付监理预付款	10%
第二次付费	建筑结构全部至±0施工且周期计量结束	10%
第三次付费	建筑结构完成封顶且暂估价招标完成三分之一	20%
第四次付费	二次砌筑、机电部分施工至80%，且暂估价招标完成三分之二	10%
第五次付费	暂估价工程施工完成过半且暂估价招标全部完成	20%
第六次付费	各类变更、洽商实施全部完成，项目至完工状态	15%
第七次付费	各类专项验收全部完成（除个别可待运营后实施外），项目总体工程竣工验收完成（含完成备案等手续），项目最终结算完成	10%
第八次付费	项目决算工作全部完成（含取得决算批复）	5%

6.及时组织周期计量

在监理单位协助项目管理咨询机构实施造价控制过程中，“周期计量”是有效的手段。所谓“周期计量”是指由监理单位组织实施的，针对项目不同阶段设计成果及工程量差异，通过设计优化及组织工程变更调整而实现造价控制目标的过程。在实践中，计量要求主要包括：①时限要求：对于房建项目，一般在施工总承包合同签订后及施工图设计交底完成后的3～6个月内完成。②主体要求：周期计量由监理单位牵头并审核计量成果，施工总承包单位具体组织实施周期计量，设计单位配合。③成果要求：监理单位对周期计量成果的审核准确率要求，以及设计单位的成果优化要求。④造价控制要求：结合周期计量成果，组织开展与投标文件、工程量清单及招标控制价的对比分析，协助项目管理咨询机构开展与项目经批准的初步设计概算对比分析等，并结合结论实施管理决策。⑤设计要求：结合周期计量结论，组织技术经济论证，完善优化施工图，合理提出施工组织优化建议。⑥其他要求：组织对涉及新增材料设

备认质认价及合同价款调整组织谈判等。在监理招标文件编审中，应将上述内容在合同条件中应履行义务中载明。

7.提供管理协同服务

全过程管理配合服务是指监理单位从项目管理咨询机构三维度管理要求出发提供的全面配合与支撑服务，这使得项目管理服务更加顺畅，增强建设单位管理执行力，提升了管理效果。因此，招标文件中应补充监理协同伴随服务内容，有关监理单位为项目管理咨询机构提供的伴随服务事项详见表8.4.3。在监理招标文件编审中，应将上述内容在合同条件中有关监理单位应履行义务中载明，并将表8.4.3内容细化后作为合同附件。

监理单位针对项目管理伴随服务主要事项一览表　　表8.4.3

类型	内容		
工程手续协调办理	建设手续办理	设计管理	限额设计管理
	竣工手续办理		编审设计任务书
	外市政手续办理		勘察设计论证
	外围事项协调		深化设计管理
	施工过程事项协调		推进勘察设计工作
招采合约管理	编审招采合约方案	投资管理	经济成果编审
	编审招采过程文件		组织论证会商
	协调招采过程事项		提出变更估算
	提供招采管理必要资源		周期计量管理
	协助委托代理并实施管理		实施认价管理
	组织协议签订		编制投资计划
			造价资源管理
人员管理	按需要配备人员	安全管理	安全事故处置
	安排人员		安全控制预案编审
	主观性要求		安全培训
	负责人要求		构建安全责任体系
	客观性要求		开展对接协调
进度管理	总体进度协调推进	收尾管理	组织竣工验收
	过程进度协调推进		竣工图编制
	跟踪进展情况		组织工程移交
	进度管控约束		
	工期索赔		应急处置

实施监理总包模式，挖掘监理单位为项目全过程管理提供的伴随服务，引导其作为主导者或牵头人，发挥其在建设管理中的支撑作用。以项目管理制度为抓手，充分实施高效监管协同。工程人员将上述监理管理理念纳入招标文件，通过缔约过程实现对监理单位的管理，构建完整、有效的管控体系。在项目实施中，注重以合同为依据实施履约评价，强化对监理单位过程管控。基于监理管理思路的招标文件编审，激发了监理能动性，也为其提供了更加广阔的服务转型发展空间。

8.5 施工招标文件

施工总承包招标文件是项目最为重要的招标管理成果，它明确了项目施工的完整范围，确立了完整合同条件，提出了施工经济、商务及技术等系统化管理要求。施工总承包招标文件对项目建设质量、进度、安全等方面产生深远影响，作为重要依据，对项目建设目标实现起着关键作用。工程人员应加深对施工招标文件编审认识，并站在项目全过程管理视角看待编审问题，把握好缔约的良好时机，营造积极主动的项目施工管控局面。

8.5.1 文件编审总体思路

1.基于造价管控思想

施工招标阶段是项目投资管理与造价控制的重要阶段，这是由于合同价款约定在这一阶段形成。文件编审应站在造价控制角度，充分利用招标活动竞争性特征，调动投标积极性，实现竞价效果，通过以造价管理为导向的过程编审，规划落实项目造价管控策略，实现限额设计，落实执行经批准的初步设计概算。要侧重以化解项目投资风险为原则，协调处理好造价管理与其他管理领域的关系。有关一般房建项目造价管控相关合同条款内容详见表8.5.1。

一般房建项目合同条件中造价管控内容一览表　　表8.5.1

事项	重点考虑内容
投标报价说明与要求	招标范围、报价范围、报价承诺要求、报价依据、特殊事项、市场价格与商务水平
经济标评审内容	评审分值、评审事项、评审方法
风险范围与价款调整	价格、量、风险事项等、详细范围约定，价款调整方案
计量、计价规则	计量计价依据、深度、范围，规则描述、计量计价说明等
计价方式	计价方式选择
索赔、争议解决	索赔、争议、解决方式
履约担保	担保金额、方式、种类、期限
工程保险	保险金额、种类、范围、期限
合同范围	设计范围、总承包范围、总承包自行施工范围、总承包管理范围、分包范围、建设单位实施范围等
价款确认	确认条件、方式与程序
价款支付	支付类别、金额、周期、时限等
预付款	预付金额、担保、抵扣方法等
变更估价	估价原则、具体方法
违约扣款	违约事项、金额、扣款比例、时限等
竣工结算	结算条件、程序、金额、时限等
其他费用	出处、类别、处理措施等

2.基于三维管理理念

编审过程要贯彻三维管理理念，并将管理理念深入合同条件，充分挖掘施工总承包单位针对建设单位和监理单位能够提供的管理伴随服务。针对全过程各类管理事项，挖掘并明确施工总承包单位在包括手续办理、投资管理、暂估价招标、设计服务、收尾管理方面所能参与的全部事项。明确制约施工总承包单位各类管理因素，着力调整好施工总承包单位与其他各单位的关系，以便更好地落实执行项目管理制度要求等。

3.基于风险预控思想

在本质上，合同条件是在未来项目施工预测的基础上，对合同履约中可能发生的事项做出的前瞻性考虑。然而由于工程复杂性，不同实施阶段会遇到不同偶发事件，并随着工程进展而不断变化。**编审过程应最大限度地对未来风险做出识别，并提出应对措施或预案。**应针对项目特点，结合项目环境，认真分析和识别各类风险，维护管理利益，以便在管理中争取主动。风险管控机制及相关配套约定必不可少，如担保机制、保险机制、承发包策略、责权利转移等应对策略均应重点考虑。

4.参照示范文本编审

标准施工招标文件内容全面、结构严谨，有利于规范项目编制过程。但总体来看主要适用于一般项目情况，以标准文本为基础，通过借鉴相似项目示范文本，提升编制质量和成效。这种编制方法强调了项目的相似性，而忽视其特殊性，弱化了编审的针对性。

5.遵照法律法规编审

针对招标活动及工程建设领域已形成的完备的法律制度体系。招标人履行法律义务、承担法律责任，文件编审须以遵守法律法规为前提。对于可能涉及冲突的情形，力争在合法、合规框架下实事求是地进行约定。对于法规未能明确的事项，应遵循立法初衷，秉持科学态度予以约定。工程人员须深入掌握建设领域法律法规，了解法律体系内在联系，及时跟进制度变化。需要指出的是，**工程人员并非完全达到对所有法规完全熟练掌握的程度，但须具备能够运用法规解决问题的能力**。作为有经验的工程人员，应领悟立法初衷，分析出法规要义，能够解释法规订立原因，这有利于对现行规制的深刻理解，提高政策判断力和对法规变化的分析能力，从而能够解决更加复杂的问题。

8.5.2 施工总承包招标范围

施工总承包招标范围是招标过程中界定的施工范围，与施工中标单位履约范围相对应。房建项目施工总承包招标范围比较复杂，也是项目范围管理中最重要的内容，包含项目所有施工及服务事项。项目合约规划是确定招标范围界定的基础，招标范围界定也可理解为是合约规划的细化。范围界定科学性对于项目实施及管理具有重要意义。工程人员应厘清施工总承包招标各类范围与边界。

1.招标范围的界定口径

界面、深度及口径是与招标范围相关的几个概念。其中界面是指项目范围间的边界。以施工招标为例，包括施工总承包与专业分包、专业分包与专业分包界面两种。在实践中，范围界定存在一定难度，因其主要受合约规划、设计成果、施工组织等多种因素影响。范围管控深度是指对标的内容及范围描述的精细程度。房屋建筑及市政基础设施项目是由单项、单位、分部、分项工程、工序及过程等依次分解而成，可以说招标范围深度确定是以分解结构为基础的。在工程计量计价方面，一般划分至分部分项层级，招标范围划分口径可从规划范围与理论范围两类入手考虑。理论范围是指理想状态下界定的招标范围，例如以空间口径界定而未能考虑施工组织、专业工程类型等因素影响。规划范围则是以合约规划为基础，综合考虑各类影响因素后提出。

2.施工总承包招标范围类型

受施工总承包管理模式影响，施工总、分包关系决定了施工主体间存在着并列或从属关系，从而致使施工总承包招标范围呈现层次性特征。**招标范围类型一般包括建设单位发包范围、施工总承包范围、标段范围、暂估价专业工程承包范围等**。关于一般房建项目施工总承包招标范围类型与关系详见图8.5.1。

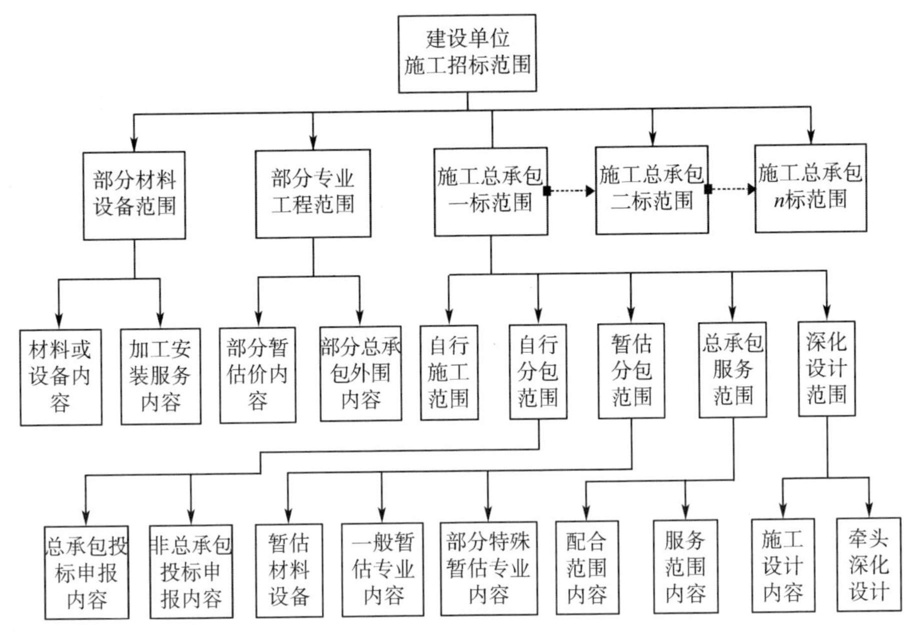

图8.5.1　房屋建筑项目施工总承包招标范围类型与关系

3.施工总承包招标具体内容

施工总承包范围中的主体范围包括自行施工、自行分包范围，其中自行施工范围是指由施工总承包单位自行施工内容的集合，自行分包范围则是指由施工总承包单位将自行施工内容进一步分包给其他主体实施内容的集合，自行施工及自行分包范围均以分部分项工程量清单形式纳入投标报价。招标过程中应要求投标人将自行分包内容在投标文件中载明。就一般项目而言，其包含的主要内容详见表8.5.2。在实践中，根据工程进展，施工总承包单位存在将自行分包内容调整变更的情形。自行分包内容原则上应与投标文件一致，其中调整内容应分别得到监理审批及建设单位确认。暂估价分包范围是指以暂估价形式纳入总承包范围后，由总承包单位分包内容的集合，包含暂估价材料设备以及专业工程类型。总承包服务范围包括服务和配合两部分，其中服务是指由施工总承包单位为建设单位提供的必要服务，配合是指针对建设单位发包的工程内容，由施工总承包单位提供管理配合，其中管理配合是沿着三维度管理展开的，是施工总承包单位对监理单位及项目管理咨询机构所提出的管理要求的响应。**深化设计范围是指由施工总承包单位牵头组织的各类深化设计，一般围绕其施工组织、自行施工及自行分包内容开展，还包括一体化设计如幕墙、消防、智能化、装饰工程等，此外还包括大量的中标单位围绕其产品特性开展的深化设计等。**

一般房建项目施工总承包范围主要内容一览表 **表8.5.2**

<table>
<tr><th>总承包自行施工分部工程</th><th>总承包自行施工分包分部工程</th><th>房建必要工程内容</th><th>市政专业工程内容</th><th>房建特殊使用功能工程内容（医院为例）</th></tr>
<tr><td rowspan="4">地基与基础（部分）</td><td>地基处理</td><td rowspan="4">土方及边坡支护</td><td rowspan="4">无</td><td rowspan="4">无</td></tr>
<tr><td>桩基</td></tr>
<tr><td>地下防水</td></tr>
<tr><td>钢筋结构</td></tr>
<tr><td rowspan="3">主要主体结构（大部）</td><td>钢筋结构</td><td rowspan="3">钢结构</td><td rowspan="3">无</td><td rowspan="3">防护工程</td></tr>
<tr><td>网架和索膜</td></tr>
<tr><td>木结构</td></tr>
<tr><td rowspan="5">建筑装饰装修（部分）</td><td>吊顶</td><td>室内精装</td><td>室内标识</td><td>净化工程</td></tr>
<tr><td>门窗</td><td>室外精装</td><td>室外标识</td><td>实验室工程</td></tr>
<tr><td>涂饰</td><td>幕墙</td><td>楼宇（景观）照明</td><td rowspan="3">无</td></tr>
<tr><td>裱糊与软包</td><td>外装修局部造型</td><td rowspan="2">无</td></tr>
<tr><td>普通细部</td><td>无</td></tr>
<tr><td>建筑屋面（大部）</td><td>结构防水</td><td>无</td><td>无</td><td>无</td></tr>
<tr><td rowspan="2">建筑给水排水（室内大部）</td><td rowspan="2">无</td><td rowspan="2">消防工程（全部）</td><td>雨水工程</td><td rowspan="2">无</td></tr>
<tr><td>污水处理站工程</td></tr>
</table>

续表

<table>
<tr><th>总承包自行施工分部工程</th><th>总承包自行施工分包分部工程</th><th>房建必要工程内容</th><th>市政专业工程内容</th><th>房建特殊使用功能工程内容（医院为例）</th></tr>
<tr><td>建筑采暖（室内）</td><td>地板辐射、散热器采暖</td><td>锅炉及辅助设备</td><td>无</td><td>无</td></tr>
<tr><td rowspan="2">建筑电气（室内大部）</td><td rowspan="2">防雷接地</td><td>室外电气、变配电室</td><td rowspan="2">无</td><td>气动物流、物流小车</td></tr>
<tr><td>不间断电源</td><td>医用气体</td></tr>
<tr><td rowspan="4">建筑智能化（部分）</td><td rowspan="4">无</td><td>通信网络系统</td><td rowspan="4">无</td><td>办公自动化</td></tr>
<tr><td>设备监控系统</td><td>系统集成</td></tr>
<tr><td>安全防范系统</td><td>软件开发等</td></tr>
<tr><td>综合布线系统</td><td>无</td></tr>
<tr><td rowspan="3">通风与空调（部分）</td><td>空调风、水系统</td><td>净化空调系统</td><td rowspan="3">无</td><td rowspan="3">无</td></tr>
<tr><td>除尘系统</td><td>空调系统</td></tr>
<tr><td>制冷设备系统</td><td>无</td></tr>
<tr><td>电梯（井道结构）</td><td>无</td><td>电梯及附属设备（设备与安装）</td><td>无</td><td>无</td></tr>
<tr><td rowspan="6">公用市政工程</td><td rowspan="6">建筑给水排水（室外）</td><td rowspan="6">无</td><td>园林绿化</td><td rowspan="6">无</td></tr>
<tr><td>燃气工程</td></tr>
<tr><td>热力工程</td></tr>
<tr><td>自来水工程</td></tr>
<tr><td>中水工程</td></tr>
<tr><td>永久电工程</td></tr>
</table>

4.暂估价招标范围

暂估价内容可能包含在施工总承包范围内，也可能在建设单位项下。在实践中，尤其是对于房建项目，大部分暂估价内容应纳入施工总承包范围。由于房建项目专业类型较多，为便于管理，有必要将暂估价内容进行分类。按照专业工程与房建项目使用功能的相关程度分为三类，即必要功能内容、市政专业内容和特殊功能内容。必要功能内容一般是指《建筑工程施工质量统一验收标准》GB 50300—2013中涉及的分部工程，是房屋建筑项目的基础内容。针对该类内容，尽可能以分部分项工程量清单形式纳入施工总承包自行施工或自行分包范围。公用市政工程主要包括燃气、热力、雨水与污水排水等，上述工程由专门的公用市政管理部门管理，例如某些地区的燃气、热力、雨污水、自来水的工程建设模式是由建设单位（即用户）自行组织建设，竣工验收合格后再将产权移交给相关公用市政管理部门。再比如，某些地区永久供电工程、中水工程等往往由公用市政管理部门或其指定法人作为主体组织建设，而建设单位仅作为出资方。当市政工程投资所占项目整体投资比例较小时（一般认为小于10%），可将其以暂估价方式纳入施工总承包范围。特殊使用功能内容是指与使用功能直接或密切关联的工程，往往反映出房屋建筑直接用途和性质。此外，建设单位发包范围还可能包括原构筑物拆除、管线改移、临时市政接驳、地形整理与平整等。

5.招标范围界定方法

有关施工总承包招标范围界定方法主要包括清单描述法、图纸描述法以及合约规划法。在实践中，清单描述法与图纸描述法较为常见，而合约规划法则相对更为科学。

（1）清单描述法。

清单描述法是指借助工程量清单编制成果对施工总承包招标范围进行描述的方法。设计成果作为工程量清单编制依据，理论上应覆盖所有施工内容。此外，工程量清单编制过程还应考虑在施工过程中可能影响造价的各类因素。清单描述法能够充分体现计价思想，在深度上以分部分项工程作为描述单元，内容全面、范围清晰、详细精准，达到了对招标范围详细描述的要求。在实践中，施工招标文件常以“范围详见工程量清单”作为招标范围的表述用语，然而过度依赖工程量清单成果对招标范围进行描述，错误的工程量清单也必将导致招标范围界定出现问题。

（2）图纸描述法。

图纸描述法是以设计成果中图纸作为招标范围描述依据，必要时通过对设计成果加以标示，以达到表述施工总承包范围的目的，采用图纸描述范围依赖于设计成果的准确性。该方法优点是直观，但由于图纸由设计单位组织编制，设计成果一方面与合约规划可能存在出入，另一方面其提交进度也可能达到管理要求，简而言之，多种因素致使设计成果与所需描述的施工总承包招标范围存在一定差异。

（3）合约规划法。

合约规划法是在参照项目合约规划尤其是施工标段划分和分包的基础上，

考虑设计图纸及工程量清单成果后对招标范围描述的方法。合约规划可以理解为是对上述清单描述法及图纸描述法的修正，使得范围描述更加准确。通过合同关系描述招标范围，具有较强的界定弹性。鉴于对项目实施中围绕工程变更调整的前瞻性考虑，合约规划描述是对项目范围管理科学统筹的体现。由于规划描述法是以合约规划成果为基础，且考虑了过程、要素管理的影响因素，因此相比前两种方法，范围界定将更有利于后期工程计价。

6.招标范围界定的两类问题

（1）招标范围界定的弹性。

招标阶段提出的招标范围具有一定的时效性，本质上属于范围规划。在实践中，随着建筑功能变化、设计成果的完善及受多因素影响，工程变更与洽商时常发生，导致规划招标范围与实际范围存在偏差。即招标范围仅在一定时间上具有相对准确性，伴随施工合同履约范围的不断深入，范围蔓延时有发生。为避免给工程变更管理带来阻碍，在实践中并不提倡招标范围界定绝对精准，换言之，应为后期履约及实施范围变更调整留有余地。招标范围描述可适当模糊，即按专业分类方式控制描述精度，必要时甚至仅做框架性描述即可，其深度达到分部分项精度更有利于后期对施工范围的调整。在施工总承包及专业分包中，工程变更可能导致项目内容在两类范围间调剂，因此模糊的界面描述似乎更有利于工程变更控制，可称为招标范围界定弹性。工程内容在不同实施范围间调剂为工程计价与现场管理提供了便利。但工程变更使招标范围的调剂不应超出实施主体资质许可的工程承揽范围，不建议针对工程主体关键内容实施调剂。

（2）招标范围界定的一致性。

工程人员对施工总承包范围的描述应保持一致。对于政府投资项目而言，施工总承包范围理论上应该与行政主管部门针对项目的批复范围、合约规划范围、设计成果范围、工程量清单及招标控制价成果范围以及投标人资质承揽范围保持一致。不一致的情形将使得项目管理及工程实施过程出现问题或存在风险。例如，当施工总承包范围与主管部门批复的项目实施范围如初步设计概算范围不一致时，则可能导致概算执行问题，如当招标范围小于初步设计概算范围时，则致使部分内容未能履行法定招标义务。当招标范围与合约规划成果不一致时，则可能导致合约规划被迫做出调整。当招标范围与设计范围不一致时，则说明招标范围确定可能缺乏技术性依据，或可能导致工程变更及设计成果调整。当招标范围与招标控制价编制范围不一致时，则可能引发合同价款调

整或索赔。此外，当招标范围与资质承揽范围不一致时，尤其是超出资质承揽范围时，则可能导致施工总承包单位无法胜任施工任务，从而出现施工安全和质量等管理风险。行政主管部门颁布的《建设工程资质等级标准》文件中，资质承揽范围是以行业和专业为基础划分的。在施工总承包招标范围界定中，考虑了合约规划等诸多因素，其内容可能包含非本专业内容。招标工程中的主体、关键内容须与资质承揽范围中的行业、专业范围一致。考虑到招标工程施工延续性因素，当出现超出资质承揽范围少量比例（如不高于10%）非主体、非关键工程内容时，建议施工总承包单位委托相应资质的主体实施，或以联合体方式投标。在范围管理中，一致性是极其重要的项目范围管理原则。有关一致性的优先次序详见图8.5.2。

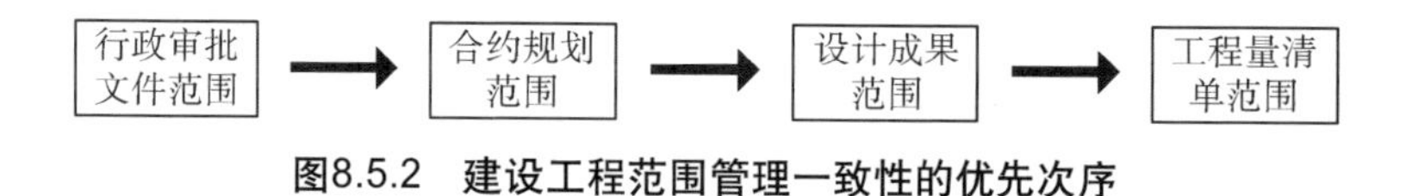

图8.5.2　建设工程范围管理一致性的优先次序

8.5.3　技术标准与要求

在标准施工招标文件中，“技术标准与要求”作为单独的部分编制体现出招标人对投标人在技术层面的要求。它是投标响应与报价的基本依据，也是评标的重要参照内容。在实践中，不少施工招标文件中该部分内容描述并不规范，表现在描述随意且缺乏充足依据，甚至超出设计成果范畴等，上述问题严重影响了招标文件编制的科学性，致使投标答疑增加，影响了评标甚至招标活动的顺利开展。工程人员应高度重视“技术标准与要求”编制，精心设计技术要求，切实提升招标及后期施工管理的质量。

1.编制内容

招标文件中“技术标准与要求”部分给出了丰富的内容，包括：施工条件、承包范围、工期、质量、安全文明施工、安保、临时保护、试验检验、变更、计量及竣工验收要求等。有关特殊要求还涉及材料、设备及新技术、新工艺等。虽然招标文件标准文本通用部分已经提供了丰富的技术标准与要求的框架性描述，却缺乏针对性描述。一方面，从项目管理视角看，通用性约定层面从施工实施视角提出，而建设单位项目管理层面要求则需进一步补充完善。突出施工单位针对建设单位管理的响应，应沿着三维度管理领域继续补充有关技术标准与要求，例如：针对全过程维度有必要补充项目建设手续办理、公用市政接驳、暂估价招标、设计协调与深化投资分析、技术经济论证要求等。针对要素管理维度补充：安全管理、档案管理、工程变更管理要求等。而对主体管理维度则补充：与项目管理咨询机构、监理单位、设计单位及相关行政主管部门的协同要求等。

2.编制重点

在管理协同条件下，与落实项目管理要求相关的标准与要求更加重要，它直接反映了建设项目的总目标。应强化对各参建单位职责分工界面的描述，突出服务深度，提出施工及服务可交付成果，详细描述相关前置条件。应注重界定最基本的技术标准与要求的投标响应性条件，如可采用投标承诺方式等。在评标中，有必要将技术条件纳入响应性评审范畴，站在满足项目管理诉求视角予以描述。强化管理与技术关系，增强针对施工技术层面的管理，以项目建设目标为导向对施工技术提出要求。

3.编制依据

为严谨而准确地提出技术标准与要求，编制依据可靠性是重要前提，技术标准同样是工程量清单及招标控制价的编制依据。缺乏可靠编制依据或将导致内容描述出现问题，甚至引发投标异议或投诉。工程人员应结合项目特点，广泛查询并引用相关资料。一般来讲，公开的市场信息及项目已获取的行政审批类资料效力较高，对于管理类成果及咨询服务成果的参照则有利于强化编制的针对性。依据标准施工招标文件，有关“技术标准与要求”内容及编制依据详见表8.5.3。**特别是在施工总承包的投标答疑过程中，投标人就招标人发放的设计图纸及相关疑问，需由项目设计单位协助招标人做出投标答疑。当针对投标疑问的回答涉及对图纸内容做出修改或设计成果的细化补充时，设计单位应同步修改施工图设计成果相应内容或就投标疑问做出的技术性回答向招标人提交加盖公章的书面说明性材料。这是确保设计成果、招标文件以及招标文件补充修改文件中有关技术内容保持一致的重要做法。**

“技术标准与要求”内容编制依据一览表 **表8.5.3**

主要类别	具体说明	典型资料
行政审批类	行政主管部门针对项目批复的公文文件资料	立项、可研、初步设计概算、环境评价、水评价、交通评价等行政审批文件及请示等
管理成果类	项目管理过程中产生由项目管理咨询机构组织完成的各类管理成果资料	项目管理规划、合约规划、管理制度文件、往来文函、会议纪要（决议或记录）等

续表

主要类别	具体说明	典型资料
咨询成果类	项目实施过程中，各类服务供应商提供的咨询服务成果资料	项目建议书、投资分析相关报告、勘察与设计成果、测绘与物探成果、专家意见等
市场信息类	各类可查询的市场公开发布的信息资料	市场公开信息资料、项目合同、可公开查询的技术标准、规范以及政策性文件资料等

4.编制主体

在实践中，招标文件由招标人委托招标代理机构起草，鉴于技术标准与要求的专业性，完整的技术标准与要求内容并非由其独立编制，而较科学的分工则是：首先由招标代理机构根据招标人提供的资料，先行将招标文件内容编制完整，并确保该部分与招标文件其他部分一致，符合招标活动组织需要。而后在项目管理模式下，由项目管理咨询机构结合全过程管理需要，对内容进行补充，最后由建设单位最终确认。在上述环节中，设计单位有必要全面参与，协助确认相关技术标准与要求，同时邀请工程量清单与招标控制价编制单位介入审查，以消除其在经济文件编制中针对技术内容的分歧与困惑。

5.与设计成果的关系

“技术标准与要求”内容与招标文件各部分高度关联，尤其应与施工图设计成果及工程量清单保持一致。不提倡在设计成果缺失或在缺乏依据的条件下，肆意补充技术标准与要求内容，这将直接导致与上述范围不一致，将使得编制缺乏依据，对于切实需要补充的技术标准与要求内容，则应要求设计单位把关。对于能够纳入设计成果的，应要求设计单位优化相应成果内容。

6.两类特殊要求

特殊标准要求是指招标人提出的非常规要求。提倡就某些招标人或其委托的项目管理咨询机构格外关心的技术标准或要求予以细化，这体现出项目精细化管理的理念。

（1）现场办公环境条件。在施工阶段，施工总承包单位为建设单位提供现场办公条件应在招标文件中详细约定，包括详细提出办公需求、办公标准或其他要求。有关房建项目现场办公环境条件要求范例详见表8.5.4。

一般房建项目现场主要办公环境条件要求范例一览表　　表8.5.4

事项	主要方面
办公用房	房建数量与位置、办公与会议用品、文档用房、气候条件应对、卫生间设施设备要求等
环境要求	办公区卫生条件、室内环保、室外噪声、安全条件、阳光、绿化美化、相关绿色文明工地标准、极端气候条件应对等
工作用餐	菜品数量、菜品质量、就餐时间、就餐环境、就餐环境的稳定性等
办公停车	停车位数量、位置、专用车位、安全性、行使路面环境等
住宿用房	房建数量、位置、生活用品、舒适条件、淋浴、温度与安全性、卫生间设施设备要求等
工作接待	接待组织、接待准备、会务筹备、汇报、现场引导、会议室安排与布置、必要接待设备提供、用车安排、安保与防护条件、接待效率、服务态度与周密性等
其他事项	档案用房数量与规模、档案安全与保密性、办公区整体周转及安置的延续性与稳定性等

（2）同档次三类品牌约定。

有关材料与设备描述仅限于质地、性能等指标，仅对参数、功能角度做出说明。然而由于市场材料与设备品牌众多，仅依靠设计成果描述，招标人无法获取其理想投标响应效果，而投标人也无法根据招标人描述提供准确的报价响应。根据行业惯例，允许招标人就主要材料与设备提出“同档次三类以上品牌”要求，以便更加准确地描述标的商务档次，同时也利于投标人参照报价，采用市场中已有品牌类比方式，让招投标双方在材料设备质量、品质、效果、适用性等难以用语言描述的标的价值内涵上进行统一。为使该操作更加严谨，招标人有必要进行市场调查，对罗列的品牌产品是否处于同档次予以评估。行政主管部门应提出“同档次”衡量标准或方法，标定材料与设备市场商务档次水平与价格关系。要求设计单位全面参与招标人组织的对同档次品牌的确认，积极评估材料与设备品牌的适用性，并给出合理化建议等。

8.6　暂估价招标文件

在施工总承包招标中，受设计条件不成熟、设计成果不完备等因素影响或出于发承包管理考虑，工程量清单中设置一定数量和规模的暂估价内容是必要

的，尤其是对房建项目而言，当暂估价内容达到法定招标规模与范围标准时，需由施工总承包单位会同建设单位组织招标。在实践中，不同于建设单位项下的招标活动，暂估价招标周期长、专业要求高、参与主体多，组织难度也相对更大。当建设单位与施工总承包单位共同组织实施暂估价招标时，在项目管理咨询机构及监理单位共同参与下，诸多参与主体将协同完成招标文件的编审，同时各主体还试图就分歧事项达成一致以便有效地推进编审进程。可以说编审过程复杂性是制约暂估价招标进程最重要的因素，应充分意识到暂估价招标文件编审的艰巨性，提早规划和处理好有关问题，努力提升暂估价招标成效。

8.6.1　文件编审内涵

（1）建设单位编审的实质分析。建设单位参与招标文件编审实质上是针对施工总承包单位就分包问题的处置与确认的过程。由于双方主体性质不同，在建设项目实施中行使的权利、履行义务及承担的责任存在差异，从而决定了双方各自利益追求的不同。最典型的是，施工总承包单位作为经营主体对经济利益的追求是必然的，而建设单位负有管控项目投资的责任。双方在管理利益上的对抗性决定了建设单位对暂估价招标文件的编审，实质上是一种针对施工总承包单位利益博弈的过程。在实践中出现编审过程中利益妥协与平衡现象。《中华人民共和国建筑法》指出："除总承包合同中约定的分包外，总承包单位的分包必须经建设单位认可"。暂估价招标属于分包过程，因此，建设单位参与编审过程则可视为是对施工总承包单位分包确认的表现，可将法律条款中"认可"一词理解为是通过招标文件对分包事项的"确认"。由于暂估价招标文件编制应由施工总承包单位牵头，主动性为其所掌控，所拥有的对招标文件决策权与所承担的施工总承包责任相对应。因此，建设单位对招标文件的"确认"存在局限性。

（2）编审主体间的利益取向。建设单位参与编审具有多种利益取向，有些与施工总承包单位一致，有些则对立。一般来说，凡涉及侵占施工总承包单位经济利益或与其分包管理存在分歧的，施工总承包单位持对立态度，相反则持拥护或中立态度。从施工总承包单位视角，当招标文件存在有损于建设单位管理利益约定内容时，建设单位持对立态度，相反则持支持或中立态度。由于施工总承包单位就分包管理向建设单位负责，因此建设单位愿意见到施工总承包单位在过程文件中强化有关分包管控的约定。总体而言，施工总承包单位提交的招标文件内容应统一在建设单位针对项目总体实施目标及管理利益框架下。建设单位对招标文件编审介入的程度不应损害施工总承包单位合理诉求。鉴于此，建设单位应给予施工总承包单位编审文件的自由空间，以避免对其分包过程造成干扰。

(3) 编审主体的责任与动力。建设单位站在自身管理视角，对认为施工总承包单位约定不完整、欠缺科学的内容予以补正。施工总承包单位一方面从自身视角强化分包缔约文件，形成对分包单位的合同约束，另一方面则避免违背项目总体实施目标，尽量满足建设单位管理利益。只有这样，施工总承包单位才能担负起分包管理的重任，同时建设单位也能实现对项目履行主体权利与义务。正是由于各主体在建设实施中所承担的责权差异，通过对编审责任的锁定，使得任何参与编审的主体导致的延误或失误均承担相应责任，并有效推进编审进程。有关文件编审的制度设计是要对各主体行为形成记录的过程，并使行为可追踪，责任可锁定。

8.6.2 文件编审特点

(1) **编审工作的周期性**。在实践中，暂估价招标文件编审是一项耗时较长的工作。首先准备时间长，这主要是因为暂估价内容对应施工图及工程造价额度的确定比较烦琐，只有当设计成熟并达到施工图深度时才能启动招标文件、工程量清单与招标控制价文件的编制。其次，需要就有关编审事项事先沟通，各参建单位需要召开会议反复研商，待意见基本一致后才能推进后续工作。再次，过程文件需要依照各方意见修改，其中经济方面还可能伴随设计成果优化而调整，这均使得编审周期被延长。此外，大部分过程文件需履行签章手续，各编审主体内部签章流程审批环节较多，可以说周期性是文件编审的重要特点，工程人员有必要统筹安排好编审时间，做好编制计划。

(2) **编审质量的相对性**。由于文件编审是建设单位与施工总承包单位利益妥协平衡的过程，招标文件编审成果的质量是一种并非达到绝对完美的“中间状态”，尤其是对于内容复杂的招标活动，质量满意程度并非完全趋向于某一主体。不仅如此，编审质量很大程度上取决于中介机构服务能力，以及参与文件编审人员的水平。此外，还取决于为高效组织暂估价招标而构建的各参与主体协同机制的可靠性。**可以说，招标文件编审质量是各参建单位共同努力的结果。**在实践中，编审主体出于各自责任担当，可能出现保留分歧意见且甘愿为此承担责任的情况。**施工总承包单位提交的过程文件初始质量及其与建设单位协同程度是决定文件最终质量的关键。**总体而言，招标文件编审质量水平具有相对性特点。

(3) **编审内容的互补性。**由于各编审主体针对施工分包管理具有广泛而共同的利益，**施工总承包单位会同建设单位共同编审呈现出优势互补特性。**招标文件编审主体均围绕对分包单位管控补充约定，互相检查和修正有关错误内容。在项目管理咨询机构及监理单位共同参与下，项目管理咨询机构将提供更加系统、科学的管理思路，使招标文件得以完善。**从某种程度上讲，暂估价招标文件反映出编审主体针对分包管理的共同意志。**

8.6.3 文件编审前提条件

招标文件编审顺利开展应具备一定的前置条件。首先，在施工总承包招标阶段，需要在合同条件中就建设单位与施工总承包单位、监理单位有关暂估价招标组织、文件编审的相关责任、权利、义务进行约定。在协同工作及利益对抗情况下，施工总承包单位如何就确保项目管理目标实现和维护建设管理利益做出安排。其次，需要形成科学、完善的暂估价招标管理制度，进一步明确招标管理参与主体权利、义务和责任，特别是针对例会、签章及文件编审环节的制度设计。再次，委托持积极态度且具备较强能力的中介咨询机构，应具备与各参与主体保持有效沟通与提供可靠服务的能力。此外，设计单位应提供成熟的设计成果，深化设计工作已经完成，关键技术问题已得到论证。

特别指出的是，施工总承包单位对中介机构的委托应征得建设单位确认，以便中介机构为建设单位实施的管理提供伴随服务。此外，应强化对中介机构合同约束，提出精细化管理要求，将暂估价招标管理制度纳入其合同条件，还应组成由各参与主体相关专业人员参加招标工作群组，定期召开协调例会，就分歧保持必要的沟通与协调。群组人员应具备丰富的经验和较强的谈判能力，协调机制的核心是确保发挥管理咨询机构、监理单位在针对推进编审事项的牵头作用。在编审中，工程人员还应实时分析可能面临的风险，最大限度地把握编审影响因素，增强预见性和判断力，提早处置阻碍编审工作的棘手问题等。

8.6.4 过程文件分类与编审思路

（1）过程文件的分类。招标文件主要分为四类，即表格类、评审报告类、成果文件类以及往来文函类。有关一般房建项目暂估价招标过程文件分类详见表8.6.1。

一般房建项目暂估价招标过程文件分类一览表　　表8.6.1

序号	类别	主要类型
第一类	表格类	招标方式登记表、招标人委托招标登记表、招标公告发布单、资格预审文件备案表、资格预审评审专家和评标专家抽取（登记）申请表、招标人拟派资格预审评标代表资格条件登记表、投标候选人排序表、投标人投标资格登记表、招标文件备案表、评标专家抽取登记表、招标人拟派评标代表资格条件登记表、中标候选人公示登记表、中标通知书、合同签订备案表
第二类	评审报告类	资格预审评审报告、评标报告
第三类	成果文件类	招标方案、合约规划、资格预审文件、招标文件、工程量清单、招标控制价
第四类	往来文函类	会议纪要、工作联系单、代拟稿、函、请示文函

（2）过程文件编审总体思路。第一类即表格类文件，其大多为行政主管部门发布的制式格式文件，审核重点是确保数据严谨与准确，如数据来源是否可靠、填报内容是否完整，以及是否与参考性文件保持一致等。第二类即评审报告类文件，主要为评审类工作成果。应着重依照评审方法，审查评标委员会提交评审成果资料的完整性，对照评审程序检查成果逻辑性，以及对评审分值进行复核等。第三类即成果类文件，应重点审查与是否体现暂估价特点，对有关内容阐述是否科学等。第四类即往来文函文件，是由各参与主体针对暂估价分包管理有关事项的协调性文函，编审重点是确保内容描述是否准确表达编制人意图，以及有关文字表述是否凝练、严谨等。

（3）招标文件编审具体思路。鉴于分包管理的艰巨性，从技术、经济、商务三方面总结一般房建项目暂估价招标文件编审思路，详见表8.6.2。

一般房建项目暂估价招标文件主要编审思路一览表　　表8.6.2

类型	编审思路具体说明
经济方面主要要求	暂估价招标范围应与施工总承包招标范围进行对比，确保范围一致或在施工总承包招标文件基础上对暂估价范围与施工总承包单位自行施工范围界面进行修正
	要求分包单位围绕暂估价开展深化设计及限额设计，在招标文件规定的控制价范围对结算总价包干锁定
	要求分包单位足额提交履约担保，约定由于其自身原因对工程造成恶劣影响所应承担的经济责任
	对于政府投资项目，约定由于资金审批等原因导致拨付延迟的情况下，分包单位不得拖延工程进度，并采取必要措施确保项目正常进行
	重点审查暂估价工程量清单及招标控制价文件中有关措施费用的约定，并进行必要的对比分析，确保项目措施费用正确计取
技术方面主要要求	提出分包单位BIM实施的详细要求，包括实施方案、工作成果等
	对分包单位围绕其专业承包及提供的产品开展的深化设计提出详细要求，要求对总承包设计单位设计成果进行必要修正或优化，提出合理建议，对需要由分包单位提交的设计成果提出详细的进度、质量要求等
	对招标文件中有关“技术标准与要求”章节内容进行审核，确保招标文件内容与项目总承包设计单位提交的设计成果内容一致。对于无论是施工总承包单位还是建设单位提出的技术要求，均应确保在设计成果中同步完善，确保技术、商务及经济内容描述一致
	对分包单位履约期间可能发生的风险进行识别，并在“技术标准与要求”章节提出技术应对方案，在合同条件中提出相关约束条款
商务方面主要要求	将建设单位关于项目管理全过程、全要素有关要求纳入分包合同条件
	将施工总承包单位管理要求纳入分包合同条件，并检查分包要求是否与项目总体实施目标保持一致
	将施工总承包单位会同建设单位对分包的履约评价机制纳入招标文件，包括履约评价办法，并与分包价款支付关联
	各参与主体研商有关暂估价招标资格预审评审委员会以及评标委员会组成问题，建设单位拟派评标代表方案，由施工总承包单位提出评标委员会组成方案并报建设单位确认
	各参与主体研商有关资格预审评审方法以及评标方法问题，包括评审要素、分值设置、评审程序等，评审要素确定应以体现施工总承包单位管理为基础，确保评审要素选择与合同条件、技术要求等保持一致
	提出中标单位与建设单位、项目管理咨询机构、监理单位、施工总承包单位及其他分包单位配合与协同要求
	通过信用手段构建分包单位管理约束机制，并将机制纳入分包合同条件

8.6.5　文件编审主要步骤

（1）文件编审步骤。暂估价招标组织过程核心是要确保招标活动高效、顺利地推进，以便为项目总体实施提供良好的保障。编审过程中各方应力争就分歧事项达成一致，对需要决策的事项坚持集体决策，确保决策有据可依。对于重大分歧事项，坚持书面上报，并坚持程序处置原则。有关一般房建项目暂估价招标文件编审步骤详见表8.6.3。

一般房建项目暂估价招标文件主要编审步骤一览表　　表8.6.3

序号	具体步骤说明
步骤一	各参与主体召开第一次会议。(1）提出招标文件编审要求，部署编审任务。(2）梳理并商议有关编审过程重点、难点及各方关切问题。(3）听取施工总承包单位及中介机构编审工作思路
步骤二	由施工总承包单位牵头就重点、难点及各方关切问题开展沟通斡旋，广泛交换意见，提出解决方案，并就其中的大部分问题达成初步一致
步骤三	按照第一次会议要求，在监理单位的监督下，施工总承包单位抓紧开展招标文件（含工程量清单及招标控制价文件）编审，并形成“招标文件初稿版本”
步骤四	各参与主体召开第二次会议。(1）由施工总承包单位牵头，中介咨询机构汇报招标文件初稿编制情况。(2）研商分歧意见和各方关心的重点、难点问题，达成共识并形成会议决议和纪要。(3）根据第二次会议精神，在监理单位监督下，由施工总承包单位组织编制形成“招标文件成熟版本”。(4）进一步梳理提出需要请示汇报的重要内容
步骤五	对于第二次会议尚未解决的重大分歧事项，由施工总承包单位形成书面意见，并上报各参与主体，并按照项目招标采购管理相关制度规定，实施事项决策及办理文件签章审批流程等
步骤六	根据项目招标采购管理制度安排，以书面形式反馈最终意见，作为招标文件中针对有关分歧事项编审的依据。在监理单位监督下，由施工总承包单位落实最终意见并形成“招标文件终稿版本”，并对该版本进行封样
步骤七	针对招标文件终稿版本履行签章手续后报行政主管部门备案，将其审核意见向各参与方通报，并根据行政主管部门审核意见完善并形成“招标文件发售版本”

（2）招标文件编报流程。**由于暂估价招标文件种类繁多、数量庞大，为提升文件编审效率，在实践中常采用同步报送审核的方式，即施工总承包单位将文件同时发送给监理单位、项目管理咨询机构及建设单位进行同步审核，而各参与主体对接收的文件近乎同时做出反馈。**当审核意见多批次提出，可以根据批次意见随时组织修改。招标文件编制进程目标之一是确保成熟版本尽早形

成，而有关同步审核过程中随时修改的过程版本并非作为编审进度控制节点，有关同步审核流程详见图8.6.1。

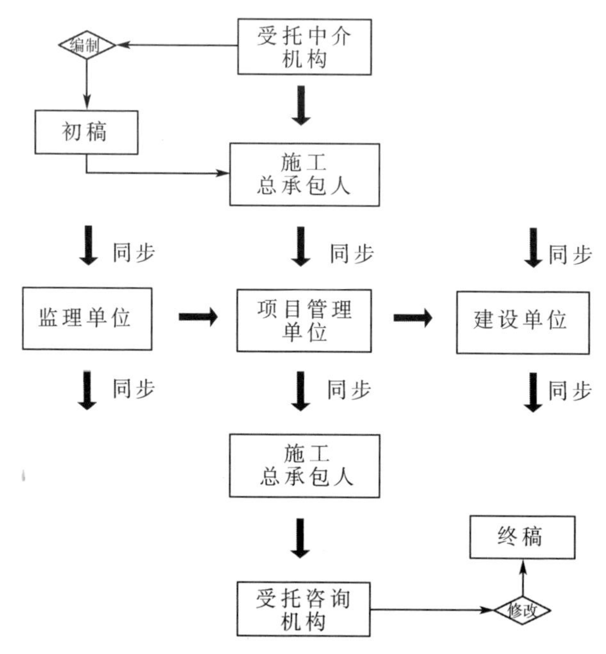

图8.6.1　暂估价工程内容招标过程文件同步报审流程

（3）招标文件版本控制。按照上述编审步骤展开，最重要的是做好招标文件的版本控制。在实践中，招标文件在发售前均处于修改完善状态。多主体同步审核及多批次意见陆续提出，增加了文件修改与审核的难度。招标文件版本控制思路是指将招标文件划分为初稿、成熟稿、发售稿三个里程碑版本。有关版本形成过程详见表8.6.3。各主体应视上述各版成果作为编审里程碑，并在此基础上提出编审意见，而无须对其他过渡性版本文件做出反复审核。实践表明，上述版本成果是招标文件编审无法逾越的三个里程碑，版本控制方法有效促进了过程文件的完善与成熟。

工程人员只有深入了解暂估价招标文件编审内涵，厘清编审主要思路并采取科学有效的方法，积极做好编审前必要准备，尤其是做好管理制度与协同机制建设，才能彻底组织好暂估价招标文件编审。规范的编审过程是实施暂估价招标科学管理的重要标志，随着暂估价招标文件编审的逐步规范，施工总承包模式实施必将取得良好效果，由建设单位主导的工程招标管理将更加有效。

8.7 招标阶段经济文件

工程量清单与招标控制价文件是反映设计成果的经济表现形式，是为交易过程创造的招标人与投标人间对施工标的价值衡量的规则，具有技术、经济的双重特性。经济文件编审不仅是施工招标环节的重要工作，有效引导投标报价的形成并激发投标竞争性，更是落实项目管理要求的重要抓手。在实践中，工程量清单与招标控制价文件编审往往未得到充分重视，表现为编审准备不充分，缺乏与技术管理统筹考虑。在主观上甚至对编审过程构成干扰而影响质量，并为后期履约埋下隐患。

8.7.1 独立编制模式局限

在施工总承包招标中，工程量清单及招标控制价文件由建设单位委托造价咨询机构编制完成，由建设单位审核并确认。文件编制依赖于丰富的前置条件和复杂的准备过程。在客观上，由于招标周期紧迫，文件编制时限较短，编制准备并不扎实，编制过程往往不够顺利。在主观上，造价咨询委托合同中约定的服务义务不明确，造价咨询机构未能与项目管理咨询机构保持有效衔接，或未能落实建设项目管理相关要求，文件编制效果也往往达不到管理预期。为克服上述问题，提倡由项目管理咨询机构会同造价咨询机构共同实施文件编审，包括共同开展准备工作、共同推进管理要求落实等。

8.7.2 文件编审的目标

招标经济文件与项目建设管理各方面休戚相关，只有明确编审目标，不断提升编审质量，才能确保其取得最终成效。文件编审首先应满足法定要求，即必须符合国家法律法规、规章标准及相关政策性文件规定。对于具体项目，要遵守行政主管部门行政许可与监管要求，真实而准确地反映项目实际情况，不得偏离市场水平，价格组成科学合理，公平引导报价形成。充分突出项目针对性，特别是要反映项目投资管理的要求，充分实现与技术管理要素的紧密融合。

8.7.3 文件编审必要准备

所谓必要条件也称编审的前提条件，总体而言，项目施工招标前期准备越扎实，则文件编审越顺利，编审成果质量水平越高。

1.文件编审的必要条件

（1）行政许可条件。对于政府投资项目而言，前置条件包括：经批准的可行性研究报告及初步设计概算、工程规划许可、技术评估评价意见、施工图设计审查意见、公用市政咨询与报装方案等。

（2）项目技术条件。除上述条件涉及的技术要求外，从编制所需的设计条件看，项目施工图已经完成并达到编制深度，部分与使用功能密切相关的复杂技术方案已经成熟，有关重要材料设备参数详尽，设计工艺做法清晰。特别是对于复杂公建项目，各专项内容涉及的功能需求已趋于稳定，施工图设计成果已十分成熟。

2.文件编审的准备工作

（1）项目管理要求。为使工程量清单及招标控制价文件充分落实项目管理要求，需结合项目特点有针对性地开展编审。前置性的项目管理工作主要是已经完成项目管理规划编制，能够确保与项目施工招标前期有效衔接，能够保证后期履约诉求实现。此外，项目还应具备成熟的合约规划，尤其是针对暂估价内容的规划，这为细化招标范围及明确费用计取奠定基础。

（2）项目招标条件。编审过程依赖于项目管理过程协调调度会议决议、招标问题的论证结论、市场考察报告、设计补充说明、投标答疑文件、异议处置文件等。为确保顺利编制，还应明确招标管理制度安排，搭建组织机构，明确职责分工，确定采用的编审工具等。尤其是对于暂估价招标，由于参与单位较多，该条件实现尤为重要。此外，文件编审所需资源条件还包括类似项目造价指标数据等。

8.7.4 文件编审核心思路

科学开展好工程量清单及招标控制价编审需要站在项目管理高度，其核心是利用编审时机实现项目管理尤其是投资管理目的。通过将招标控制价与经批准的初步设计概算对比，在考虑价款调整的基础上，以限额设计为基础提出有关编审管理思路详见图8.7.1。

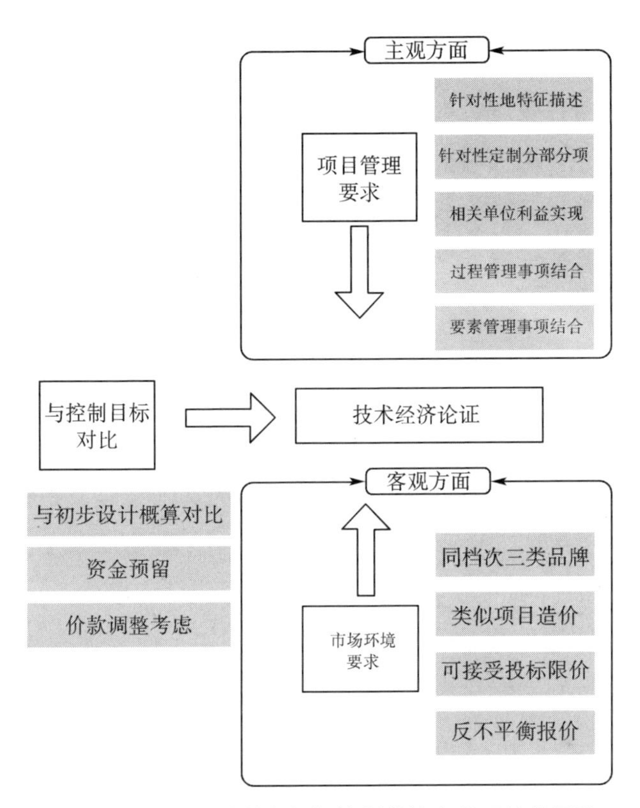

图8.7.1　工程量清单与招标控制价编审管理统筹思路

在主观方面，针对项目实际需要有针对性地完善特征描述，补充必要的分部分项内容，重点考虑招标范围、深化设计、管理协同等因素。要确保工程量清单与招标控制价内容及各项建设管理事项紧密衔接，要充分考虑后期履约问题，还要把握有关项目进度、质量、安全等管理对工程量清单及招标控制价编制的要求等。

在客观方面，考虑重要材料与设备的同档次三类品牌设置，要考虑法律法规等政策调节影响，充分借鉴同类项目数据和相近时段市场价格。对潜在投标人情况有所了解，确保最高投标限价可接受，保证对市场价格信息充分掌握，采取必要反不平衡报价策略，确保合理引导投标报价及落实监管要求等。

8.7.5 文件编审关键问题

（1）搭建编审协同机制。**所谓编审协同机制就是有效建立造价咨询机构、设计单位、项目管理咨询机构及建设单位共同围绕经济文件编审的统筹方式。在这一方式下，项目管理咨询机构实现管理高效部署，设计单位按计划快速完成设计成果，造价咨询机构根据设计成果及早将经济文件编制完成。项目管理咨询机构则根据招标控制价与概算对比及重点问题的论证结论，协调设计单位优化设计成果。造价咨询机构根据技术经济论证意见及优化后的设计成果进一步完善经济文件。**

（2）构建价格监测体系。行政主管部门应构建市场交易价格信息系统，监测价格形成，反映交易规律，定期发布交易价格指标，预测市场发展趋势，为招标人提供可供查询的交易信息，助力其准确了解市场情况，对未来价格走势做出预判。交易价格信息是市场价格监测体系的基础系统，是行政主管部门主导监管体系的重要组成部分，为招标人科学编制工程量清单及招标控制价文件提供了根本保证。

（3）树立面向履约思想。在文件编审协同中，应全面考虑履约阶段可能发生的管理问题，如工程量清单及招标控制价对未来合同价款调整依据的适用性，工程量清单对未来工程变更管理的前瞻性，招标控制价所考虑的中标单位营利性，以及对项目履约阶段周期计量的影响等。**应该说，科学的工程量清单及招标控制价囊括了后期履约阶段项目管理部署的全部内容，反映出针对项目实施与管理局面的早期研判。**

8.7.6 暂估金额确定与计价

（1）**经验法**。是指以近期已完成且结算金额与暂估金额差异不大的同类项目为参照，并按照同类项目单方造价估算暂估金额的方法。对于最终结算金额与相应暂估价差异较大的，可在分析差异原因并适当修正后直接确定暂估价。该方法适用于专业内容一致、建设规模相似、建造工艺难度相当的项目。

（2）**指标法**。是一种通过以一定数量相同或相似项目作为样本，针对暂估价内容对应单方造价数据进行综合，并在形成指标数据后再估算确定暂估金额的方法。同类项目指标对于确定暂估金额确定具有重要意义。相比经验值法，一定数量相似项目的单方造价指标集中反映了宏观造价水平。同类项目指标测算很关键，一方面为确保指标准确性需尽量选择相似度较高的项目，另一方面需重点关注样本项目结算金额与暂估价差异水平，测算反映出不同类型暂估价内容造价指标变化与浮动区间，结合差异原因进行分类，并有针对性地选定参照。

（3）**反推法**。在政府投资建设项目中，该方法以造价控制“红线”即经批准的初步设计概算为基础，在确定项目造价控制目标值前提下，结合项目特点，对暂估价内容的变化做出估量并预留一定比例金额后，最终确定暂估金额的方法。不同类型专业工程暂列金额预留比例有所不同，一般来说以经批准的初步设计概算5%～10%比例预留为宜。对于实施界面复杂、费用调整大、功能需求变动大、市场价格波动大的工程内容，可提高至10%～15%。反推法是一种自上而下确定暂估金额的方法，与暂估价内容的造价控制及限额设计过程保持一致，也与项目由初步设计向施工图深化过程中概、预算的调整相呼应。

（4）**成本法**。是从对暂估价内容涉及成本费用组成角度确定暂估金额的方法，该方法着重考量了费用组成的完整性。暂估价包含实施并完成该项工程内容的全部费用，包括分部分项工程费、措施项目清单费，还包括规费、税金等。此外，还应考虑可能包含的设计费、试验检验费及需由分包单位提出的措施费等，对于已经考虑由施工总承包单位实施内容的费用除外。虽然估算时具体工程内容尚未明确，全部各类费用的准确金额暂时无法确定，但在尚可确定部分费用的情况下，不失为一种辅助性的方法。

（5）**询价法**。是针对暂估价材料、设备，通过面向市场询价方式，找出不同市场条件下材料与设备及安装费用真实价格水平，并进一步结合市场价格波动对未来时点价格预测的方法。该方法还考虑了市场信誉和占有率等评价指标对材料设备价格的影响，尤其注意较大工程规模或批量采购条件下对单价的影响。与上述方法相比，该方法从市场规律出发，体现出材料、设备价格市场的时效性。

8.8 案例分析

案例一 设计招标文件编审要点

案例背景

某大型房屋建筑工程项目，建设单位希望通过设计招标来提升设计服务管理水平，有效控制项目总投资，并对设计单位形成有效的合同约束力，要求设计单位最终对建设单位管理给予全面配合。于是招标人询问招标代理机构如何才能达到上述要求，招标代理机构建议其借鉴类似项目招标文件示范文本，并吸收类似项目建设单位针对设计管理的成功经验。

案例问题

问题1：建设单位寄希望于招标环节创造设计管理良好局面是否合理？

问题2：招标代理机构对建设单位的建议是否合理？

问题3：如何通过招标环节有效提升设计管理的质量？

问题解析

问题1：建设单位重视对设计环节的管理，并寄希望于通过招标环节实现管理部署的思想认识是正确的。正是由于设计环节对项目全过程管理的重要作用，因此，重视设计服务是组织好项目建设管理的重要前提。

问题2：招标代理机构给建设单位的建议具有一定的合理性，借鉴成熟、优秀招标文件示范文本并学习类似项目做法不失为捷径。但在实践中更需要结合项目特点，加强设计管理总体策划，从若干重要方面对设计单位提出有针对性的要求，并将管理思想纳入设计合同条件，唯有此才是解决设计管理问题的根本途径。

问题3：有必要从以下几方面加强对设计招标文件的约定：①多维度界定设计范围，包括从空间、投资、阶段以及深度等多维度方面。②全面实施设计总承包模式，将设计自行实施、自行分包及强制分包内容纳入设计承包范围。③提出详细设计配合服务清单，明确设计单位关于建设单位及组织管理全过程的配合服务事项与执行要求。④完善设计费用支付方案，确保费用支付与建设单位管理及设计服务成效全面关联。从经济手段上形成约束力。⑤全面实施设计履约评价，将评价结果与费用支付关联，利用经济手段促进履约成效实现。⑥详细界定设计违约责任，以对设计单位履约形成有效威慑。⑦要求设计单位加强限额设计，对其提出详细限额设计要求，对由设计单位原因导致的超投资情形追究经济责任。⑧推行设计履约担保及设计责任保险机制。⑨要求设计单位采用信息化与新技术手段如BIM等开展高效设计服务，持续优化设计成果，确保设计服务质量实现。⑩要求设计单位针对分包设计费用单独列项报价，以利于费用准确计量与核算支付。⑪要求设计单位就上述内容提交承诺，保证按照建设单位要求落实执行。⑫对设计团队人员最低资格提出要求，对设计单位人员能力提出具体衡量标准等。

案例二　合理描述招标范围

案例背景

某大型房屋建筑工程项目，建设单位即招标人聘请招标代理机构组织开展设计、施工总承包及监理招标。由于招标范围十分重要，因此招标人十分关注招标文件中关于招标范围的描述。建设单位同时委托了专业的项目管理咨询机构对项目实施全过程管理，并要求其对招标范围进行审核。在设计、监理、施工总承包招标活动中，其中对设计招标范围的描述为："项目红线范围内所有设计内容。"对监理招标范围的描述为："本项目施工总承包所对应的全部监理工作。"而对施工总承包招标范围的描述为："图纸范围内全部工程内容，详见工程量清单。"当招标代理机构将招标文件提交给招标人后，项目管理咨询机构组织对招标文件进行审核，对招标范围描述提出审核意见，认为招标范围描述不够详尽且存在重大遗漏。

案例问题

问题1：招标人对招标范围描述报以极其重视的态度是否小题大做？

问题2：招标代理机构对于设计、监理及施工总承包招标范围描述是否合理？

问题3：项目管理咨询机构对招标范围的描述应提出怎样合理化的建议？

问题解析

问题1：招标人对招标范围描述给予高度关注，充分体现出其能够站在项目管理视角审视招标活动，对范围管理的重视也显现出招标管理的专业性。在实践中，有关招标范围的描述极其重要，将对未来合同履约产生重要影响。

问题2：显然案例中招标代理机构对招标范围的描述不够完整，表现在内容简单、程度粗浅，尤其是未能充分融合项目管理思想，不利于后期履约及管理工作的开展。

问题3：应从全过程、全要素管理视角出发详细界定招标范围。

设计招标范围包括：①在空间上，为项目红线范围内所有内容及红线周边、红线外随本项目同步实施的公用市政工程内容等。②在投资上，为经批准的初步设计概算范围工程内容及其他各类主体投资本项目涉及的设施设备安装、接用工程内容等。③从阶段上，包括项目设计必要前置条件服务、方案设计、初步设计、施工图设计及一体化设计及必要的深化设计等。此外，还包括项目其他设计单位组织实施但纳入设计总承包单位管理的工程内容等。④在深度上：设计成果应全面满足《建筑工程设计文件编制深度规定》要求，达到工程量清单和招标控制价编制条件，满足项目全过程项目管理及项目施工需要。

监理招标范围包括：①法律、法规规定的监理范围与服务内容。②项目涉及各类公用市政工程施工内容。③为项目建设单位及管理咨询机构提供三维度管理伴随服务内容。④项目颁布的各类管理制度所涉及的工作内容。⑤在项目建设单位及管理咨询机构安排下实施的必要的沟通、协调服务内容。⑥服务时段自签订合同之日起至工程缺陷服务期结束，包括项目开工前准备、竣工验收及缺陷责任期阶段监理服务。⑦项目建设单位及管理咨询机构临时交办的其他事项等。

施工总承包招标范围包括：自行施工范围、自行分包范围、暂估价分包范围以及施工总承包管理范围。分别对上述内容进行详细描述，其中对于纳入施工总承包范围的暂估价内容范围与施工总承包自行施工及自行分包界面划分应予以清晰界定。

案例三　招标文件技术部分缺乏依据

案例背景

某大型房屋建筑工程项目，建设单位委托专业的项目管理咨询机构开展全过程项目管理，聘请招标代理机构及工程量清单编制单位组织开展施工总承包招标活动。在招标文件准备就绪后，项目管理咨询机构详细审核了施工总承包招标文件，发现有关“技术标准与要求”内容不够完善。因此，项目管理咨询机构技术负责人甲针对施工总承包过程又补充提出了一系列技术要求。出于其补充技术性内容的重要性，甲坚持要求招标代理机构尽快按其要求将招标文件相应部分补充完善。于是招标代理机构在招标文件“技术标准与要求”章节补充了甲提出的全部内容，并随即组织完成了招标文件发售。购买招标文件的投标人A发现招标文件“技术标准与要求”的部分内容超出了设计成果内容范畴，且招标人发布的工程量清单内容也与招标文件“技术标准与要求”内容未能保持一致。于是，投标人向招标人提出质疑，指出招标文件有关“技术标准与要求”的约定不合理。

案例问题

问题1：项目管理咨询机构技术负责人甲针对招标文件“技术标准与要求”部分补充提出一系列内容的做法是否合理？

问题2：投标人A就此提出的投标质疑是否合理？

问题3：招标人后续应该怎么做？案例带给我们什么启示？

问题解析

问题1：项目管理咨询机构技术负责人甲针对招标文件补充提出的一系列技术要求本身是合理的，属于其针对招标文件审查的管理技术类咨询成果。然而由于招标文件依据施工图编制，其技术部分与工程量清单等应保持高度一致，因此，仅在招标文件中加入其审核的技术性内容是不够的。

问题2：投标人A的主张是正确的，这说明投标人A认真仔细地阅读了招标文件，并发现了施工图设计、招标文件技术部分、工程量清单内容的不一致。

问题3："技术标准与要求"内容描述应在充分结合项目特点的基础上，需要在招标文件中补充完善。但该部分内容描述必须与招标文件其他内容一致，尤其是与施工图设计及工程量清单保持一致。为确保招标文件尤其是"技术标准与要求"编制始终拥有充足依据，不提倡在设计成果范围或在缺乏依据条件下，肆意补充技术标准与要求内容，这不仅可能导致上述三者内容不一致，也将使得招标人确认招标文件过程缺乏依据，失去了将设计成果作为前置条件的作用。建议对于确实需要补充的技术标准与要求内容，应首先要求设计单位把关，对于能够纳入设计成果的，应尽可能要求设计单位抓紧完善设计成果，并在此基础上整理完善招标文件技术标准与要求内容，这同样也有利于工程量清单编制单位依托设计成果同步完善经济成果，从而确保三者内容一致，更使得非技术专业出身的招标人能够在设计单位配合下完成技术标准与要求的编写。可以说，秉持上述思路开展招标文件编审充分体现出项目商务与技术管理的统筹融合。

第9章 工程招标管理典型问题

导读

虽然法定招标程序相同，但不同建设项目由于其自身属性及环境条件差异，具体招标活动实施过程中面临的问题及管理思路不尽相同。但有些问题是时常会遇到的，且对工程招标管理全局构成重大影响，在实践中这些问题包括：评标方法定制、多标段定标、招标人评标代表拟派、招标环节造价控制、最高投标限价确定、暂估价招标推进以及中标单位履约评价等。工程人员要不断收集棘手问题，持续总结解决问题的方法，提出卓有成效的解决方案，并不断优化处置措施，唯有此才能确保工程招标高质量开展。

9.1 评标方法设计与定制

评标活动是招标程序的核心环节，评标方法作为评标活动直接依据，是招标文件的重要组成内容，直接影响招标过程的稳定性和优选品质。建设项目标的类型多，其中勘察、设计、施工及监理招标尤为重要。行政主管部门发布了标准招标文件，出台了相关政策性文件对评标方法定制给出了原则性的规定。然而由于建设项目招标活动的广泛差异，评标方法设计受诸多因素影响。从项目管理视角，有必要将全过程管理要求作为评审内容纳入评标方法。工程人员应充分认识到评标方法定制的重要性，科学设计和编制评标方法，以达到提升优选品质的目的。

9.1.1 评标方法设计原则

评标方法作为一种优选规则，其定制应秉持的原则包括：①针对原则，即从标的属性特点出发，结合项目规模、专业、难度以及标的实施目标，以问题为导向考察投标人各方面能力。②管理原则，即站在全过程管理视角，考察投标人对全过程管理的响应能力，在项目管理模式下对各方协调及管理的配合能力，以及管理效果与执行力进行考察。③一致原则，即评标方法中的各项内容应该与招标文件，如合同条件、投标须知、技术标准与要求等内容一致。④评价原则，即评标方法能够全面、系统地衡量投标人能力与水平，评价过程既包括量化的指标又具有结论性意见。评价内容广泛，重点突出，针对性强。⑤优选原则，即评标方法能够具备针对标的特点并结合项目管理目标与要求对投标人实施筛选，突出投标人优势，锁定各投标人差距并指出不足。当然，评标方法定制同样需要贯彻《招标投标法》的立法原则。

9.1.2 评标方法设计内涵

科学严谨的评标方法应具有丰富的内涵，包括：

（1）处理好“当前”与“长远”的关系。即应包括对投标人“当前”能力考察的同时，又要注重“长远”可持续发展，尤其是对未来履约水平及工作能力的考察，从而避免中标单位在履约能力上出现衰减。因此，招标人有必要了解和掌握投标人企业发展战略与规划对项目的影响，规避企业发展对履约的不良影响，扩大对企业可持续发展能力考察的比重，例如企业在知识库建设、生产组织与资源配置的能力。还要估量企业远期与当下能力的差距等。

（2）处理好“主观”与“客观”的关系。评标方法中既要包括客观评审内容又要兼顾主观内容，直接反映投标响应的客观事实，客观评审内容由评标委员会予以直接辨识认定。然而，主观评审内容需要评标委员会发挥自身能动性，通过一定的思考与分析认定。相比客观而言，主观内容对评标委员会能力要求较高，且在评定的裁量尺度上具有更大的灵活性。因此，评标方法设计应进一步细化主观评审分值比例，提出详细的评审基准，量化主观评审内容。

（3）处理好“基本”与“提升”的关系。必要合格条件以及必要响应条件是典型的评审内容。在量化评审中，部分评审要素包含的要求往往是合格投标人所应具备的最低要求。但除资格预审及资格后审情况外，评标方法中无论是量化评审部分还是响应性评审部分，均应充分结合标的特点，挖掘能够进一步考察投标人“提升”能力部分的评审要素，突出对投标人与标的实现相关的特殊能力的考察，衡量投标人有别于彼此的能力水平。

（4）处理好“通用”与“专用”的关系。通用内容是标的之间相似性及基本评审方面所应考虑的内容。“专用”内容则是有针对性地结合项目标的特点，围绕标的情况定制。一方面，通过专用内容定制调整不合理的通用内容。另一方面，结合需要对专用内容扩展与完善，从全过程项目管理视角、重点难点问题及考虑特殊情况等方面完善专用内容。

（5）处理好“相关”与“互斥”的关系。是指由于选择的评审要素具有复合的考量性质，即彼此间存在一定的相关度，评审要素主要包括对投标文件技术、经济与商务部分的考察，彼此间可能存在的相关度，尤其是“正相关”，即一个评审要素评分变化，另一个要素的评审也不同程度向同一方向变化。“互斥”则相反，是指评分向相反方向变化。很显然，关联评审要素是负面的，将降低评审优选效果，优化和消除关联评审要素或降低相关度则有利于优化评审过程。然而另一方面，也可以通过细化和明确评审基准以避免评标委员会对评审要素关联认识的情形。

(6) 处理好“宏观”与“微观”的关系。评审要素设置存在宏观与微观两方面，宏观要素侧重对综合与整体能力的考量，而微观则侧重对某一方面能力的考察。评标方法应对这两类要素的比例予以合理配置，例如在经济评审中，提倡对总价评审的同时，也需要对个别重要分部分项或主要材料与价格进行局部评审，从而全面考察报价合理性。

9.1.3 评审参考资料

招标文件及评标方法是评标委员会组织开展评标活动的直接依据。然而招标文件可能并不能完整地反映项目标的全部情况。评标委员会虽受托于招标人，但其信息相对于招标人而言并不对称。可以允许评标委员会根据评标需要进一步获取其认为评标活动所需的必要项目信息，因此，评标方法中应载明评标委员会可以借鉴的评审参考资料清单内容。以施工为例，这种参考资料往往包括各类项目前期咨询成果、勘察与设计成果、项目已取得的各类行政审批文件等。此外，对于应评标委员会要求，投标人进一步澄清说明或补正的资料同样可以作为重要参考资料。在实践中，相比招标其他环节，评标周期较为短暂，评标委员会在短时间内很难掌握参考资料全部内容，这需要从法律高度在评标程序设计上彻底做出优化。

9.1.4 评审分值设置

目前，某些地方在行政主管部门颁布的有关评标方法政策性文件中，对于评审要素安排和分值分配做出了强制性规定，尤其是对于技术、经济及商务评审要素分值比例做出限定，但同时也给予招标人一定自行量化评审分值的空间。在实践中，工程人员往往对于具体要素分值分配并不考究，仅凭借主观考虑，致使分值量化缺乏严谨性。主观随意设定分值将对评标结果产生不良影响，使得评标缺乏严肃性。主观的分值量化还可能滋生串标行为的发生。因此，有必要规范评审要素选取及分值量化过程。行政主管部门应加强对招标人定制评标方法的监督，包括引入公开透明的评审要素评价机制，公开、公平地标定其重要度，包括可采用诸如层次分析法（AHP）评价，根据评价重要度进行分值分配。招标人组织开展评审要素重要度评价并据此确定分值，体现了招标人在评标方面的权利回归。

9.1.5 评审要素选择

评审要素的选择应从多方面考虑，紧紧把握评审内涵，以评审优选目标为导向。有关评标活动一般评审要素选择主要方面详见表9.1.1。

建设项目评标活动一般评审要素选择主要方面一览表　　表9.1.1

要素选择方面	具体说明
管理协同与合作能力	为建设单位实施的全过程项目管理服务提供配合，并基于这一管理要求开展协同的能力
团队能力	团队人员的基本素质、知识水平、服务技能、管理水平、沟通与协调能力等
资源供给能力	为标的实现过程提供各类资源的能力，包括人员、机械设备、资金等
信誉与影响力水平	信用、口碑、知名度、无不良行为记录、社会价值水平等因素
业绩与经验	针对实现标的类似业绩或经验资源
服务意识与能力	对于建设单位组织实施的全过程管理服务能力，以及服务态度与思想意识等
运营与发展能力	企业运营管理的水平，企业发展稳定性与战略计划的实现情况
执行力	按照管理要求落实执行的效果、效率以及程度等
突发事件应急能力	对项目标的实现过程中发生重大变故、突发事件的应急处置能力
问题处置能力	对项目标的实现过程中的各类重点、难点问题的处置能力
进度、质量、安全保障能力	对进度、质量、安全等各类要素管理水平以及目标实现的保障能力
规范化水平	标的实现过程中各类工作的规范程度，标准化水平与严谨度
科学管理手段	采用的先进管理方法、实施工艺、创新技术情况等
能力变化情况	随着履约及时间变化，其自身各方面能力的变化情况

9.1.6 评审基准确立

评标委员会根据评审基准展开评审，对投标文件内容进行辨识分析，评审基准设置是否科学合理体现出评标方法的编制质量。在语言上，基准描述应清晰、准确、严谨，避免产生歧义。在内容上，应确保与招标文件各部分内容保持一致，突出评审重点，以利于评定分值差距的产生。在实践中，基准描述语言缺乏规范性，致使评标委员会在基准认定上出现困难，难以对投标文件做出评审。行政主管部门有必要进一步规范基准描述语言，针对典型项目出台通用性评审要素描述基准的相关指导意见。

9.1.7 其他问题

1.评审结果一致性

在实践中，评委专家分别对同一投标文件评审或同一专家对同一投标文件的多次评审结果可能并不一致。这种不一致性表明评标方法在设计中可能存在缺陷，其原因可能包括：部分评审内容欠明确、主观评审要素占比过大、分值设置间隙较大等。为确保评审科学性，应尽力消除评审的不一致现象。在实践中，通过诸如去掉“畸点”再计算平均，但该方法并非事前管控措施，有必要对评标方法在评审前就进行一致性校验。

2.评审要素敏感性

评审要素敏感性是指围绕某一要素的评分变动而使评标结果变动的程度。对于目前广泛采用的“百分制”方法，对应分值分配比例较大的评审要素则敏感度较高。对于敏感度较高的评审要素，当出现一致性问题时，对评标结果的影响是致命的，这再次体现出评审要素选择和分值分配的重要性。因此，有必要强化评审要素分值影响因素重要度。评标方法敏感性是指多个评审要素对应的分值同时变动对最终评标结果的综合影响程度。当数量较少的评审要素（如1～2个）对应分值变动而影响评标结果时，则说明评标方法的敏感性较强，相反则较低。科学的评标方法应具有较低的敏感性，即评标结果不应因某一或多个因素变动而产生决定性影响。因此，评标方法设计应避免少量评审要素分值比例与平均分值离散度过大。

3.优选的不彻底性

即使评标方法设计再科学，但由于标的复杂性，仍存在优选不彻底的可能，这种可能是由多方面原因引起的，包括评标方法设计上的不完备性，诸如评审要素选择缺乏系统，致使对投标人实际能力与水平衡量存在局限，或者评标方法设计与标的实际需要存在差距。优选的不彻底性决定了优选的相对性，避免不彻底性是评标方法改进的方向，所采取的方法包括适当延长评审时间、扩展评标参考资料、提供充分评审条件及加强评审准备等。

目前，建设项目评标方法设计在科学性、适用性方面仍存在不足。一方面应针对不同行业项目特点创新评标机制，另一方面也应对现行常用的评标方法予以改进。工程人员要充分领悟评标方法定制内涵，把握方法设计原则，从项目全过程三维度管理出发，以科学优选中标单位为导向创新评标方法定制过程。相信通过对评标方法持续改进，评标能力和中标优选品质将逐渐提升，从而有效助推工程招标高质量开展。

9.2 多标段定标

导读

标段又称为合同段，标段划分是建设项目合约规划的核心工作，建设项目被划分为多标段招标有利于投标资源的合理分配，同时也加快了工程项目建设进度。然而由于受项目类型、环境条件、投标资格、工程管理等多因素影响，不同项目标段划分方案差异较大。就同一项目而言，也可能出现标的规模分配不均、标段数量多寡难定的情形。**在多标段招标条件下，标的品质差异和标段数量等因素影响了投标竞争性，在实践中，在中标标段数量限制的前提下，投标人为争取品质优良标段中标，往往策略性放弃劣质标段中标资格，从而给多标段定标带来难度**。因此，有必要总结整理各类多标段招标情况，并针对定标难度较大的典型情形提出可行的定标方法。

9.2.1 多标段招标客观情况

多标段招标情况因素一般包括：被划分标段数量、标的品质优劣差异、投标人数与标段数差异、各标段投标人数差异以及投标人投标情形等，详见表9.2.1。理论上，对上述5类客观情况因素进行数学组合可能产生上千种具体客观情况，由于5类因素彼此间关联影响，在实际中往往以较为常见的几种情况出现。

多标段招标客观情况组合一览表　　表9.2.1

1被划分标段数量	2标的品质优劣差异★	3投标人数与标段数差异	4各标段投标人数差异★	5投标人投标情形★
很少：2个	均等	小于标段数	完全相同	只投一个标段
较少：3～4个	近似●	等于标段数	基本相近●	每标段均投●
适中：5～9个	顺序增减	大于标段数	部分相同	选择性多投●
较多：≥10个	极不均等●	远大于标段数	差异较大●	随机多投

注：“标的品质优劣差异”在此表中专指各标段标的对投标人的吸引力差异，例如标的规模、标的实施难度、标的收益等因素均可能使得投标人对标段标的产生吸引力。

在表9.2.1中5类因素中，“标的品质优劣差异”等3类因素更容易导致多标段定标难度增加（表中标记“★”列）。在“标的品质优劣差异”列中，“相似”与“极不均等”是两种相反且较有代表性的情况；在“各标段投标人数差异”列中“基本相似”和“差异较大”是两种相反且有代表性的情况。在“投标人投标情形”列中“每标段均投”和“选择性多投”具有代表性。通过对上述各项情况（详见表中标记“●”项）进行组合，进一步选定以下两类差异较大的典型情况作为本部分后续定标分析的前提，即前提1，多标段标的品质近似，各标段投标人数量比较接近，同时投标人每标段均投标（实践表明，标段品质相似，往往导致各标段投标人数量相近，且投标人均参与各标段投标）；前提2，多标段标的品质差异大，各标段投标人数量不等，投标人有选择性对多个标段进行投标（实践表明，各标段品质差异较大，往往造成各标段投标人数不等，且投标人选择性参与投标）。

9.2.2　多标段定标影响因素

在多标段同时组织招标的条件下，多标段开评标顺序、各标段候选人排序等因素均不同程度地影响着多标段定标工作。总结7类多标段定标影响因素及并列出各种可能的组合情形，详见表9.2.2。在理论上，7类影响因素通过数学组合可能产生上万种具体定标影响情况，由于7类因素彼此间关联影响，在实践中仅可能以常见的几种情况出现。

多标段定标影响因素情形组合一览表 表9.2.2

开、评标顺序	各标段候选人排序	各标段公示顺序	各标段定标顺序	限定中标情形	弃标时点	异议与投诉
顺序开、评标（优至劣）●	完全相同●	顺序公示（优至劣）●	顺序定标（优至劣）●	不限定	开标前	中止时间较短
顺序开、评标（劣至优）●	基本相似●	顺序公示（劣至优）●	顺序定标（劣至优）●	限定中1标●	公示期●	中止时间较长●
随机开、评标	部分相似	随机公示	随机定标	限定中*n*标	公示结束●	影响评标结果●
同时开、评标●	完全不同	同时公示●	同时定标●	关联限定	中标后●	不影响评标结果

注：（1）“同时”是指同一时间或较为短暂的同一时段，例如1日内；同时开标是指在同一时间同一开标会现场依次完成开标，表中其余均属非同时情形，例如顺序开标与顺序公示是指在不同的时间或日期顺序依次进行开标与公示；

（2）“限定中标情形”列中，“关联限定”是指在多标段招标中招标人只针对若干相互间彼此关联的标段限定中标的情形，例如当某投标人在关联标段中某标段中标时，则其在关联标段的中标可能被禁止。

对于上述7类影响因素，在“开、评标顺序”列中“顺序开、评标”与“同时开、评标”是两种代表性情况；在“各标段候选人排序”列中，各标段“完全相同或相似”是该列中对定标影响最大的因素；在“各标段公示顺序”列中，“顺序公示（优至劣）”或“顺序公示（劣至优）”以及“同时公示”很可能对定标产生截然不同影响；在“各标段定标顺序”列中“顺序定标（优至劣）”或“顺序定标（劣至优）”亦可使得定标过程存在较大的差异。此外，列中“同时定标”的情况操作难度较大；在“限定中标”列中各情况均较为常见；在“弃标时点”列中，各情况也较为常见。在“异议与投诉”列中，导致“中止时间较长”情形较为常见，而且异议与投诉发生也时常影响评标结果。通过对上述各项情况进行组合，详见表9.2.2中标记“●”项，选定影响定标的两种典型情形作为分析重点情形,即情形1：顺序开评标、候选人顺序相同、顺序公示、顺序定标、限定中标数量、放弃中标资格且遇到异议或投诉的情形；情形2：同时开评标、候选人顺序相同、同时公示、同时定标、限定中标数量、放弃中标资格且遇到异议或投诉的情形。

9.2.3 典型情形定标分析

根据上述两类前提以及两类重点情形，将“前提”与“情形”进行组合，存在以下四种有待重点分析的定标情况，即情况A“前提1+情形1”，情况B“前提1+情形2”，情况C“前提2+情形1”，情况D“前提2+情形2”。

1.情况A探讨

各标段顺序公示以及依次定标过程中，公示与定标顺序决定了多标段定标总体方案。当某投标人已获中标标段数量达到中标标段限值，且后续标段仍处于候选首位时，则针对后续标段，招标人可确定其次位候选人中标（除非其次位候选人也已达到限值）。若某投标人在多标段定标时放弃某标段中标资格，则该标段可能重新递补产生一位仍未达限值的中标单位，在这种情况下，所弃标段和剩余待定标段定标时序上的不同，会造成某投标人所获中标方案截然不同。进一步假设，若顺序定标中该投标人较早弃标，在理论上其后续各标段定标结果可能均受到影响。由此可见，投标人弃标加剧了多标段定标的复杂性，扰乱了定标秩序，形成不同的最终定标结果。尽管在标段标的优劣相近的情况下，投标人常常较少弃标，但出于维护定标秩序的需要，可在招标文件中加入“当已被授予中标标段数量达到允许中标标段数量限值下，投标人放弃全部或放弃部分已中标标段的，将不再被授予后续标段中标资格”的表述。此外，为确保定标过程公开、公平、公正，避免主观因素影响定标顺序从而导致多标段中标方案不同，可在招标活动开始前对标段约定定标顺序进行编号，并按照约定的编号顺序进行定标。此外，投标人还应科学合理地设计投标担保约束机制，以便对投标人弃标等缔约过失行为给招标人可能造成的多标段连锁损失进行追偿。

2.情况B探讨

在中标标段数量限定条件下，某一投标人同时具备多个标段首位中标候选资格时，投标人往往策略性弃标。对于招标人而言，面对某中标单位同时具备多个标段中标资格，更使得定标过程无所适从。针对多标段同时定标，业内某做法为：招标人要求投标人优先自愿选择意向标段，具体做法是，各投标人均在其投标文件中明确提出各标段意向中标顺序说明或在开标现场投标人密封提交标段意向中标顺序说明文件。然而在法理上，定标行为是招标人应履行的法定义务，也是其应享有的法定权利，因此，多标段定标顺序的选择权属于定标权利，理应归招标人所有，而法律上赋予了投标人有条件放弃中标资格的权利，由此可见，业内上述做法有失妥当。在多标段定标中，应尽力避免多标段同时公示、同时定标的情况。由于投标人对各标段候选人公示信息十分了解，若招标人针对各标段同时定标，可能导致投标人策略性弃标连锁互动，从而出现比情况A更复杂的情形与风险，定标组织难度进一步加大，因此，应将“同时”定标转变为“顺序”定标，并按情况A相应做法处理。

3.情况C探讨

在顺序公示、顺序定标情况下，若某投标人首先被较劣质标段确定为中标单位后，其在后续较优质标段候选人公示中仍处于候选首位时，由于受中标段数量限制导致其中标资格被取消的情况下，为争取优质标段中标，投标人往往会自动放弃劣质标段中标资格。对于品质优劣不等的多标段而言，此时若仍采用情况A中描述的“禁止或限制其后续标段中标”的做法，将会使投标人蒙受较大的投标损失，更使招标人丧失优质投标资源，也有悖于招标活动竞争性本质及“三公”原则。对情况A与情况B的分析表明，顺序定标是一种可行且稳妥的做法，对于情况C仍然适用，但需注意应按照多标段标的品质由优至劣顺序定标。此外在实践中，品质各异的多标段投标会产生激烈竞争，在一定程度上增加了异议、投诉发生的概率。当招标活动受到异议、投诉等影响而暂停时，或出于其他原因导致的劣质标段定标被迫先行进行时，为确保后续标段定标不受影响，防止投标人因等待优质标段中标放弃劣质标段的情况发生，将优质标段定标不受中标标段数量条件限制作为针对上述情况的除外情形。但投标人因获取优质标的而突破其投标资格条件因素，如资质标准规定的许可承揽范围规模限定的情况除外。

4.情况D探讨

结合上述A、B、C三种情况分析，虽然同时定标提高了多标段招标活动效率，但考虑到会给定标带来更多风险，因此应尽量避免标的品质优劣不等条件下同时定标。在多标段招标开始前，应按照标段标的优劣顺序依次编号，各标段中标候选人公示结束后，按照编号顺序依次定标，当出现投标人放弃优质标段中标时（虽较少出现），后续将不再授予其中标资格。同样，对于某标段出现招标暂停而导致定标延后时，当为优质标段（标段优质次序应在招标文件中载明）时，则该标段定标不应再受中标标段数量因素限制，以避免投标人策略性弃标。招标人应在招标文件中对上述内容进行详细约定。当招标人预计其在定标环节可能出现弃标情形时，可向首位候选人发出“预中标通知”并跟踪反馈情况，以便提早了解潜在中标单位弃标企图。此外，对于在招标活动中，经验证不具备投标竞争性的劣质标段以及需重新招标的标段可适当组合合并后重新招标。

多标段招标的详细定标规定应在招标组织过程中提前设计，并在招标文件中载明，力争使得定标工作有章可循，以确保“三公”原则实现。招标前须将标段按标的优劣顺序编号，定标应错开时段，按标的品质由优至劣的顺序依次进行，避免同步定标。在把握限定投标人最高中标标段数量时，应以投标人实际可支配资源为限，按照其资质许可范围与规模标准确定。量化投标人不正当弃标等缔约过失行为给招标人造成的损失，设置科学有效的投标担保机制进行约束。应避免多标段招标过程暂停、中止等情况发生，针对特殊情况可将中标标段数量限制作为除外条件。应注意把握和坚持标段定标的独立性原则，避免以某标段相关因素作为其他标段定标的依据。此外，在标段划分过程中，应注意均衡各标段标的品质优劣，避免引起不平衡投标竞争。

9.3　招标人评标代表拟派

导读

招标人评标代表作为评标委员会的重要成员，在评标中应享有与社会专家等同的评标权利、义务和责任。然而，招标人评标代表的产生过程、资格条件及应具备的评标能力却与社会专家存在差异。招标人评标代表一般作为招标人在职人员，相比社会专家，其对招标项目情况了解往往更加全面，对招标人给予项目的期望和目标认识更加深入。相关行政主管部门针对规范评标委员会的组建出台了《评标委员会及评标方法暂行规定》《评标专家和评标专家库管理暂行办法》等文件，对专家资格、产生、保密过程等进行了规定，但却鲜有对招标人评标代表拟派和参与评标活动的规制，这导致招标人在选定其自认为合格的评标代表过程中缺乏法定依据，也导致招标人评标代表对参与评标活动的自身职责缺乏认识。在实践中存在着由于招标人评标代表因错误定位自身职责而导致评标无法正常开展的情形，也存在招标人由于不重视评标代表拟派而使其利益受损的情况。因此，有必要进一步厘清招标人评标代表职责，明确其参与评标活动的目标，从而确保评标活动顺利开展。

9.3.1 评标角色的定位

评标委员会受招标人委托对投标文件展开评审。组织完成评标活动是评标委员会基本职责，遵照招标文件载明的评标方法评标是根本原则。评标委员会成员各自独立评审，通过发挥专家能力，受托确定满足招标文件要求的中标候选人或中标单位。招标文件由招标人组织编制与发售，作为要约邀请，充分体现了招标人的意志，尤其包含了对标的实现过程的各种要求。招标文件承载了招标人对中标单位履约的期望。既然评标委员会始终依据招标文件评标，以探寻有效满足招标文件要求的投标响应，由此推论，评标委员会是站在招标人视角寻找最大化满足招标人利益的中标候选人或中标单位的临时性机构。因此，判定投标文件对于招标人利益或要求的响应是评标委员会的主要任务，是衡量评标效果的依据，而非评标委员会成员自身评审偏好。总之受招标人委托，依据招标文件组织评标决定了评标委员会应广泛代表招标人利益，其对投标文件评判角色并非完全独立于招标人的第三方。

9.3.2 评标代表的特点

评标委员会对招标文件的准确理解是科学开展评标活动的前提，根据规定，评标委员会应在评标活动正式开始前短暂时限内组建，且社会专家由随机抽取产生。因此，社会专家对招标文件及项目认知仅从评标启动后才开始。鉴于招标文件内容的广泛性，依靠短暂而有限的评审周期，社会专家往往难以全面、深入地掌握招标文件内容，更谈不上对项目信息及招标人诉求的深层理解。可以说，社会专家参与的评标活动是在对招标文件及项目有限认知的条件下，实施的有限时间评审过程。因此，基于该条件的评标过程很可能存在一定的不彻底性。招标文件依据标的特点编制，是对标的情况及招标人面向项目管理要求更加深刻的领会，这恰恰是招标人评标代表相比社会专家的优势，可见，社会专家与招标人评标代表所掌握的信息并不对称。相比而言，招标人评标代表更加了解项目背景与特点，对招标文件可能更具有全面、深刻的认识，更加了解招标文件条款订立初衷，更加关切掌握招标人的核心利益等。在实践中，招标人评标代表对评标结果的形成更加关切，并承担着相比社会专家更大的评审压力。

9.3.3 评标代表的作用

招标人评标代表应首先把握独立评审原则。虽然其比社会专家在项目信息认知上更有优势，但并不肩负着针对其所掌握情况对社会专家做出解释的义务，不得站在招标人利益视角对评标过程实施引导，也不能仅站在自身认知角度干扰或影响评标过程。招标人评标代表在评标中应发挥作用包括：①增强招标人要求在评标过程中实现的可能性。招标人评标代表作为评标委员会成员，凭借其在评标委员会总人数的占比，增强了评标委员会整体对项目及招标文件的认知。②加深了招标人对评标情况的掌握，招标人评标代表全面参与评标过程，获知评标动态，了解评审结果信息，同时也知悉了社会专家评审状态。③促进招标人对评标结果的确认。在客观上，由于招标人评标代表的拟派，使得招标人对评标过程情况得以掌握，客观上有利于后期招标人对评标结果的确认。

9.3.4 评标代表的能力

招标人评标代表不仅应具备法定能力，还应具备实现招标人评标要求的能力，相比社会专家，其能力要求应更高。在法定评标能力要求方面，其个人职称、评标业绩等均应符合法定要求。在招标人评标能力要求方面：①应对项目情况、招标人利益、项目管理要求有充分的了解。这是其代表招标人行使评标权利、义务和责任的基础。②对招标文件条款订立初衷具有深刻的认识，只有这样才能深刻领会招标文件实质，更好地开展评标工作。③具有项目全过程管理能力，对项目管理体系、建设目标以及管理要求具有深刻的领会。④具有在评标过程中涉及招标人利益诉求问题的敏感性和决策力，以及快速应变及处置突发事件的能力，能够采取必要措施维护招标人利益。⑤具有良好的逻辑思维和表达能力，能够按照评标要求与其他评委开展必要交流。⑥具有良好的法律知识水平，有能力指出评标委员会在评标过程中存在的违法、违规或不当行为，确保评标顺利开展。⑦具有正直品格和职业道德，不为谋取私利而出现违法、违规情形等。需要注意的是，虽然招标人评标代表具有超出一般社会专家的项目认知，但也只能依据招标文件载明的评标方法进行评审。

9.3.5 评标代表的产生

招标人评标代表的产生是招标人依法组建评标委员会的重要工作。鉴于招标人评标代表在评标中发挥的重要作用，招标人应高度重视评标代表的选择与拟派，有关招标人评标代表产生过程的几种方式详见表9.3.1。招标人应根据自身情况自由选择确定评标代表的产生方式，但无论采取哪类方式，评标代表的产生过程应注意以下要求：①确保其始终代表招标人利益，围绕招标人评标代表应具备的能力在评标前对其开展必要培训。②建立保密机制，确保评标代表产生在评标前保密，可参照随机抽取的社会专家时间，自行确定评标代表产生的时限，提倡以签订保密责任书方式约束评标代表行为。③招标人应构建针对评标代表产生过程的监督机制，以确保评标代表产生过程的合法性，可通过招标人相关纪检监察部门监督评标代表产生等。④对评标代表行为予以约束，避免出现评标代表与投标人私下接触的情形，应构建针对评标代表产生的监督机制，如要求其签订违法行为责任书、承诺书等。

招标人评标代表主要产生方式与适用范围一览表　　表9.3.1

主要产生方式	具体说明	方式优劣与适用
优选机制产生	通过招标人自身构建的代表优选机制，选拔具有评标资格和能力的代表，如通过测评、考试、选举手段等	适用于招标人具有一定数量、优秀的可作为评标代表的员工，招标人具有完善的测评与选拔手段
临时聘用	招标人通过临时聘用具有评标资格和能力的社会专家	适用于招标人自身缺乏具有作为评标代表资格的员工，但需要按照法律法规规定提早临聘相关人员
抽取产生	面向招标人内部具有评标资格和能力的人员，通过随机抽取方式确定	招标人具有一定规模和数量的评标资格和能力人员，随机抽取方式与社会专家确定方式一致，有利于实现保密要求，实现选择过程的公正性与严谨性
组建专家库	招标人通过组建企业级评标专家库，并通过随机抽取方式确定代表	招标人具有一定规模和数量招标项目，具有长期拟派评标代表的需求，专家库有利于对代表的科学管理，促进代表评审能力和水平提升
固定职位	招标人具有履行评标代表岗位职责的固定人员，依据其岗位职责参与评标	招标人具有专门从事工程建设及招标管理等工作的专职人员，并具备评标资格条件与能力
直接指派	招标人通过管理层直接指派方式确定评标代表，如通过管理层直接指派或民主会议议定产生等	通过招标人民主机制或管理机制直接确定评标代表，有效保障了产生过程的公正性与严谨性

9.3.6 暂估价项目评标代表

对于包含在施工总承包范围内的暂估价内容，施工总承包单位作为招标人，其享有拟派评标代表的权利和义务。建设单位在组织开展施工总承包招标时，暂估价内容属于非竞争性部分。在实践中，针对暂估价内容实施招标分包时，建设单位将全面参与招标过程，并拟派评标代表。由于建设单位并非暂估价分包招标人，其并非享受与施工总承包单位同等的招标人权利，建设单位仅站在对分包招标活动管理视角行使确认权。这一权利主要表现在对暂估价招标过程文件的确认。在实践中，允许建设单位拟派评标代表，将有利于建设单位对暂估价内容评标过程与结果的确认。特别是当项目由多个施工总承包合同标段组成时，多个施工总承包单位可针对某一暂估价内容实施联合招标。此时，暂估价招标拟派评标代表情况将更加复杂，在实践中曾出现过各施工总承包单位及建设单位分别拟派各自评标代表、组建人数较多的评标委员会的情形，多家同时拟派评标代表有效地平衡了各自利益，并取得了良好效果。

招标人评标代表在全面掌握项目管理要求、深入理解招标文件精神实质的前提下实施独立评标，有效地维护了招标人利益。招标人应采用优选方式选拔评标代表，对其评标代表进行必要的培训，实施科学管理提升评标能力。招标人自身应建立、健全评标代表产生机制，监督评标代表产生过程，着力构建评标代表行为约束机制。此外，行政主管部门有必要进一步加强对招标人评标代表的监管，规范招标人拟派评标代表的程序，与招标人一起合力维护评标活动的公正性和严肃性，促进工程招标高质量开展。

9.4 招标环节造价管控

项目层面的造价管控是在基于投资行政主管部门监管条件下，由项目单位主导的针对工程造价的管理过程。造价管控贯穿于项目管理全过程，在项目不同实施阶段分别具有各自鲜明的特点。应该说，各阶段造价管控相互关联且具有很强的系统性。针对政府投资项目特点，实施事前主动控制极为重要，只有抓住项目各阶段造价管控关键事项，才有可能把握好造价管控时机，营造主动局面，形成良性循环。因此，**有必要从建设项目三维度管理出发，将各管理领域与造价管控有机融合，将各环节造价管控事项通过招标过程充分纳入合同条件**。

9.4.1 项目前期阶段管控思路

从广义上看，项目前期阶段本质上是项目投资形成及建设目标确立的过程。对于政府投资项目，初步设计概算一经审批则造价管控目标即被锁定。**为确保项目整体造价管控科学性，前期阶段造价管控的基本思路是尽可能充分地预测影响项目实施及造价控制的因素，并将涉及上述因素的所有影响造价的管控事项提前开展，安排好必要时序，该阶段造价管控具有很强的时间计划性。**

（1）**技术评估相对功能需求前置。**技术评估是指政府投资建设项目前期开展的必要专业技术性咨询，是投资论证与决策的参照依据，诸如包括水影响、环境影响、交通影响评价等。项目前期实施阶段应尽早组织启动各类技术评估咨询活动，力争将大部分技术评估类咨询在项目投资估算批复前完成，所有技术评估类咨询务必在初步设计概算批复前完成。技术评估咨询应与项目设计穿插进行，作为互为前置事项并做好衔接。只有在项目初步设计概算批复前完成所有的技术评估才能确保项目投资稳定，才能最大限度地避免后期出现不必要的工程变更而导致项目投资失控。

（2）**功能需求相对设计工作前置。**功能需求是决定项目设计效果从而影响投资管控的决定性因素，因此，有必要将建设项目功能需求分级分类，梳理出级别较高、类型重要的功能需求，按照不同级别类型将需求前置到设计方案阶段和初步设计阶段并逐项明确。特别是在初步设计完成后以及初步设计概算批复前，有必要将大部分（一般不低于80%）功能需求确定下来，保证项目投资估算及初步设计概算评审充分。

（3）**设计工作相对投资论证前置。**将设计工作前置到投资批复前将有利于项目投资论证，有效确保论证的可靠性和准确性。因此，在项目启动前期，应尽快抓紧启动勘察、设计招标，将限额设计、技术经济优化等要求纳入合同条件，为进一步落实设计单位造价管控责任，建议将初步设计概算、工程量清单及招标控制价编制等经济工作一并纳入设计总承包范围并由设计单位牵头实施。应做好两阶段设计前置工作，第一阶段即力争在项目投资估算审批前完成初步设计。第二阶段即力争在项目初步设计概算审批前完成施工总承包自行施工范围对应的施工图设计，并确保暂估价内容设计达到初步设计水平并保持稳定。将设计工作前置为项目各类技术评估咨询尽早开展提供了必要条件，也为及时落实各类技术评估咨询结论进而稳定项目投资奠定基础。

9.4.2 设计招标阶段管控事项

鉴于设计工作在造价管控中的重要作用，设计招标阶段是在全过程造价管控中最重要的阶段之一。该阶段通过招标文件约定实现对设计管理的部署。对于该阶段造价管控，要着力解决设计单位主观意识对建设过程的不良影响，避免功能需求向设计成果转化中不必要的投资增加。对设计单位提出完整的技术要求，同时要与设计单位协同构建以造价控制为导向的模式，有关该阶段主要造价管控事项详见表9.4.1。

设计阶段造价管控主要事项一览表 **表9.4.1**

主要具体对策措施	详细说明
多维度界定设计范围	从空间维度、投资维度、阶段维度、深度维度、服务维度界定设计范围，从而避免设计内容出现遗漏，范围的准确界定为限额设计以及设计总承包模式实施奠定基础
实施设计总承包模式	由总承包设计单位牵头完成包括上述设计范围内的所有设计任务。允许上述范围内部分内容以分包方式交由其他设计主体完成，但须由总承包设计单位实施必要的分包管理
提出全过程管理配合服务要求	围绕全过程项目管理，尤其从全过程造价管控出发，提出需设计单位配合服务的事项，并对其服务内容提出要求，实现基于设计单位协同的造价管控过程，有利于构建基于设计管控的造价管理模式
提出限额设计要求	围绕限额设计，对设计单位经济责任，针对限额设计要求、目标、担保等提出要求
提出设计经济工作	将初步设计概算编制、工程量清单与招标控制价编制、“两算”对比分析、工程变更估算等经济任务纳入设计服务范围，并对设计单位开展的经济工作提出详细要求
提出设计成果要求	针对设计成果与投资估算对应的项目方案一致性与延续性提出要求，对设计成果质量、提交进度、形式等提出详细要求

续表

主要具体对策措施	详细说明
提出设计与施工配合要求	针对设计与施工配合衔接，提出彼此配合要求，围绕工程变更、深化设计、分包招标、施工方案论证等多方面提出具体服务要求
设计任务的技术经济要求	任务书编制贯彻设计技术、经济、商务要求融合理念，突出侧重限额设计与优化论证，侧重设计成果技术与投资实现的共同标准，对设计单位就如何全面实现项目功能需求提出需求管理方面的要求，并会同设计单位完善项目功能需求等
对设计单位团队提出基本要求	对设计团队造价人员提出要求，包括人员机构、经验能力、造价职责、技术经济专业化技术能力等提出要求
采用的设计理念、方法与措施要求	鼓励设计单位构建高效的设计服务平台环境，提倡采用新方法与新技术开展设计服务，突出新技术应用对项目投资、质量、进度管理方面的要求

9.4.3 施工招标阶段管控事项

对于政府投资建设项目，在施工招标阶段，项目初步设计概算逐渐稳定或已取得批复，造价管控具备明确目标。以项目施工总承包合同签订作为结束的标志，该阶段造价管控本质上是项目投资落地的过程。

1.施工招标准备阶段思路

（1）确保取得初步设计概算批复。**招标文件尤其是工程量清单及招标控制价文件应确保项目经批准的初步设计概算有效执行。因此，项目初步设计概算批复须在招标文件发售前取得，越是急迫启动施工招标，则越应抓紧组织初步设计概算编制与评审，只有初步设计概算经评审并取得批复，才能使项目正式建立起造价管控目标体系，项目才真正具备依据概算管控造价的条件，可以说，项目初步设计概算取得批复是施工招标时机成熟的重要标志之一。**

（2）确保设计成果稳定可靠。在施工招标阶段，施工图成果应尽量成熟完善。一方面纳入分部分项清单的由施工总承包单位自行施工内容应详细准确。另一方面，暂估价对应内容应具备一定深度且稳定的初步设计成果。对于房建项目，针对招标阶段设计成果应组织施工图审查并取得意见，且在依据意见优化完善的基础上，对工程量清单及招标控制价文件调整后再发售招标文件。

（3）确保预留合理控制余额。考虑到项目后期工程变更等多种因素对造价的影响，有必要在实施“两算”对比的基础上，预留一定比例的造价管控调剂资金，一般为概算比例的10%～15%。当招标控制价总价占概算总额未能达到计划预留比例时，需要对设计成果实施优化，并在优化后重新调整工程量清单及招标控制价文件，直至达到科学预留调控比例为止。除总价预留外，一般而言，如暂列金额安排建议不低于招标控制价总价的7%。

（4）确保招标代理有效服务。由于造价管控与过程、要素各管理维度密切相关，有必要将造价管控要求充分纳入建设单位与各参建单位合同条件。招标代理机构是缔约阶段落实建设单位造价管控意图的中介服务主体，因此有必要将对招标代理的管理要求纳入代理委托合同中，以强化对招标代理机构的管理，要求其站在建设单位项目管理的视角，尤其是造价管控视角协助开展招标文件编制。最终通过招标活动组织，达到构建各参建单位与建设单位管理协同体系的目的，抓住缔约时机并通过以合约约束方式增强对各参建单位的造价管控。

（5）确保具备足够准备时间。在实践中，房建项目施工招标活动的周期接近60d。为确保建设单位充分利用招标阶段实现项目造价管控目标，应确保招标阶段具备充足的准备时间。充裕的时间是按既定目标组织开展招标活动的关键。只有时间充裕才能使招标控制价编制更加精细，才能依据“两算”对比结论对设计成果实施充分的优化并进一步完善文件。

2.施工招标阶段造价管控事项

将有关项目造价管控的顶层策划通过缔约方式落实到合同中是该阶段的重要任务，通过部署一系列具体管控措施，为后期实施阶段造价管控提供良好条件。设计单位同步深化施工图并开展限额设计，有关施工招标阶段主要造价管控事项详见表9.4.2。

施工招标阶段造价管控主要事项一览表　　　　表9.4.2

主要具体对策措施	详细说明
针对施工	
确保合同条件完备	合同条件形成以造价管控为主导，结合项目特点，将全过程项目管理策划与各项要求纳入合同条件，着力细化合同条件中有关价款约定，包括：细化价款调整方案，结合市场趋势进行风险范围约定，合理确定预付款、进度款及结算价款约定等
造价管控制度纳入合同条件	将造价管控各项管理制度纳入合同条件并作为中标单位需要履行的合同义务
完善合同条件中的违约责任	以造价管控为导向，合理约定中标单位权利、义务和责任，尤其是在造价管控过程中，其构成的违约责任应详细约定，以确保具备合同约束力并实现履约效果

续表

主要具体对策措施	详细说明
将履约评价机制在缔约环节实现	将履约评价制度纳入合同条件，将造价管控作为履约评价主要内容，并与合同价款支付关联
构建投标承诺体系	利用缔约投标竞争性，要求投标人提交关于履行限额设计要求承诺、服从项目管理制度承诺等
与管理咨询机构配合及与设计单位协同	针对施工总承包单位提出全过程造价管控配合服务、深化设计要求及与设计单位针对各方面事项的协同要求，组织落实限额设计要求、开展设计不合理性论证、实施深化设计优化等
实施局部EPC模式	将需要由中标单位深化设计、功能需求稳定的工程内容以分部分项方式纳入工程量清单，并针对该类事项实施局部单项的工程总承包，以确保局部工程内容投资稳定
清晰界定招标范围及边界	准确界定招标范围，包括总承包单位自行施工范围、暂估价范围、建设单位发包范围及对各范围边界的界定
合理规划措施项费用	对项目涉及施工措施规划并做出估算，区分施工总承包措施项与暂估价内容措施项，确保计量合理性
科学设置暂估价内容	科学开展合约规划，结合设计成果实施情况科学设置暂估价内容，提升项目实施进度，统筹暂估价内容的实施时间，有计划地组织完善暂估价设计成果
适当引入虚拟清单	为反投标人不平衡报价，根据需要策略性地引入虚拟清单机制
暂估价金额的估算	以经批准的初步设计概算为基础，下浮一定比例（一般大于10%）作为暂估金额，以此为条件，针对暂估价内容实施限额设计
合理设置暂列金额	设置一定比例的暂列金额，一般不低于控制价总额的7%，不高于15%，以满足可能发生的价款调整需要
主要材料与设备同档次三类以上品牌设置	为进一步对材料、设备进行相对准确的清单描述，设置同档次三类以上品牌供投标人参考报价，以确保招标控制价及投标报价的一致性及合理水平
审核工程量清单及招标控制价文件	以造价管控为导向，侧重结合编制依据如设计成果、材料设备价格走势等因素，审查文件完整性、准确性。对文件进行评估，识别风险，提出合理化建议及应对措施
改变清单项计量计价方式	对于重要材料、设备及专业工程内容的计量计价方式应予以优化，如弱电系统、电梯、空调等机电系统，注意将控制系统纳入设备价格，侧重按照专业工程方式实施清单组价，优化计量过程，固化建设投资
解决政策性引起价款调整问题	对于政策性引起的价款调整，区分必要性与非必要性调整，实施由于政策引起的强制性和必要性价款调整
进行二次重计量约定	针对招标阶段和施工阶段设计成果重大差异，要求施工总承包单位及监理单位对施工图成果展开周期计量，组织实施设计优化，调整造价管控目标

续表

主要具体对策措施	详细说明
将施工实施中发生的各类其他费用纳入投标报价	将施工实施中经批准的初步设计概算中未明确的工程建设其他费用纳入投标报价中，对工程费方式进行控制
规划其他投资来源内容由建设单位发包工程对接	合理规划由建设单位直接发包工程内容与施工总承包对接中有关措施费、工序交叉搭接及工序衔接、总承包配合等实施方案，以及由此涉及的资金使用与控制方案
鼓励施工单位提出合理化建议	施工单位有义务对设计成果、使用功能需求的完善提出合理化建议，但合理化建议应至少有利于项目投资管理
提出进度款、结算价款申报的要求	对于合同价款申请提出要求，包括时限、内容、方式等，以及未按照要求申请价款支付的后果，对施工总承包解决合同价款支付相关税费等手续做出安排，并要求不得以此为主张合同变更
对工程量清单及招标控制价与经批准的初步设计概算进行对比分析	通过招标控制价组价以及“两算”对比过程细化造价管控目标体系。掌握与经批准的初步设计概算执行情况与超投资状况。调整设计成果及造价控制目标，为在暂估价招标前限额设计过程创造条件
对施工总承包深化设计要求与任务的提出	提出由施工总承包单位所应组织的深化设计内容，并明确设计要求，包括限额设计要求。提供深化设计所需基础成果，明确限额设计责任等
确保招标文件各部分内容前后一致	确保招标文件中关于“技术标准与要求”部分的范围、深度与描述与设计内容保持一致
针对监理	
界定监理服务范围	监理服务范围应扩展包括：提供全过程管理配合服务，提供造价管控基础性工作，主导和负责现场造价管控协调机制，参与暂估价招标管理，审核经济文件等
经济文件审核要求	对监理单位针对各类经济文件审核提出要求，对审减率、审核质量、审核效果、审核效率、审核组织的积极性、审核人员能力与经验等提出要求并纳入履约评价、提出违约责任
完善合同条件中监理义务与责任	完善监理合同条件，包括将管理制度、管理要求、履约评价机制纳入合同条件，完善违约责任，丰富监理服务义务，例如对认质、认价及供应商考察的要求
丰富监理造价管控工作	从项目管理角度明确监理协助配合服务事项与要求清单，例如提供市场供应商等资源信息，办理建设单位或管理咨询机构实施造价管控的基础服务事项等
针对设计	
实施限额设计管理	全面实施限额设计管理，跟踪审查设计成果对应的投资预算变化，开展设计优化
设计成果深度控制	评估设计成果完整性，补充完善设计内容，组织补充还缺乏深化的设计内容，以满足限额设计要求和实现投资管控目标

续表

主要具体对策措施	详细说明
消除设计浪费	纠正设计问题避免造成问题修正导致工程变更。审查设计依据合理性，避免依据不当而造成的项目投资增加
考察设计方法手段	督促设计单位采用先进理念与方法提高服务效率，优化设计成果并降低工程造价，鼓励其采用BIM等新技术手段提高设计服务成效
督促设计单位经济工作	监督设计单位提交经济成果的质量，考察设计单位对于技术、经济管理的协同效果，尤其是造价管控要求落实及其为控制工程造价采取措施的效果等
针对招标	
充分利用清标环节	在评标环节组织实施清标工作，排查不合理的投标报价细节
合理规划经济标评审	对报价组成合理性及与市场正偏离情况进行评审，对涉及主要材料与设备报价、以次充好低于合理成本情况等进行评审等

9.4.4 施工实施阶段管控事项

与前两个阶段相比，施工实施阶段造价管控过程性强，但被动性也十分显著。造价管控要求在该阶段集中落实，项目投资落地实现，工程造价随施工过程动态变化，管控目标可能被迫做出调整。

（1）周期性计量与设计优化。在施工开始阶段，由于多方面原因，有必要针对拟应用于施工的正式施工图成果进行梳理，并以此为基础组织开展周期计量。结合计量结果，重新与经批准的初步设计概算及造价目标进行对比，从而为施工阶段多次设计成果优化创造条件。随着项目施工的深入，每半年或按照施工程度周期性开展周期计量，陆续实施与造价管控目标对比，并同步优化设计成果。

（2）实施科学化工程变更管理。项目工程变更与洽商的发生在所难免。工程变更与洽商可能是由于设计失误造成的，也可能是由于施工现场条件局限性而产生的，当然更多的还可能是由于项目功能需求变化造成的。在工程变更较为频繁的条件下，项目资金的合理调剂成为必然。应重点对工程变更与洽商实施科学管理，包括健全工程变更跟踪机制，如实施工程变更与洽商控制台账等。可按照造价影响额度对设计成果做出优化，对工程变更与洽商分级分类，建立研商决策机制，强化对重大变更与洽商论证，并适时修正造价管控目标。此外，应在与功能需求密切相关的分部分项工程实施前，组织使用人或建设单位实施样板确认等。

（3）强化争议处置并备忘结算过程。项目经济争议时有发生，无论是阶段性的价款结算还是最终结算，争议处置始终是造价管控的难点。对于政府投资项目争议谈判十分重要，应注重规避和化解争议风险，打造科学合理的造价管理制度，利用规则解决推进争议处置，注重确保造价管控过程依据充足。工程人员应强化对各参建单位履约评价，做好维护自身利益的证据收集，为争议谈判积累筹码。为确保顺利结算，建设单位有必要就最终结算金额形成备忘录，以书面方式推进争议解决。

9.4.5 暂估价招标阶段管控事项

在实践中，出于造价管控需要及受设计成果制约，适量规模的暂估价内容安排是必要的。相比其他阶段，暂估价招标周期较为漫长。该阶段的造价管控核心仍是确保功能需求稳定、努力实现项目造价管控目标。该阶段设计单位同步开展对应内容深化设计，限额设计管理仍是该阶段重点。有关该阶段主要造价管控事项详见表9.4.3。

暂估价招标阶段造价管控主要事项一览表 **表9.4.3**

主要具体对策措施	详细说明
暂估价分包投资锁定	对施工总承包单位关于暂估价分包内容的总价款设置上限，并锁定总投资金额不予调整
平衡施工总承包关于自行施工与暂估价分包管理力度	对施工总承包单位对于自行施工内容及分包以及暂估价分包的总承包管理力度的平衡问题提出要求。要求其提高暂估价分包效率，科学规划暂估价分包进度、优先实施暂估价分包与管理
落实暂估价工程限额设计	督促设计单位落实暂估价工程限额设计义务，加快提交设计成果、确保设计成果完整、达到后期实施的深度要求。要求监理与施工总承包单位协同开展限额设计工作，落实造价管控要求
合理规划暂估价招标范围	对于原施工总承包范围中未尽约定，进一步细化、补充与更正，规划措施范围与费用、针对暂估价内容与总承包自行施工内容搭接造成的投资变化提出对策等
第二次调整造价管控目标	与原造价管控目标体系进行对比分析，评估超投资情况。一方面进行设计总体优化，另一方面进行造价管控目标体系的第二次调整
合理确定招标类型	对于部分工程内容要确定招标类型，对于大型机电设备采购与安装应尽量采用专业工程招标类型，对于确系采用材料设备采购招标类型的，应将安装与伴随服务纳入招标范围
设置一定比例暂列金额	应设置招标控制价总价不低于7%的暂列金额以应对暂估价内容实施过程中的价款调整

实施项目造价管控必须树立阶段性思路，重视项目投资决策阶段一系列重点任务为造价管控奠定的局面。招标阶段及施工阶段造价管控，在一定程度上是对项目前期阶段造价管控的修正，工程人员务必将上述造价管控理念融入工程招标过程，只有这样才能确保建设项目投资高质量实现。

9.5　最高投标限价确定

在建设项目招标活动中，最高投标限价又称拦标价，在采用工程量清单计价模式的房建与市政基础设施建设项目中又称招标控制价。它是由招标人用于限制潜在投标人报价而提出的限额。**显然，投标限价是招标人对潜在投标人的经济要求，不仅直接决定着投标报价，更影响投标竞争的程度，对于建设实施项目造价管控发挥着重要作用**。虽然投标限价具有丰富的内涵，但在实践中，由于招标人对投标市场行情了解甚少，对限价含义理解不深刻，限价确定的主观性强、缺乏依据，偏离了限价机制的初衷。投标限价设置有失科学性将对市场交易造成负面影响。在高质量发展条件下，强化工程招标在建设项目实施中的作用就是要促进投标限价机制应用，充分彰显其作用和价值。

9.5.1　最高投标限价本质与特性

深入理解投标限价含义必须紧密围绕招标人利益，考虑投标人可接受程度，厘清投标限价机制的本质特征。

(1) 投标限价的本质。投标限价是招标人对标的交易价值的自我认知，是对潜在投标人报价可接受程度的底线。在建设项目中，作为招标人的建设单位，将投标限价机制作为造价管控的一个手段，充分彰显标的经济属性。

(2) 投标限价的特性。依托于投标限价本质，其若干典型特性包括：①市场引导性，既然投标限价是由招标人在招标过程中向潜在投标人披露的投标限额，作为可接受的投标，潜在投标人报价不应超出该限额。投标人须对投标限价做出必要响应，一方面为确保更多盈利空间，投标报价可能接近限价，另一方面要权衡评标方法中有关报价对评标结果的影响。限价高低将直接影响投标人经济策略，决定了投标让步的程度，左右了投标人对标的价值的认识。②市场决定性，尽管投标限价引导了市场交易过程，但是对于具体招标项目投标限价确定，必须依托于市场主体的可接受程度。投标限价披露后需接受投标人疑问或异议，只有被三个及以上潜在投标人接受才能确保招标顺利开展。科学的投标限价是市场价格合理区间的反映，也是对标的价格市场趋势的科学估计。③项目针对性，投标限价形成依托于前期准备，限价依据性强，承接项目前期经济成果，其针对标的定制，充分考虑了项目环境、技术、经济因素及行政监管影响，是多种因素综合叠加作用的成果。④经济承受性，限价直接反映出招标人经济可承受能力，这种承受力来自建设项目管理中有关造价管控的诉求，限价越低则造价管控程度越偏于严格，尽可能低地确立限价是造价管控的策略，投标限价从微观视角反映出项目造价管控的目标及管理严苛程度。

9.5.2 投标限价作用机理

针对建设项目而言，投标限价机制的作用原理并不简单，这是因为限价既要为投标人所接受，又要充分调动投标积极性，还要实现造价管控目的，更要引导投标人在未来中标后实现履约价值。从深层次看，投标限价确定是招标人与投标人交易利益的深层博弈。

（1）投标限价的作用方面。有关投标限价的作用可以从两个层面剖析，一是投标限价应反映并包含未来中标单位履约经济成本和应得利润，所谓经济成本就是中标单位履约过程中所消耗的实际资源的经济额度，所谓应得利润就是其履约过程中获得的直接经济收益。二是除上述额度外，投标限价还附加了中标单位在履约中所创造的附加价值。对于项目管理、设计咨询服务而言，除完成必要的服务外，其服务将使标的可能在未来运营中产生效益，具有高附加值特性，而投标限价理应考虑包含这一价值额度。

（2）限价确立的作用原理。为充分调动投标竞争，要充分挖掘中标单位履约附加价值，最大程度上发挥其在建设实施中的作用，应按照物有所值思想考虑投标限价确定问题。具体而言就是指将投标限价分为“成本限价+价值限价”两部分，其中“成本限价”需通过对市场充分了解的基础上，掌握标的履约的合理成本与利润，可理解为投标限价的通用内容，旨在激发投标竞争态势。相

对而言“价值限价”则旨在激发潜在投标人个性潜质，对其履约过程中可能实现的额外价值予以补偿，这需要招标人对履约目标与成效进行估计，作为投标限价个性化内容，由于招标人难以在招标前掌握投标人实际潜能，所以价值限价具有象征意义。在实践中，对于项目管理、勘察、设计、监理等典型咨询服务，引入价值限价思想重在针对各参建单位基本服务基础上，确保为建设单位提供管理伴随服务，从而有利于项目管理协同体系的搭建。

9.5.3 投标限价确立原则

鉴于投标限价本质特征及其作用，确立限价应遵循以下原则：一是**物有所值原则**，即不偏离标的物价值是确立限价的关键，只有确保投标限价与标的实际价值吻合，才能守住投标人可接受的底线，这也是招投标活动公平原则的体现，是确保实现工程招标最终效果的关键。大幅度偏离标的价值的投标限价是导致招标活动失去公平的重要根源。二是**有据可依原则**，即投标限价确立应尽可能消除主观因素，有据可依是指确保限价提出应考虑充分的前置条件，经过较为周密的准备，或者是开展了必要论证并取得结论，虽然投标限价表面上仅作为投标经济要求，但却充分考虑了经济影响的各方面客观因素。三是**维护竞争原则**，即竞争特性是招标活动中最重要的本质特征之一，只有维护招标活动竞争性，才能确保缔约优选的质量，因此，科学的限价应对投标积极性起到保护和引导作用。**四是管理作用原则**，即建设项目的投标限价要展现出作为招标人实施造价管理、谋求项目管理利益诉求的一面，充分发挥限价机制对项目管控目标实现、为后期中标单位良好履约奠定基础。

9.5.4 投标限价确立要点

虽然对于政府投资建设项目，各类标的投标限价确立已经形成较为成熟的做法，但仍需关注以下要点：

(1) **施工类投标限价要点**。在采用工程量清单计价方式的房屋与市政基础设施建设项目中，作为施工总承包投标限价的招标控制价，工程量清单计价规范已明确规定了编制要求。在实践中，从确立限价的基本原则以及围绕其作用机理出发，梳理有关施工类投标限价确立要点详见表9.5.1。

施工类投标限价确立要点一览表　　表9.5.1

编审要点	具体说明
技术成果完善	指编制招标控制价依据的施工图设计成果范围清晰、内容完整、深度到位，充分反映了项目的实际情况
技术经济优化	招标控制价的形成充分展现了造价管控的过程，结合目标要求和项目管理需要对招标控制价编制依托的技术成果从经济角度完成优化
核心问题论证	针对招标控制价形成的难点问题，以及针对项目管理的特殊需要，就必要的技术、经济方案实现的可行性进行论证，并依照论证结论对招标控制价进行优化
“两算”对比充分	针对政府投资建设项目尤其是固定资产投资项目，招标控制价应与经批准的初步设计概算进行充分对比分析，并根据分析结果进行优化
市场行情清晰	形成招标控制价的过程中对市场行情有充分的了解，尤其对于招标控制价组价中设计成果无法进一步描述的主要材料、设备，要给出较为合理的同档次品牌要求等
措施费用得当	所列的措施项目全面、特征描述详细。对于项目必要的非通用性措施项目组价合理
管理协同落实	施工总承包单位围绕建设单位提出的管理要求开展有关工作，为管理提供的伴随服务所产生的相关费用纳入招标控制价中一并考虑
控制策略深入	在招标控制价的组价中充分考虑了项目管理要求以及造价管理的策略等

（2）**服务类投标限价要点。**与施工类限价相比，在实践中服务类投标限价的计算方式与施工类有所不同，尤其是对于政府投资建设项目，诸如设计、监理等典型的服务类限价确定，一般依据经相关行政主管部门批复的额度确立。在实践中，还往往需要在进一步考虑项目投资规模、专业类型、建设复杂程度等因素的基础上细化。在项目管理模式下，有关服务类投标限价确立需关注的要点详见表9.5.2。

建设项目服务类投标限价确立要点一览表　　表9.5.2

编审要点	具体说明
基本服务费用	以时间等因素衡量，针对自身所要完成的最基本服务任务工作量所考量的费用
开展服务难度	根据项目的专业性、复杂性、环境影响等因素给服务带来的难度来额外考量的费用
协调管理费用	需要就服务分包实施管理、与其他各参建单位协同配合并就其他单位开展的与自身服务相关工作的管理所考量的费用
分包实施费用	对于需要分包的情形，针对分包单位完成任务工作量所考量的费用
管理协同服务	围绕建设单位或其委托的项目管理咨询机构开展的项目管理过程的必要支撑性服务，以及落实上述管理要求或任务工作量所考量的费用
相关经济工作	需要其完成的经济工作所考虑的费用，如由设计单位完成工程量清单及控制价编制
合理成本支出	开展服务所需要的人员工资、交通、租房等项目及企业经营所必要的成本

9.5.5 投标限价关联问题

（1）投标限价与计价方式。建设项目合同计价方式一般分为固定总价、固定单价以及“成本+酬金”方式等，其中前两种方式应用较为普遍。对于固定总价合同而言，在不允许调整价款的情况下，投标限价成为合同结算的上限。对于固定单价方式而言，最终结算需通过价款调整确定，投标限价仅是投标人确立投标单价所需考虑的因素之一，其对结算金额的影响直接反映在单价中，并由此产生不平衡报价。在缔约阶段，招标人对于单价合理性的评审是必要的，这是招标人关于反不平衡报价时必须重点考虑的问题。对于“成本+酬金”方式，与上述有关限价作用原理中两类限价内容十分契合，合同计价方式中“成本计价”方式对应于“成本限价”，“酬金计价”方式则对应于“价值限价”，是值得提倡的计价方式，因其能够最大化地发挥投标限价的作用。

（2）投标限价与评标方法。评标方法中尤其是有关经济标的评审与投标限价存在着紧密关系，不同经济标评审方法与投标限价合理配合影响了投标人报价方向与程度，例如综合评估法将有效投标报价算术平均值作为基准价，而通过各有效投标报价的偏差程度来决定经济标分值。因此，相比经评审的最低投标价法而言，投标人更倾向于贴近于投标限价进行报价，尤其当串标情况发生时，这种情况更加明显。即便是在非串标的情况下，在实践中，限价对于报价逼近的趋势也十分强烈。从深层次看，当招标人基于严格的造价控制而在利润空间较小额度限制条件下，采用综合评估法更加合适，相反则使用经评审的最低投标价法，否则将可能引发低于合理成本的恶性竞争。

（3）投标限价的疑问。招标人为了避免对投标报价形成干扰，没有义务向投标人披露投标限价的形成过程，这也是为避免串通投标的考虑，更是招标人与投标人在经济上对抗性的体现。然而，投标限价的确立不得大幅偏离标的价值，具体而言就是市场平均价格水平，以避免给市场交易秩序造成影响，这同样是行政监管的重点。禁止设置最低投标限价，将可能引发低价竞争风险，从而带来履约质量下降，这不利于市场良性发展和中标单位履约能力建设，有关最低投标限价机制是否合理值得进一步深入思考。投标人关于限价的疑问将在投标答疑环节提出，对于招标活动的异议则可在法定时限内提出，但招标人只有坚守限价确立的底线，才能对异议做出合理应对。

（4）投标限价的干扰。虽然消除主观因素是限价确立的原则，但毕竟限价带有招标人主观意愿，受多方面影响确立过程较为复杂。在实践中，常出现干扰限价的情形，表现在招标人故意压低限价，或与投标人发生串标后抬高限价，这些情形均使得限价偏离实际价值，为招标活动及项目顺利实施埋下风险。在市场化改革条件下，根据《政府投资条例》要求，行政主管部门应加大对政府投资建设项目投标限价的监督力度，采取必要手段，监控投标限价形成过程。作为监管保障体系建设的重要组成部分，投标限价合理性评估机制建设同样十分重要。应将投标限价合理性纳入信用管理，追究投标限价确定的主体责任，严防干扰限价行为，以维护市场交易秩序。

（5）市场价格信息系统。由于投标限价具有市场决定性特征，建设面向市场的交易价格信息系统十分重要。行政主管部门应担负起主持系统建设的重任，其中既包括面向不同行业的，也包括面向区域的交易价格信息数据建设。监测体系依托信息化系统，以大数据技术为支撑，全面反映市场交易的宏观和微观信息，在微观层面包含具体区域、项目具体类型标的交易信息数据，其中内容包含交易主体、交易时间、交易价格、交易内容等。宏观层面则包含各区域、各类型标的交易总体的统计与分析信息，包括交易波动情况、发展趋势、各类宏观指数、各类典型交易数据等。交易价格信息系统是行政监管保障体系的重要组成部分，是工程建设领域高质量发展中行政监管能力建设的重要体现，也是加强事中事后监管的具体举措，将大大提升政府对市场交易的引导能力，更为招标人确立具体项目的投标限价提供有力保障。

工程人员应充分认识到投标限价的重要作用与内涵，充分把握限价确立的原则，运用好限价机制。行政主管部门要加强投标限价监管，尤其应采取必要措施避免各方面对投标限价非法干扰，以此为切入点强化对围标、串标的治理。要强化对限价科学性的评估。随着投标限价编制质量提升，工程招标交易活动将更加规范，政府对于市场秩序的调节将更加有力。

9.6　暂估价联合招标

在大型建设项目实施阶段，根据管理需要，项目可能被划分为多个施工总承包合同段，某些工程内容以暂估价方式纳入施工总承包范围。实践表明，无论是从施工组织过程关联性看，还是从项目实施效果统一性看，对于各施工总承包标段内的相同专业工程、材料或设备，由单一供应商实施更有利于项目施工衔接。将各施工总承包范围内容适当整合，并由施工总承包单位联合分包将大大降低分包工作量，并取得良好效果。此外，将多个总承包标段内容适当合并，也提高了工程规模和投标资格条件，增强了优选承包单位的竞争力。**暂估价联合招标是指同一建设项目同时由多家施工总承包单位施工时，将项目总承包范围内的全部暂估价内容整合，由多家施工总承包单位组成联合招标人针对整合后内容一体化实施招标的模式**。有必要做好暂估价合约规划，并在项目施工总承包合同条件中对联合招标做出约定。

9.6.1　联合招标组织安排

1.联合招标内容

为良好组织开展暂估价联合招标，首先要在项目合约规划中明确拟实施联合招标的暂估价内容并做出详细安排。项目施工组织具有较强的关联性和系统性，在多标段同步实施条件下，由单一施工总承包单位牵头招标则更有利于高效率组织建设。建筑智能化、消防、建筑装饰、幕墙、锅炉及管网、红线内市政工程等均宜采用联合招标方式分包。对于复杂公共建设项目如医院等侧重针对系统性强的专业内容如医用气体、气动物流、小车物流、净化区域、射线防护等工程联合招标。

2.联合招标分工

施工总承包单位是组织联合招标活动的主体，**在多标段条件下，工程规模较大标段的总承包单位宜作为联合招标牵头人**。牵头人作为实施联合招标活动的主导方，其主要工作包括：牵头实施暂估价招标代理委托，牵头编制项目招标工作计划，牵头组织编制招标过程文件，牵头协调处置过程事项，牵头与各参建单位开展协调，牵头召开招标协调例会等，牵头获取招标前置条件及与行政主管部门开展必要沟通协调等。

监理单位作为管理主体，对联合招标活动实施全程管理。由于联合招标活动涉及建设项目质量、进度、投资、风险等多方面管理，因此应**将监理服务作为项目管理咨询机构在联合招标中代建设单位履行“确认”义务的前置工作**。针对联合招标监理单位提供的服务包括：审核经总承包单位上报的招标过程文件，组织招标工作会议，处置招标各有关事项，配合建设单位获取暂估价招标前置条件。总体而言，监理单位应对联合招标实施精细化监理，监督施工总承包单位落实项目管理要求，与各参建单位保持密切协同，对联合招标实施考核与评价等。

建设单位及其委托的管理咨询机构对联合招标实施全面管理的内容包括：提出联合招标各项管理要求，督促各参建单位落实，组织招标过程文件审查与确认，协调处置招标活动各类过程事项，对管理问题提出处置意见，实施必要决策，与各参建单位开展沟通、协调，为施工总承包实施联合招标创造条件，以及协助履行招标过程文件签章手续等。

9.6.2 联合招标流程

联合招标仅作为一种模式，联合招标程序仍需严格按照法律法规规定组织开展。所谓联合招标的流程是指招标中为实现某一目标而遵循的具有先后顺序的一系列环节工作，主要包括签章流程、文件报审流程及事项决策流程等。

1.联合招标签章流程

联合招标签章流程是联合招标活动中最基本的流程，是由我国现行招投标法律体系及监管要求决定的，是明确项目招标过程文件报审以及事项决策的基础，各参建单位签章顺序反映出各自在联合招标活动中的职责与分工，详见图9.6.1。

2.过程文件报审流程

组织联合招标过程文件审核是招标工作的重点。招标人牵头人是协调开展审核的主体。由于参与审核的单位较多，在实践中为提高审核效率，以便开展

同步审核，通常由牵头人将经受托咨询机构编制的过程文件同时提交监理单位、项目管理咨询机构及建设单位。需要注意的是，项目管理咨询机构与建设单位所提审核意见应以监理意见为基础。联合招标牵头人根据各单位意见组织对过程文件修改，并形成最终成果，有关报审流程详见图9.6.2。由于过程文件内容广泛，各方对于文件审核意见的落实往往是利益分歧消除的过程，招标文件最终成果随之形成。此外，各施工总承包单位的招标联合体间也需要就有关问题及审核意见进行研商，并就分歧达成一致。总体来看，过程文件报审实质上是各方利益博弈的过程。分歧消除和利益博弈过程对招标进程造成一定延误，因此，提高文件编审效率成为这一阶段工作的目标。

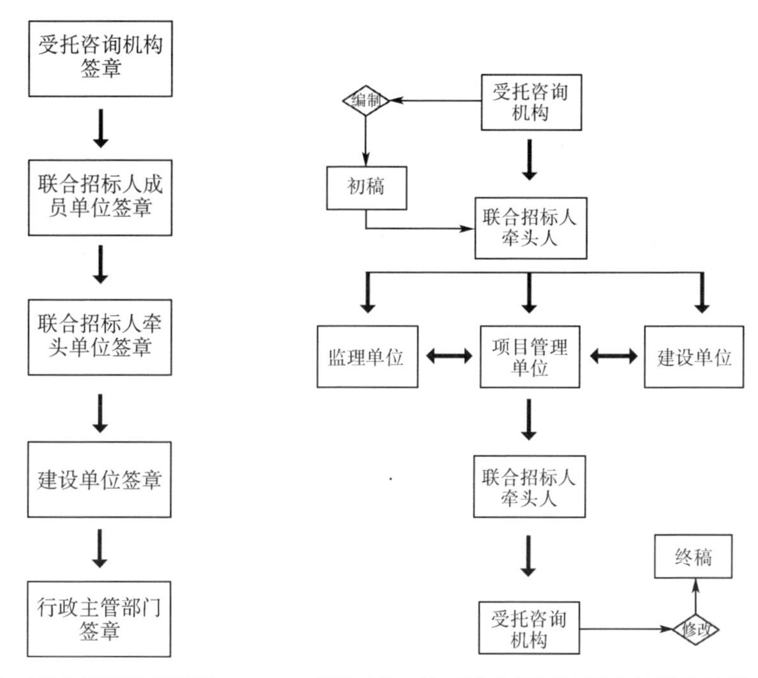

图9.6.1 联合招标签章顺序　　图9.6.2 施工联合招标过程文件报审流程

3.招标事项决策流程

在联合招标过程中，隐含着一类不可见的流程即事项决策流程。从法律视角看，在联合招标中施工总承包单位作为招标人，具有对联合招标事项的决策权。然而由于建设单位在总承包单位的分包中行使“确认权”，总承包单位的“决策权”在一定程度上受建设单位行使“确认权”的影响。“确认权”行使一方面以分包行为不得构成对建设单位利益损害为基础，另一方面以落实建设单位及项目管理咨询机构所提要求为基础。实际上，建设单位与施工总承包单位在分包问题上存在共同期望，这些共同期望决定了科学而有效的共同分包管理成为现实。不难看出，建设单位的管理决策基于履行建设单位主体责任出发，而施工总承包单位诉求则是基于其利益诉求而提出，其决策基于维护其自身权益为出发点。可见，招标事项决策过程具有层次性特点，联合招标事项的决策流程与签章流程是吻合的。

9.6.3 联合招标机制

1.联合招标群组模式

联合招标过程须由各参建单位共同参与，为高效、顺畅地执行联合招标各项流程，各参建单位需保持密切协同。在实践中，由各参建单位专职组织开展联合招标活动的人员紧密联系，并共同组成联合招标工作群组。工作群组内部成员分工为：施工总承包单位人员负责牵头组建工作群组并负责日常沟通联络，其受托咨询机构具体办理各类事项，监理单位人员负责开展日常协调，建设单位及项目管理咨询机构人员则提出相关要求，监督落实并确保建设总体目标实现。有关施工联合招标人员组织机构安排详见图9.6.3。

可以看出，由于联合招标活动参与单位较多，工作群组规模大，人员之间根据各参建单位基本职责分工开展工作，相互沟通、协调并共同推进联合招标进程。工作群组中相同、相似专业工程人员保持直接联系，虽来自不同单位，但长期围绕招标事项开展协作，增进了解与互信，提升了协同效率。

2.联合招标例会制度

联合招标流程及工作群组方式是招标例会制度执行的重要保障。例会由监理单位牵头，施工总承包单位具体组织，建设单位及其委托的项目管理咨询机构共同参与。根据议题要求，还可以邀请设计单位等参加。例会是联合招标活动各参与单位沟通交流的重要方式，是共商招标事宜、实施招标事项决策的重要环境和机制。通过例会，施工总承包单位及其委托的中介咨询机构定期向监理单位、项目管理咨询机构、建设单位报告进展情况，反映联合招标事项问题，并提出应对措施，编制招标进度计划。监理单位、项目管理咨询机构及建设单位定期了解联合招标进展情况，梳理招标主要问题，提出具体要求，定期检查实施效果与要求落实情况，听取施工总承包单位对招标组织进展的报告，与各参建单位共同研商问题并提出意见建议。最重要的是例会达成的共识及形成的决议将为下一步工作提供依据。在实践中，针对建设体量较大的项目或在招标活动的关键阶段，例会可按周定期召开1～2次，施工总承包单位会前需向项目管理咨询机构报送招标阶段性材料，会后由监理单位形成会议记录与决议等。

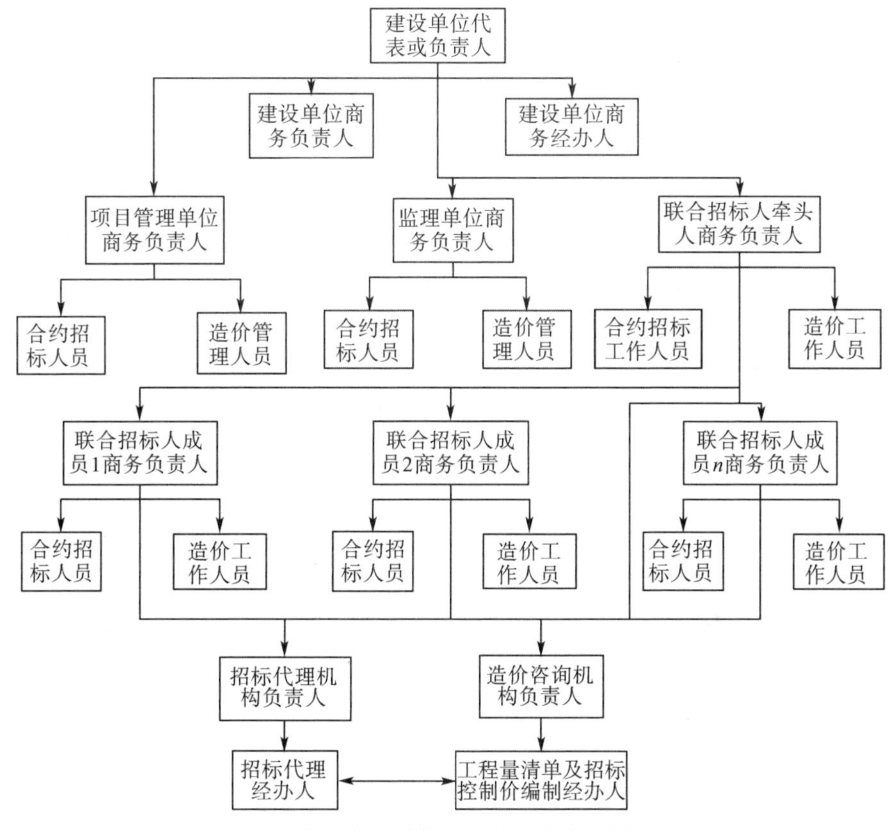

图9.6.3 施工联合招标工作群组示意图

9.6.4 联合招标重点问题

1.多标段招标

各施工总承包单位将同一类工程内容适当合并，并针对优化合并后的工程内容联合招标。尽管工程内容被划分为单一标段的情形较多，但在特殊情况下，针对某一专业工程内容制定具体招标方案时，可能被划分为多标段的情形。在实践中，如房建项目的电梯工程，须针对非标准规格电梯单独划分标段，在医院等复杂公共服务建设项目中，可能将净化实验室与净化手术室区别从而单独划分标段，在装饰装修工程中，将某类具有特殊功能性质如声学装修工程独立划分标段等。此外，必要时还可以施工总承包范围为边界将各总承包单位独立承包内容分别划分标段，并采用联合招标方式分包。划分多标段情形是较为常见的，其原因是多方面的：如设计单位对于设计成果提交缺乏规划或未按既定管理要求实现，设计成果范围出现偏差或成果提交迟缓，还可能由于各总承包单位施工组织及实施进度差异，单一合同段难以与各施工总承包实施进度保持协调，以及可能由于联合招标工作群组需要对部分工程分包模式做出特殊安排等。此外，还可能由于建设单位及项目管理咨询机构对于部分工程内容在计量、计价方面的便利化所致，以及在工程技术、质量、安全施工等方面实施科学管理的必要性造成的。

2.方式差异与优势

联合与非联合招标方式存在诸多差异，主要反映在招标活动各环节，这些差异值得工程人员重点关注。有关联合与非联合招标方式差异详见表9.6.1。

联合与非联合招标方式差异一览表　　表9.6.1

事项	联合招标	一般招标	联合招标优点与注意事项
标的规模	规模较大	规模较小	提升了标的规模、竞争性和项目整体分包效率
标的性质	项目整体范围，突破各自施工总承包范围，存在多标段情形	仅限定在各自施工总承包范围	标的经优化整合，考虑特殊性与多标段情形，提升项目整体分包效果
招标代理或造价咨询机构委托	联合委托	独立委托	招标代理及造价咨询机构费用支付约定
资格条件确定	以整合后标的规模、性质确定	按施工总承包范围固有规模与性质确定	资格条件进一步提升，或更具有灵活性
投标答疑	联合招标牵头人组织，各施工总承包就各自范围内问题回答	独立回答	体现出各自分工，须在联合招标协议中约定
招标文件编制	联合招标牵头人组织编制，联合提出招标要求	独立编制并分别提出招标要求	体现出各自分工，须在联合招标协议中约定
合同条件	联合招标人牵头人组织，共同提出合同条件	独立分别提出合同条件	联合招标协议是体现联合招标人各方在利益上的平衡，并在此基础上体现项目整体管理要求与目标

续表

事项	联合招标	一般招标	联合招标优点与注意事项
工程量清单及招标控制价文件	联合招标人牵头人组织编制，各施工总承包单位划定各自施工范围工程量清单及招标控制价边界，提升了工程量清单及招标控制价编制的效率与效果	独立编制，以施工总承包范围为界	联合招标人成员间工程量清单及招标控制价边界清晰。联合工程量清单就招标控制价提出使得投标报价统一，从而对工程造价控制产生影响，便于后期工程计量与计价
开标、资格预审评审或评标代表	联合共同拟派评标代表	分别拟派评标代表	共同行使评审或评标代表权利、义务和责任
评标、定标与中标	共同对评标结果确认，共同履行定标、中标程序	独立确认评标结果、独立履行定标与中标程序	消除分歧、达成一致，或授权评标委员会定标，确定中标单位
招标交易服务费	共同缴纳	单独缴纳	在联合招标协议中约定各自缴纳比例或金额
履约评价	联合招标人各成员及其组织的联合招标过程全部纳入由建设单位组织的履约评价	将独立组织的招标过程纳入建设单位组织的履约评价	通过评价调动联合招标人各成员间约束力和竞争性

建设项目施工联合招标机制在很大程度上提升了建设项目总体分包效率。其涉及的各参建单位协同流程、工作模式及相关制度也在一定程度上推动了项目实施进程，对项目质量、造价、进度、风险等管理过程均产生重要影响，尤其是大型项目值得推广。工程人员需结合项目特点，有针对性地在建设管理顶层设计阶段策划形成联合招标方案，增强多标段条件下施工总承包单位间彼此约束力，适当设置必要的暂估价内容，通过实施施工联合招标将大幅提升项目商务管理整体效果。

9.7 暂估价招标推进

一般而言，暂估价内容包含于施工总承包范围，由于设计实施的阶段性特征及建设项目使用需求渐进明细的特点，作为专业设计内容，暂估价内容对应

的设计内容往往实施难度较高。随着建设进程，多项暂估价招标按计划陆续展开，并贯穿于项目建设始终。由于施工总承包单位作为招标人，建设单位作为对施工分包确认的主体，加上设计、监理等多单位参与，项目实施中多种不利影响因素叠加，使得暂估价招标组织变得十分复杂，这对项目建设顺利实施构成威胁，对维系稳定的项目管理局面构成挑战。因此，有必要对暂估价招标管理进行超前谋划。

9.7.1 暂估价招标管理目标

建设单位针对施工总承包单位组织开展的暂估价招标管理目标应统一在项目管理总目标下。在投资管理方面：要确保对应暂估价内容的造价可控，并保证不突破经批准的初步设计概算。在质量管理方面，要确保对应设计成果真实体现功能需求，所选分包单位具备优良履约能力。在进度管理方面，要满足施工组织进度需要，确保项目实施总进度不受影响。暂估价招标管理就是要保证施工分包成效，满足建设单位实施项目管理的各项要求，形成科学高效的管理局面，为后期项目建设提供便利。关于暂估价招标组织与管理谋划是项目管理策划的重点，是具有前瞻性的重点工作。**在实践中，暂估价招标推进中出现的问题往往是项目前期准备不充分而导致的，只有超前谋划才能最大程度上消除因素叠加而造成的不利后果，最大化降低后期实施隐患。**

9.7.2 暂估价招标前置条件

作为施工类招标，暂估价招标所需前置条件是多方面的，即包括设计方面的技术条件、建设手续方面的行政许可条件以及以合约规划为代表的商务管理条件等，上述条件成为组织开展暂估价招标的前提。总体而言，相比施工总承包招标，暂估价招标必要前置条件虽清晰但较为严苛，这是由暂估价内容的复杂性决定的。一旦条件具备，则过程风险降低，招标推进将更加顺利。有关一般建设项目暂估价招标必要前置条件详见表9.7.1。

一般建设项目暂估价招标必要前置条件一览表 表9.7.1

前置条件	前置条件的详细说明
设计条件	各类暂估价内容对应的经过建设单位确认和优化的设计成果等
一般技术条件	各类暂估价内容对应的使用功能需求的详细说明，必要的技术参数、具体做法、经过技术论证的专家意见等
投资条件	项目经批准的初步设计概算、有关超投资决议、有关控制性金额的决议材料、经过经济论证的专家意见等
合约规划条件	项目总体合约规划、有关暂估价规划的详细说明，包括时序、范围和招标计划等
行政监管条件	各类在暂估价招标前需要完成的项目行政许可审批文件，包括投资、规划、国土等，以及针对设计成果的主管部门意见。此外，还包括暂估价招标进入市场交易环境、纳入行政监管的必要手续等
项目管理条件	建设单位明确的项目管理要求，各类科学合理的利益诉求的说明性材料，施工总承包单位的合理诉求说明性材料，项目施工组织设计与详细的施工计划。此外，还包括项目有关暂估价招标的管理制度安排等

9.7.3 制约招标的不利因素

在实践中，暂估价招标推进往往十分艰难，这是由于制约招标的不利因素源自多个方面，且对招标推进影响比较敏感。由于各参建单位在暂估价招标过程中各方利益纠葛，就涉及的相关事项普遍存在分歧，因此，有必要逐个梳理制约暂估价招标推进的主要因素，详见表9.7.2。

制约暂估价招标推进的主要因素一览表 表9.7.2

参建单位	掣肘招标的主要不利因素
建设单位	（1）项目的功能需求不健全；（2）项目的功能需求不稳定；（3）暂估价招标组织与参与效率低；（4）对设计成果确认不及时；（5）未能建立科学项目管理制度；（6）对暂估价招标缺乏足够重视，知识水平有限等
施工总承包单位	（1）组织机构不合理，商务管理人员安排不科学，诸如商务人员服务能力不强；（2）不重视暂估价招标，未能及时结合项目施工组织需要提出暂估价招标时间计划；（3）将自行施工分包内容作为商务管理重点，而未对暂估价招标实施强有力管理；（4）与拟中标的分包商串通，损害建设单位利益，制约招标活动进程；（5）协助开展的深化设计推进迟缓或不利；（6）缺乏暂估价招标管理的制度保障，包括签章等程序推进迟缓等
项目管理咨询机构	（1）针对暂估价招标的管理缺乏足够经验，主要包括未能有效协调各参建单位形成招标组织与管理的协同局面；（2）未能针对该类招标形成充分的认识，对可能造成的后果和负面影响缺乏充分的估量；（3）未能协助建设单位做好合约规划；（4）基于上述两点，未能协助建设单位设计并颁布有效的管理制度，未能抓住时机采取必要措施推进招标进程，包括未能组织做好必要准备等

续表

参建单位	掣肘招标的主要不利因素
设计单位	（1）设计成果不健全；（2）设计内容不稳定；（3）设计成果质量较差；（4）组织实施技术与经济论证不及时；（5）根据项目实际需要优化和完善设计成果的效率较低；（6）设计单位对暂估价招标缺乏足够重视，缺乏与各参建单位有效配合，未能形成针对建设单位管理的有效协同等
监理单位	（1）未将暂估价招标纳入监理服务范畴；（2）监理单位人员对暂估价招标缺乏充分的重视，对有关服务知识缺乏足够的了解；（3）未能按项目有关管理制度要求履行监理单位责任等
招标代理机构	（1）对暂估价招标利益与服务本位现象严重；（2）要么仅听取建设单位指令，要么仅听取施工总承包单位指令，对各参建单位要求缺乏全面响应；（3）在推进和组织招标过程中未能开展卓有成效的沟通；（4）未能引导各方组织做好必要的准备工作；（5）招标经验不足，服务水平有限，导致招标代理的服务成果难以满足招标需要以及符合各参建单位的管理要求等
行政主管部门	（1）对部分专业工程进入有形交易环境并实施监管不予支持；（2）招标交易环境与平台建设有待进一步加强；（3）行政监管措施有待进一步完善等；（4）部分暂估价招标对应的市场条件不完善，市场秩序有待规范等

9.7.4 暂估价招标推进思路

（1）有效推进总体思路。暂估价招标推进并非一蹴而就，也不能指望消除某一影响因素后立竿见影。总体而言，要通过在项目层面建立科学的招标管理制度，从构建围绕建设单位管理的协同体系出发，依据科学的项目合约规划尤其是暂估价规划谋求获取必要前置条件，并编制好暂估价招标计划与方案。平衡和协调好参建各方利益，消除制约招标进程的因素，只有综合考虑上述各方面才能从根本上确保招标顺利推进。

（2）正确行使确认权。在纳入施工总承包范围的暂估价招标中，施工总承包单位作为招标人，由于暂估价招标属于施工分包过程，根据我国现行建设项目发承包制度，建设单位对施工总承包单位组织的分包享有确认权，即施工总承包单位对其范围内的暂估价招标过程均应得到建设单位确认。因此，在施工总承包单位独立行使招标人权利的同时，建设单位通过行使分包“确认权”实现对暂估价招标进行有效管理。换言之，就是暂估价招标全过程、各环节虽由施工总承包单位主导，但每一个步骤也均需由建设单位确认完成。**建设单位只**

有把握好分包“确认权”，才能科学化解和处理好与施工总承包单位在暂估价招标过程中出现的矛盾。

（3）超前部署与谋划。推进暂估价招标进程需要超前谋划，将针对暂估价内容对应的有关要求在设计环节就要考虑。在项目管理策划阶段，须明确暂估价范围及实施时序。在项目投资审批环节要确保暂估价内容对应估算充裕。在项目设计招标阶段，将暂估价内容及相关设计责任予以锁定，提出设计单位提交暂估价内容对应设计成果的必要时限与要求。在施工总承包招标阶段，需将暂估价招标管理要求与部署纳入合同条件。此外，还要对照有关暂估价招标前置条件做好必要准备等。

（4）抓住招标管理要点。推进暂估价招标进程包括诸多关键点：①施工总承包单位中标后应尽快形成针对暂估价招标的计划并报建设单位确认，及时转发设计单位以便于其合理安排提交设计成果。②建设单位或其委托的项目管理咨询机构应针对暂估价招标管理形成专项计划方案。③对于包含多个施工总承包标段的大型项目，推荐采用由多个施工总承包单位实施暂估价联合招标的模式，从而整体提升分包效率。④尽可能提前对暂估价内容对应设计成果实施优化，为工程量清单及招标控制价编制预留充足时间。⑤细化分解推进暂估价招标的时间表，招标前置条件成熟一步则招标活动向前推进一步。⑥在暂估价招标前，要先行就有关事宜与相关各参建单位提前沟通斡旋，及时化解矛盾和消除分歧。⑦针对招标文件要实施“版本控制”，通过“初稿”“成熟稿”和“发售稿”依次形成过程，使得文件得以丰富完善。⑧强化针对各参建单位的履约评价，重点是对施工总承包、设计及监理单位的评价，将暂估价招标推进和管理成效作为重要评价要素，将招标进程及实施效果与各参建单位价款支付关联，采用经济手段驱动各参建单位推进招标进程。

确保暂估价招标快速推进需要一系列行之有效的方法和整套的措施。招标进程顺利与否及推进成效是否显著直接反映了建设项目管理水平，也暴露出项目管理的不足，工程人员应持续探索更加有效的招标管理方法，强化对包括施工总承包单位在内的各参建单位履约管理。暂估价招标顺利开展是建设项目科学管理的重要标志，也是建设项目招标管理走向成功的必经之路。

9.8 建设项目履约评价

建设项目履约评价依照建设项目管理要求及合同内容，由建设单位组织和发起的，各参建单位依据合同体系和管理关系，由甲方针对乙方履约情况组织开展的评价。作为履约状况的考量，是项目管理最直接有效的手段之一。构建内容全面、内涵丰富、体现全过程管理思想的合同条件是开展履约评价的前提。通过评价机制，对参建单位形成有效的管理约束力。通过在评价过程中实施违约责任追偿将大幅改善参建单位的履约质量，从而确保项目建设目标的实现。在实践中，不少项目并未实施履约评价，不乏有些项目长期陷入履约不畅、管理失控、实施效果不佳的困境，因此有必要立足项目建设管理关系，明确履约评价内容与流程，全面构建建设项目履约评价体系。

9.8.1 履约评价机制

1.履约评价关系

在我国现行建设法律法规体系以及由此形成的工程建设主体管理关系基础上，通过合同缔约明确各参建单位在建设中的具体权利、义务与责任，从而全面确立建设项目履约评价关系。它是法律法规要求、工程建设管理体制、合同关系、项目管理制度体系的体现。有关一般建设项目履约评价关系如图9.8.1所示。

在履约评价关系中，建设单位处于评价体系的顶端，而施工分包单位则位于底端。建设单位具备对监理单位及施工总承包单位直接实施履约评价的权利。若将项目管理咨询机构责权利在建设单位分别与监理单位和施工总承包单位签订的合同中体现，在授权条件下项目管理咨询机构可直接对施工单位实施履约评价。

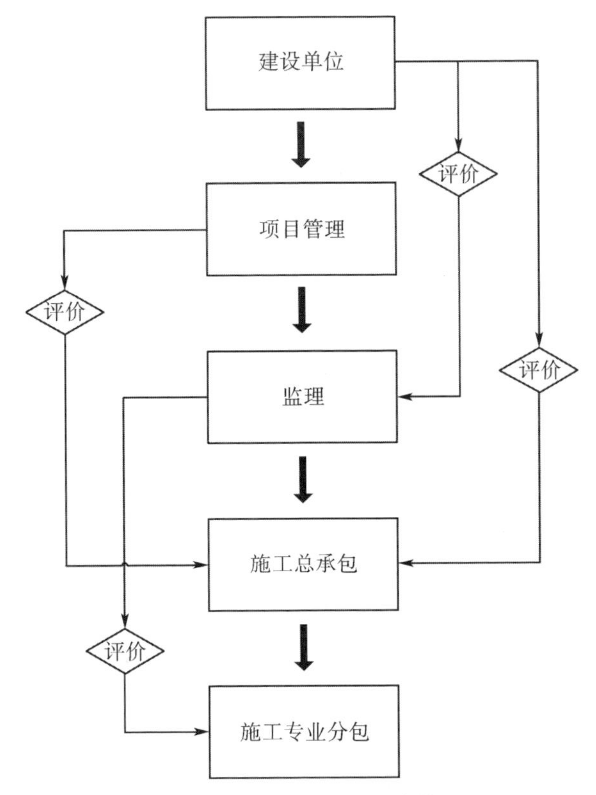

图9.8.1　建设项目履约评价关系图

2.履约评价制度

履约评价内容应以合同条件为基础，并结合项目实施目标及全过程管理要求确定。履约评价方法及规则均应包含在招标文件合同条件中。将对于评价的有关要求事项纳入合同条件，其本身应作为履约单位的合同义务或权利之一，并根据评价结果对违约责任进行认定。**履约评价需要和违约条款关联对应并保持一致，依据评价过程中形成的违约责任认定情况开展违约追偿。必要时应将评价结果与工程款支付或履约担保扣除关联，从而进一步对被评价单位形成经济约束力。**在缔约过程中，利用好招标活动竞争性特征，使得中标单位对项目履约评价制度做出承诺。在实施中亦可单独对项目具体情况订立详尽的履约评价细则。在实施过程中，应周期性地开展评价并合理安排评价周期。一般来说，对施工总承包单位的评价频率较高。针对监理单位与项目管理咨询机构则评价频率相对较低。根据不同项目及不同实施阶段需要，可适当调整评价频率，评价时点应与价款支付时点保持一致。此外，为使评价更具针对性和系统性，还可组织项目前期、中期及后期分阶段评价等。在评价中，无论客观还是主观评价均应以充分证据为依据，力求做到尊重事实、客观公正。

在实践中，应结合评价初步结果与被评价单位适当沟通。一方面旨在公开、透明地向被评价单位说明评价情况，核实评价结果，检查结果的准确性，听取被评价单位意见。另一方面，敦促被评价单位进行履约改进，提高履约质量水平，结合被评价单位意见对评价结果进行确认。凭借评价中有关被评价单位违约责任实施追责。然而追责并非目的，旨在谋求履约状况的改良。由于项目环境条件、过程管理要求以及履约状况等不断变化，履约评价是动态的，要不断改进和完善评价方法，持续开展新评价。有关履约评价步骤详见图9.8.2。

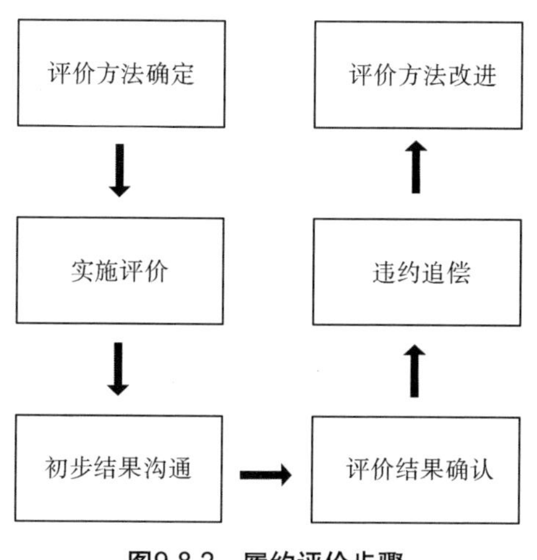

图9.8.2　履约评价步骤

3.履约评价方法

由于各参建单位实施履约评价在人员能力水平以及评价内容方面存在差异，在评价方法选用上应简明统一。在实践中，“百分制法”是常用的评价方法。该方法主要通过对事先设置的各类评价要素进行评分，并将评价分值汇总至百分。该方法既考虑了对各分项要素的评价，又形成了总体评价结果，使评价分值充分与主客观因素结合。一般来说，百分制法中涉及的评价要素种类多，需从多个专业角度设置评价因素，并由项目管理团队各专业人员协同完成。履约评价要素选择和评审内容应沿着项目三维度管理领域展开，唯有此才能确保评价更加系统。有必要结合项目实施的不同阶段、不同方面实施专项评价。

9.8.2 履约评价内容

履约评价反映了主体维度中管理协同的思想，以针对各参建单位管理思路为依据。由于设计、监理、施工总承包是极其重要的参建单位，在项目构建履约机制的建设中，首先应对上述单位实施履约评价。

1.设计单位履约评价

对项目设计单位按照总承包模式进行管理，考虑设计单位与建设单位针对项目管理的密切协同，对设计单位的评价内容应主要包括：人员配置总体情况、设计成果编制、管理配合服务、驻场人员工作情况、限额设计执行、设计分包管理以及工程变更管理情况等，有关一般房建项目设计单位履约评价内容详见表9.8.1。

一般房建项目设计单位履约评价主要内容范例　　表9.8.1

序号	评价事项	分值	具体内容
一	人员配置及工作（满分15分）		
1	人员数量与质量情况	3	投入设计单位人员数量和质量符合合同要求，严格按照不低于投标承诺的标准拟派人员组建团队，开展设计工作。投入的设计单位人员能够满足设计工作的实际需要。人员调整经委托方认可，且替换调整的人员资格不低于招标阶段对设计单位人员规定的最低要求
2	人员专业配置情况	3	人员专业配置符合合同要求，严格按照不低于投标承诺的标准拟派专业人员。人员专业配置能够满足设计工作需要，配置科学合理
3	设计负责人基本情况	3	表现出较强的责任心、发挥出良好的组织协调能力和专业化水平。能够率领设计团队完成本项目相关工作任务
4	设计单位人员总体工作情况	3	具有较好的服务态度和良好的专业素质表现；能够随时接受合同委托人及其委托的项目管理单位开展的工作情况检查。具有较高的工作效率和较高的工作质量。本项目工作强度科学合理，能够完成急迫任务需要以及本项目各项工作要求
5	设计配合服务人员工作情况	3	能够安排一定数量的设计单位人员为本项目各项项目管理工作提供配合服务，人员具有良好的服务态度、较强的综合协调与沟通能力，具备一定的专业水平，能够高效率开展配合服务工作，能够达到委托人及其委托的项目管理单位的认可

续表

序号	评价事项	分值	具体内容
二	设计成果编制（满分20分）		
6	设计成果质量	4	提交的设计成果质量符合合同相关要求，具有较高的完整性，内容全面、准确；各项设计要素齐备、相关描述翔实；设计成果满足法律、法规，行业标准的相关要求，满足各项使用功能需求。设计成果科学、合理，具有较强的适用性，便于工程实施过程与管理需要
7	设计成果形式	4	提交的设计成果形式规范、标准；成果数量符合合同约定及工程管理的各项需要；设计成果的标签、签章清晰、完整，合法有效
8	设计成果的深度与范围	4	提交的设计成果深度符合合同相关要求，达到或超过了开展本工程相关其他工作所需的前置条件要求，如招标要求、施工要求、工程量计量要求等；设计范围准确合理，满足合同要求。具有一定的范围管理方法，设计成果范围边界清晰
9	设计成果专业性	4	设计成果表现出较强的专业性，全面满足建筑各专业需要，成果呈现出规范、统一、一致等专业性特征
10	设计成果提交进度	4	设计成果提交进度能够满足工程各项管理及实施工作的需要，设计工作效率高，成果提交、修改、反馈及时。具有设计进度管理手段与方法，能够按照计划提交设计成果，设计成果进度提交能够满足合同要求
三	项目管理配合（满分20分）		
11	设计对项目建设手续办理的配合情况	5	能够配合项目实施过程中各项建设手续相关工作，为建设手续办理提供必要的前置条件，辅助性技术支持，提供必要的技术咨询服务，提出相关意见或建议，满足合同中关于设计配合服务的相关要求，并能够表现出积极的配合服务态度
12	对招标管理配合服务情况	5	能够配合项目实施中有关招标代理、招标管理相关工作。为招标工作提供所需的一切必要技术性前置条件。积极参与可能涉及设计工作的各项招标工作会议，满足合同中关于招标工作配合服务的相关要求，并能够表现出积极的配合服务态度
13	对造价管理配合服务情况	5	能够配合项目实施中有关工程造价管理相关工作。为造价咨询工作提供所需的一切必要前置条件。积极参与可能涉及设计工作的各项造价管理工作会议，满足合同中关于造价管理工作配合服务的相关要求，并能够表现出积极的配合服务态度
14	对现场配合服务	5	能够配合项目实施中有关工程现场管理各项工作，例如耐心细致地开展图纸交底等。为工程现场管理工作提供所需的一切必要前置条件。积极参与可能涉及设计工作的各项现场管理工作会议，满足合同中关于现场管理工作配合服务的相关要求，并能够表现出积极的配合服务态度

续表

序号	评价事项	分值	具体内容
四	驻场人员工作（满分15分）		
15	驻场人员考勤情况	5	项目驻场人员，每周工地现场时间不少于5d，每天不少于8h，每日上午9时前须到岗
16	设计驻场人员工作情况	5	投入设计驻场人员数量、资格等情况符合合同要求，严格按照不低于投标承诺标准拟派驻场人员，驻场人员专业齐备，表现出良好的专业水平与素养，具备勤恳的工作态度，具有较强的综合协调能力和现场服务能力。未经许可不得随意调换驻场人员
17	驻场人员配合服务情况	5	能够为现场各项管理工作提供配合服务与支持，积极参加各类现场工作例会，组织各项协调工作，能够取得良好成效
五	限额设计执行（满分10分）		
18	限额设计工作方法	2	具有限额设计工作方法，并在限额设计过程中广泛应用，包括制定限额设计工作计划、限额设计工作机制、限额设计依据、限额设计具体措施与手段等，工作方法科学、实用，能够灵活运用相关方法
19	限额设计要求落实情况	3	能够积极按照合同履行限额设计相关约定，积极落实委托人及其委托的项目管理咨询机构提出的有关限额设计要求
20	限额设计效果	2	限额设计能够取得良好效果包括但不限于不突破本项目投资行政许可文件相关要求，广泛开展技术经济分析，并取得明显优化效果等
21	经济文件编制	3	积极开展初步设计概算、工程量清单、招标控制价文件、变更预算文件的编制工作；编制过程充分运用限额设计相关思想，能够与设计成果高度融合。经济文件编制成果质量高内容全面、准确，编制效率高，全面满足工程需要与项目管理各项要求
六	设计分包管理（满分10分）		
22	分包设计成果	6	分包设计成果准确、完整、科学合理；成果形式规范；成果提交进度、数量符合项目需要。分包设计成果质量、范围、深度均符合项目管理要求与需要；分包设计成果标签、签章清晰、完整合法有效
23	分包设计管理	4	具有分包设计管理方案与计划，并按计划执行取得一定成效；具有较强的分包管理协调能力；分包设计工作效率高；强制分包内容的分包过程组织科学、合理
七	设计变更管理（满分10分）		
24	设计变更成果与工作效率	3	设计变更成果具有较高质量，变更程序严谨、依据性强；变更设计周期短、效率高，积极组织或参与变更专家论证，确保变更过程科学性和合理性

续表

序号	评价事项	分值	具体内容
25	变更控制	3	设计单位能够对工程变更实施控制，避免发生由于自身工作原因造成产生设计变更的情况，能够遇见有关风险，削减设计变更数量
26	变更效果	4	设计变更成果科学合理、变更效果显著，充分结合限额设计有关思想，有效节约工程投资，设计风险得到有效控制

2.施工总承包单位履约评价

监理单位是对施工总承包单位实施评价的主体，施工总承包单位评价内容确定同样应首先考虑建设单位或项目管理咨询机构的全过程管理要求，并以监理服务内容为侧重点，首先将监理规范、监理大纲及监理要求纳入评价范围，着重评价工作组织与管理配合。有关一般房建项目施工总承包单位履约评价要素详见表9.8.2。

一般房建项目施工总承包单位履约评价要素一览表　　表9.8.2

序号	评价事项	具体评价要素
一	人员配置与工作	
1	项目经理	考勤状况；沟通与协调能力；工作态度；执行力；重点、难点问题协调处置能力；项目综合管理能力；专业技术能力；工作效率与质量；资格条件与投标文件偏差
2	主要管理人员	
3	工程作业人员	
4	人员投入水平	与投标文件符合程度；人员组织方案合理性；人员组织的动态调整；人员变更审批程序履行；人员分工与资源投入的合理性
二	施工过程管理	
5	机械设备	机械设备进出场及施工组织；机械设备投入与投标文件偏差；机械设备性能水平
6	材料备料	材料备料组织；材料备料质量水平
7	施工质量	施工组织设计合理性；工程验收通过率；施工质量等级
8	安全施工	工程安全事故发生概率；施工安全隐患概率；安全施工保护措施；安全施工预防措施；施工安全预案；安全管理与投标文件偏差
9	文明施工	非文明施工事件发生概率；文明施工措施与投标文件偏差
10	应急事件	应急预案；应急事件演练；应急事件处置能力
11	施工工期控制	总体及阶段性工期计划编制科学性与合理性；工期计划的动态调整；工期控制措施及科学合理性；阶段性工期控制；总工期控制；面对突发事件的工期控制应急及工期延误风险控制；工期延误的补救

续表

序号	评价事项	具体评价要素
12	招标进度控制	招标工作计划编制科学性与合理性；招标工作计划调整；工程招标总体进度保障措施与控制；工程分项招标进度保障措施与控制
13	招标前期工作进度	招标必要前置条件准备；招标准备工作的积极性与态度；招标准备工作计划与效果
14	施工组织	施工组织方案科学性与合理性；施工组织方案调整
15	分包单位	分包单位资质合法性与水平；分包单位资格条件变更管理
16	工程材料	新材料、新工艺认证、适用性及质量标准符合度；工程材料、设备构配件质量
17	施工过程	关键工序、关键部位、隐蔽工程等工程质量；质量问题的整改；返工处理与结构补强；质量事故
18	验收与检查	单位工程验收准备；单位工程验收；验收问题的整改
19	工程变更	工程变更申请提出的合理性；工程变更费用估算申报合理性；工期变更对工期影响估算合理性；涉及工程文件修改过程的配合服务；对工程变更工作的配合
三	施工技术管理	
20	技术实力	技术问题处置能力；施工设计能力；技术研究能力；技术工作群组织能力；技术经济分析能力
21	二次深化设计	深化设计组织协调能力；深化自身设计能力；深化设计管理水平；深化设计技术经济分析能力；深化设计优化能力；深化设计内容、范围、深度管控
22	BIM管理	BIM成果输出；BIM管理方案与实施；BIM辅助管理水平；BIM开发与运行环境的兼容性；BIM服务与培训
23	档案资料管理	档案资料完整性；资料准确性；资料合法合规性；资料管理服务水平；资料时效性
四	施工商务管理	
24	合同管理	合约事项沟通与协调；合约规划要求落实；合同缔约过程组织能力；合约文件编制质量；合同管理过程规范性；合同谈判过程；合同行政备案；合同争议与纠纷
25	招标管理	招标总体工作计划编制与落实；具体合同段招标工作方案编制与落实；项目整体招标管理规划落实；招标活动组织能力与水平；招标事项协调能力与水平；招标重点、难点问题处置能力与水平；招标工作质量与效果；招标组织过程对全过程管理要求的落实
26	招标过程文件编制水平	招标过程文件编制效率；文件内容科学性与准确性；文件内容错误率；文件内容的项目针对性；招标范围完整性与准确性；招标界面科学性与合理性；过程文件确认过程及签章等手续组织能力

续表

序号	评价事项	具体评价要素
27	招标协调管理	与各参建单位的协调能力；与行政主管部门的协调能力；招标管理协调经验与水平；招标过程各文件关系事项的协调
28	造价文件编制水平	造价文件编制的准确性与完整性；造价文件编制效率；文件内容的真实性；文件内容市场价格水平符合度；文件编制错误率及质量；造价文件编制的合法、合规性；计费计算过程科学性、合理性、合法性；造价文件编制依据性水平；造价文件确认过程、签章手续组织与协调
29	价款谈判过程	价款谈判过程组织能力；价款谈判沟通与协商；费用索赔申请及合理性；工期索赔申请及合理性
30	工程计量	变更工程内容审批；擅自分包的；计量申请的提出与计量准备；计量审批过程组织；实际与计划完成量差异
31	工程认价	认质认价准备；认质认价资料的申报；认质认价过程组织；报价合理性；认价审批执行
32	资金支付结算	建设单位投资计划或项目管理规划要求落实；资金支付准备；资金支付申报材料准确性与合理性；资金支付审批执行；资金支付流程的组织；分包工程价款支付；项目造价专项计划的执行
五	管理配合服务	
33	协调配合	招标工作协调会参会及会议组织；与各方协调与配合；与政府相关主管部门沟通协调；对项目管理咨询机构全过程管理的配合；对监理单位监理工作的配合；对参建管理单位各类管理事项的响应周期与落实程度；工作诚信与服务意识
34	配合服务	总承包配合服务主动性；总承包配合服务质量；配合服务义务与责任的落实；配合服务费用合理性
35	分包管理	自行施工内容分包管理水平与质量；暂估价内容分包管理水平与质量
36	异常事件管理	负面舆论事件发生；环境干扰因素排除；工程款纠纷事件发生；项目宣传管理
37	合同义务履行	合同各类义务履行；合同履约总体质量与效果；投标承诺兑现与效果
38	其他	廉洁从业；项目保密；工程制度执行；工作纪律

3.监理单位履约评价

项目管理咨询机构是对监理单位实施履约评价的主体，监理单位履约评价内容确定应以项目管理规划及全过程管理要求为重点，侧重评价监理大纲执行和项目管理要求落实情况。在实践中，应加强监理单位在工程造价、进度控制、招标与合同管理能力评价和施工总承包单位分包管理评价等。有关一般房建项目监理单位履约评价要素详见表9.8.3。

一般房建项目监理单位履约评价要素一览表　　表9.8.3

序号	评价事项	具体评价要素
一	人员设备配置	
1	项目总监	考勤状况；沟通与协调能力；工作态度；执行力；重点、难点问题协调处置能力；项目综合管理能力；专业技术能力；工作效率与质量；资格条件与投标文件偏差
2	主要管理人员	
3	专业人员	
4	人员投入水平	与投标文件符合程度；人员组织方案合理性；人员组织的动态调整；人员变更审批程序履行；人员分工与资源投入的合理性
二	安全与质量控制	
5	安全生产管理	建设单位关于管理要求落实；相关法律法规要求落实；责任承担；管理方法与控制要点编制及落实；对施工单位管理过程监管；应急事件与处置；管理目标实现
6	工程质量管理	
7	工程试验控制	试验检测频率；试验全过程旁站与记录；对承包人申报的工艺（标准）试验复核；试验过程及数据真实性
8	工程验收控制	工程验收实测实量、验收依据及问题记录，验收问题上报；工程质量评定；验收后质量；擅自降低质量标准以次充优、质量抽检验收出错而与建设单位抽检结果差异；验收错误，损害建设单位利益
9	设计管理配合	设计成果文件落实；良好的建议与措施提出；设计优化工作群组织与配合
三	进度控制	
10	进度控制	建设单位工程进度要求落实；进度控制措施及方案合理性；阶段性进度控制；总体进度控制
11	招标进度控制	建设单位工程进度要求落实；招标进度计划编制科学性与合理性；分项招标进度控制；招标总体进度控制；招标进度计划调整措施科学性与合理性
四	造价控制	
12	价款谈判过程	价款谈判过程组织能力；价款谈判沟通与协商；费用及工期索赔审核
13	工程计量支付管理	工程计量及时性与准确性；图纸差异下工程量核算；工程量审核；价款支付组织；价款支付程序执行；实际与计划完成量差异；建设单位投资计划或项目管理规划要求落实
14	工程变更、价款审核	变更估算的审核；工程变更工程量的审核；变更价款优化意见或要求落实；工程价款审核及时性与准确性
15	认质与认价	认质认价准备；认质认价资料审核；认质认价过程组织；审核效果合理性
五	招标合约管理	
16	招标管理	招标总体工作计划编制与落实；具体合同段招标工作方案编制与落实；项目整体招标管理规划落实；招标活动管理能力与水平；招标事项协调能力与水平；招标重点、难点问题处置能力与水平；招标管理工作质量与效果；招标组织过程对全过程管理要求的落实

续表

序号	评价事项	具体评价要素
17	合同管理	合约事项沟通与协调；合约规划、监理合同、监理大纲等要求落实；合同缔约过程管理能力；合约文件编审质量；合同管理过程规范性；合同谈判过程；合同行政备案管理；合同争议与纠纷管理
18	招标过程文件审核	招标过程文件审核效率；经审核文件的科学性与准确性；经审核文件的错误率；经审核文件内容的针对性；经审核招标文件范围完整性与准确性；经审核文件招标范围界面科学性与合理性；过程文件确认过程及签章等手续组织能力
六	现场协调与监管体系协同配合	
19	资料管理	监理过程记录；档案资料完整性；资料准确性；资料合法合规性；资料管理服务水平；资料时效性
20	专项方案	专业方案编制科学合理性；专业方案落实；专项方案的调整与执行
21	协调配合	与建设单位及项目管理咨询机构配合服务；对相关其他单位协调与配合；与主管部门协调与配合
22	其他	廉洁从业；项目保密；工程制度执行；工作纪律；其他服务；服从建设单位或项目管理咨询机构管理

4.施工分包单位履约评价

施工总承包单位是对专业分包单位开展评价的主体。施工总承包单位实施分包的工程内容总体上分为经投标竞价的清单内容和未经投标竞价的暂估价内容两部分。对经投标竞价工程内容分包单位的履约评价由施工总承包单位独立完成，建设单位、项目管理咨询机构及监理单位仅对该类内容分包结果确认。由于暂估价内容自始至终曾参与投标竞争，因此，对于暂估价内容的确认则在分包缔约阶段开始介入，从而使得暂估价内容分包管理进一步强化。因此，施工总承包单位对于上述两类分包单位履约评价应区别实施。针对两类分包专业承包单位履约评价区别详见表9.8.4。

一般房建项目专业承包单位履约评价区别一览表　　表9.8.4

差异项目	一类施工承包单位评价	说明与补充	二类施工承包单位评价	说明与补充
其他评价参与方	无	自身评价	建设单位、项目管理咨询机构、监理单位	三方监督评价过程，多方参与评价，反映出建设单位开展分包工作确认的具体环节

续表

差异项目	一类施工承包单位评价	说明与补充	二类施工承包单位评价	说明与补充
评价过程	自行开展	无	向监理单位征询评价意见或由监理单位进一步逐级征询意见	三方有权提出评价意见，或仅由监理单位提出，建设单位只对最终结果确认
评价结果确认	自身确认	无	监理单位、项目管理咨询机构、建设单位对评价结果确认	三方逐级确认评价结果
评价内容与评价方法提出	自行提出，在不违背自身利益的基础上，提出分包管理要求	无	由总承包单位提出各方一致认可的评价内容或方法，其中不得损害建设单位、项目管理咨询机构以及监理单位利益，且包含各管理方要求	逐级听取意见并逐级落实三方管理要求
评价取证	自行取证	无	施工总承包单位在评价过程中，针对评价内容进行取证	取证情况报送监理单位，建设单位等有权对取证过程及相关材料提出意见，或由监理单位进一步逐级上报取证材料
评价重点	分包合同相关内容以及施工总承包方管理要求的落实情况	仅由施工总承包单位自行检查	对于监理管理要求、项目全过程管理要求以及建设单位相关要求落实情况	在评价过程征询意见环节，各管理方检查相关要求落实情况
评价细则制定	招标或分包合同缔约签订过程中	由施工总承包单位制定	招标或分包合同缔约签订过程中	由建设单位、项目管理咨询机构、监理单位以及总承包单位联合制定。一般由总承包单位逐级上报，各单位提出相关意见
违约责任及追偿	自行判定违约责任并追偿	由施工总承包单位独立实施	多方判定违约责任，并均通过施工总承包单位追偿；建设单位等管理方可保留直接追偿权利；针对各自利益损害的追偿款项则分别返还各方	除构成直接损害施工总承包利益构成违约情况外，还可能构成对各管理方利益并构成合同违约；建设单位等对总承包追责过程进行监督

在建设项目实施过程中，履约评价机制的建立是十分必要的，评价过程是对合同权利、义务、责任履行的监督过程。履约评价机制建立是合约规划实现的重要标志，也是确保项目管理要求落实及工程顺利实施的重要手段，更是确

保建设制度、法律体系及合同条件有机融合的措施。工程人员应针对项目特点深入探索适用的评价因素，站在全过程管理角度，实施有差别化的履约评价，不断提升建设项目商务管理水平，以确保工程招标取得成效。

9.9 案例分析

案例一 多标段招标活动组织

案例背景

某政府投资大型复杂公共服务类建设项目，总投资约人民币14亿元。由于项目建设规模大，招标人决定将项目分为两个施工合同标段并同步组织招标活动。其中一标段投资规模约9亿元，二标段约5亿元。施工总承包招标公告要求，当同一投标人同时取得两标段的第一中标候选资格时，招标人只接受中标其中一个标段。为同步推进两标段招标，经招标代理机构精心组织，两标段施工总承包同步发布招标公告、同步开展资格预审以及同步发售招标文件。虽然两标段建设体量不均衡、投资规模差异大，但在招标组织中，两标段参与报名的施工企业数量接近。可是由于一标段规模大，其投标竞争性明显高于二标段。招标代理机构在同一天同步组织两标段开标会，上午二标段开标进展顺利，但在当日下午举行的一标段开标会中,投标人A和B就密封情况相互指责，并对招标文件中关于投标文件密封情况的约定提出异议，造成一标段招标活动被迫暂停。次日，招标代理机构组织开展了二标段评标活动，评标结果为A是第一中标候选人，而后招标人确定A为中标单位，并通知A领取中标通知书。但由于一标段异议处理尚未结束，评标活动也未能如期进行，导致A在领取中标通知书时心存顾虑。于是A致函招标人，希望待一标段中标候选人公示后再决定是否领取二标段中标通知书。

案例问题

问题1：多标段招标条件下，招标代理机构应该如何使招标组织更加科学？

问题2：当项目划分多个标段时，什么样的标段划分方法更加科学合理？

问题3：A致函希望延迟领取二标段中标通知书，反映出多标段招标组织中出现了什么问题？

问题解析

问题1：多标段招标条件下，当被划分标段规模不均等时，或某些标的明显更具竞争性优势时，给多标段招标带来难度。此时，招标代理机构应就定标规则在多标段各招标文件中载明，并统筹安排招标活动组织时序。案例中，考虑到两个标段规模差异，原则上应先行推进规模较大体量即一标段的招标活动，如果时间允许，在一标段招标结束后再组织开展二标段招标，这有利于降低同步组织招标的难度，错开时序招标也有利于及时总结问题，为后续标段招标扫清障碍。

问题2：当项目被划分多个标段时，应尽量确保各标段建设体量与规模保持均衡，力争使得各标段对投标人的吸引力和投标竞争保持均衡，这有利于避免多标段招标过程中各标段缔约相互干扰。

问题3：投标人A致函招标人等待招标人针对一标段的中标候选结果，其核心目的是不希望放过一标段中标的机会。假设案例中一标段同样是A作为第一中标候选人时，则其必然会放弃二标段中标资格而领取一标段中标通知书，从而出现A在两标段中选择投资规模较大的优质标的中标资格的情形，在一定程度上违背了招投标活动优选理念的初衷和《招标投标法》的立法宗旨。因此，多标段招标条件下应尽量避免案例情形的发生。

案例二　暂估价内容招标人评标代表拟派

案例背景

某大型复杂工艺厂房建设项目，资金来源为政府投资，项目采用代建模式。代建单位为专业项目管理咨询机构，建设单位同时也是使用人。项目分两施工总承包标段组织实施，其中，一标段建设体量大，二标段建设体量小。两标段分别安排了内容相同的暂估价内容，并采用联合招标方式组织招标，由一标段施工总承包单位担任联合招标牵头人。在针对某暂估价专业工程招标中，建设单位、代建单位、各标段施工总承包单位在评标代表拟派问题上产生了分歧。建设单位认为，自己作为使用人和项目法人，有拟派评标代表的权利。代建单位则认为，自身作为实际建设组织主体，也应具有拟派的权利。而一标段施工总承包单位认为自己是招标牵头人应由其拟派评标代表，但不希望建设单位及代建单位拟派，且希望自己在拟派名额数量上应优于联合招标其他招标人主体。最终，建设单位书面向各参建单位致函提出拟派方案，并强硬要求各施工总承包单位执行，各参建单位均只得拟派一名代表，即共计4名招标人评标代表，并随机抽取了5名社会专家，形成“5+4”的评标委员会组成方案。

案例问题

问题1：各参建单位针对拟派评标代表的意见分歧，谁的意见更合理？

问题2：建设单位提出的评标代表拟派方案是否科学？

问题3：建设单位向各参建单位致函并强制要求按其方案拟派评标代表的行为是否合法？

问题解析

问题1：案例各参建单位关于拟派评标代表的分歧中，各单位坚持的拟派意见均具有本位色彩，均没有站在项目实施的整体角度考虑，各自的意见均不正确。

问题2：建设单位提出的拟派方案不合理，在施工总承包单位组织的暂估价招标中，虽然建设单位具有拟派权利，但由于本项目实施代建制，有必要就拟派问题与代建单位进行协商。科学的做法是，对于未来与项目使用功能密切相关的暂估价内容的评标活动建议由建设单位拟派代表，而针对建筑基本功能暂估价内容评标活动则可由代建单位拟派代表。即使两个施工总承包标段体量不等，但如果不是相差太大，则两标段拟派代表数量应保持对等。本案例可形成“6+3”拟派方案，其中6名是随机抽取的社会专家，剩余3名中的1名是建设单位或代建单位评标代表，其余2名是施工总承包单位评标代表。

问题3：建设单位致函各参建单位并强制要求各方按其意见拟派的行为是不合法的。对于暂估价招标活动，施工总承包单位是招标人，有关招标方案应由招标人提出，建设单位具有对过程文件以及施工总承包单位分包确认的权利，拟派代表方案应由各方根据意见充分协商，最终方案应由施工总承包单位提出，并由建设单位最终确认后实施。案例中，应由施工总承包单位就拟派方案分别向代建单位和建设单位请示。可进一步针对项目所有暂估价招标活动形成统一拟派方案，并将方案统一上报行政主管部门并经监管审查后实施，以便为后期评标委员会组建及评标代表备案监管创造条件。

案例三　有效利用投标担保机制

案例背景

某大型城市道路两侧户外公告点位特许经营权招标出让项目，两条道路两侧共涉及十多个户外广告点位。因此，项目分两批次组织招标，且每条道路的每个点位为一个标段。由于道路所处区位优势和特色差异，标段竞争性不同。该项目潜在投标人多为从事广告传媒服务且缺乏投标经验的民营企业。由于时间紧迫，招标人委托招标代理机构组织招标，并要求两批次招标活动同步进行且力争尽快完成。招标公告要求当同一投标人具备两个及以上标段中标资格时，仅限定最多中标两个标段。招标过程中，由于报名的潜在投标人数量有限，有些点位有多家投标人报名，有些则仅有少量报名。投标人根据招标文件要求，均按时提交了每标段人民币5万元的投标担保。两批次招标活动评标结果显示：除有少量几个标段未产生中标候选人外，多个标段同为少量几家具备实力的投标人被评为第一中标候选人。其中，同时获取多个标段第一候选人资格的A为获取优质标段的中标资格，待建设单位向其发出中标通知意向时，提交放弃中标资格的书面函件。而已经领取M标段中标通知书的投标人B，见作为第一候选人的投标人A放弃了中标资格，而其作为第二候选人，希望获得被A放弃标段的中标资格，于是向招标人致函放弃M标段中标资格。这一情形一度给招标人多标段定标造成严重影响。为有效遏制投标人策略性放弃中标资格的现象，招标人决定启动扣除投标保证金机制。最终，项目定标艰难完成，共计扣除10家单位、涉及10多个标段共计人民币200多万元的投标担保。

案例问题

问题1：多标段招标活动应注意什么？

问题2：投保担保机制发挥什么作用？案例中的做法是否有改进余地？

问题解析

问题1：有必要将多标段定标规则写入招标文件，错开时间避免同步开展招标活动，尽量将标段划分均匀，尤其避免标段标之间较大的竞争差异。当确实各标段无法做到均衡划分时，应先组织竞争性较强标段的招标活动。

问题2：投标担保机制在多标段招标条件下，遏制投标人策略性放弃中标资格，以及避免干扰招标活动情形发挥了重要作用。案例中，显然应根据标段竞争性差异灵活应用投标担保机制，可考虑针对竞争性强的优质标段要求投标人提交更高额度的投标担保。

案例四　把握联合招标管理思路

案例背景

某大型复杂公建项目，被划分为两个施工总承包标段，两标段建设体量并不相同，其中一标段建设规模体量较大，二标段建设规模体量较小。两个标段均设置数量和内容雷同的暂估价内容。建设单位聘请专业项目管理咨询机构对项目全过程实施监管，其组织针对两标段开展施工总承包招标时就提议两个施工总承包单位组成联合招标人，共同对两标段所有暂估价内容实施招标。同时，将两个施工总承包单位联合招标协议中有关联合招标牵头人设置及管理要求纳入施工总承包合同条件。后期，两标段施工总承包单位共同组成联合招标人，顺利开展了各项暂估价招标活动。

案例问题

问题1：联合招标牵头人应该由施工总承包单位哪方担任更合理？

问题2：大型复杂公建项目推行联合招标方式有什么好处？

问题3：实施联合招标模式应该注意什么问题？

问题解析

问题1：联合招标应该由标段标的建设体量较大一方的施工总承包单位作为牵头人，这是由于体量较大标段其对应暂估价内容体量也往往较大，其对于组织暂估价分包招标的责任和权利相对较大。更重要的是，在实践中考虑到建设体量较大的标段其建设进度较为缓慢，因此，通过赋予其牵头压力，将在一定程度上平衡和带动项目整体建设进程。

问题2：联合招标模式将提升项目整体分包效率，使项目整体计量计价结果得以统一，满足了专业工程实施的系统性要求，使得两标段中各专业工程得到良好衔接，提升了建设管理品质。此外，联合招标也节约了管理协调工作量，增强了施工总承包单位之间协同成效，化解了诸多风险隐患。

问题3：实施联合招标模式最重要的是针对多标段统筹设置相同类型的暂估价内容，将联合招标协议纳入施工总承包合同条件，细化暂估价内容的招标人联合招标的协作要求，项目要针对联合招标进一步明确管理制度流程，包括签章、文件报审及决策流程等。此外，实施联合招标还应形成例会制度，建立协同群组机制，以及就拟派评标代表形成有效方案等。

参考文献

[1] 王革平，吴振全.谈工程咨询行业高质量发展的能力建设[J].中国工程咨询，2020（2）.

[2] 吴振全，王革平.论工程招标活动固有本质与内在特性[J].建筑市场与招标投标，2015（6）.

[3] 吴振全，张建圆.工程招投标活动的突出问题与对策思路[J].招标采购管理，2019（12）.

[4] 吴振全，张建圆.工程建设项目招标文件编审总体思路建议[J].招标采购管理，2020（6）.

[5] 吴振全，刘松桥.医院建设项目设计总承包工作内容与费用计取分析[J].工程经济，2017（12）.

[6] 张建圆，吴振全.工程建设项目暂估价招标文件编审探讨[J].招标采购管理，2018（11）.

[7] 吴振全，张建圆.工程建设项目施工联合招标机制建立[J].中国工程咨询，2017（2）.

[8] 朱迎春，吴振全.浅析工程招标代理项目沟通管理方法与规律[J].中国工程咨询，2021（1）.

[9] 中华人民共和国住房和城乡建设部.建设工程工程量清单计价规范[M].北京:中国计划出版社，2012.

[10] 全国造价工程师执业考试培训教材编审委员会.建设工程计价[M].北京：中国计划出版社，2013.

[11] 孙继德.建设项目的价值工程（第二版）[M].北京：中国建筑工业出版社，2011.

[12] （美）项目管理协会. 项目管理知识体系指南（PMBOK指南）（第六版）[M].北京：电子工业出版社，2018.

[13] 国家发展和改革委员会法规，国务院法制办公室财金司，监察部执法监察司.《中华人民共和国招标投标法实施条例》释义[M].北京：中国计划出版社，2012.

[14] 财政部国库司，财政部政府采购管理办公室，财政部条法司，国务院法制办公室财金司.《中华人民共和国政府采购法实施条例》释义[M].北京：中国财政经济出版社，2015.

[15] 国务院发展研究中心课题组，迈向高质量发展.战略与对策[M]. 北京：中国发展出版社，2017.

[16] 中国招标投标协会，招标采购常见问题汇编—解疑释感400问[M]. 北京：中国计划出版社，2020.

[17] 中国招标投标协会，中国招标投标发展报告（2018版）[M]. 北京：中国计划出版社，2019.

[18] 中国招标投标协会，建设项目全过程工程咨询服务招标文件示范文本[M]. 北京：中国计划出版社，2021.

后　记

十五年前，我刚刚从事工程招标代理咨询工作时便有一个疑问，即“建设单位通过组织怎样的招标活动才能获得想要的中标单位?”那时在我国建设市场交易中，工程招标活动虽然十分活跃，但其程序性导向十分明显。因此，我并不是很清楚建设单位应该做什么，也不了解工程招标在各单项咨询中所处的地位，更不知道中标单位何以为优。

近十年来，我在北京市工程咨询有限公司从事建设项目管理咨询，有幸承担了数个总投资规模在十亿元以上的大型建设项目的商务管理工作。这让我充分体验了政府部门实施行政监管的有效力度，全面感受了建设单位开展项目管理的核心关切，更深刻地体会了参建单位履约服务的艰辛历程，我深切地感受到工程招标在项目建设中大有用武之地。尤其是近年来，更多的项目依托高质量工程招标实现管理策划落地，针对参建单位管理构建基于合同约束力的管控体系，更是让我彻底领略了工程招标非凡的魅力。

近十年来，我无时无刻不被项目问题所困扰，时常经历惊心动魄的业务思想斗争，多次化险为夷，也曾有过在被动局面中陷入绝望。好在深夜里自家书房和周末母校北大的图书馆是僻静之所，在那里，我花费无数的深夜和周末时光把对业务的思考记录下来，并撰写完成了百余篇论文。这些源自实践、指导实践的文章不仅包含了针对工程招标问题的对策，更涵盖了大量的基础性研究与前瞻性思考，形成了较为丰富、系统的观点，是它们进一步赋予我攻坚克难的自信和力量。多年来，我坚持开展行政主管部门组织的政策类课题研究，积极参与相关部门主持的行业标准编制，受邀到全国各地开展交流与演讲活动，这让我大开眼界，提升了审视问题的高度。

本书收录了我百余篇论文中的核心内容，以工程建设领域深化改革为背景，从行政监管、建设管理和咨询服务三个视角，对高质量地实现工程招标组织与管理做了详尽的阐述。深刻地揭示了招标活动的固有本质与内在特征，系统地梳理了发展中存在的主要问题，总结提炼了一定的咨询理论方法。重点突出其在实现建设项目管理策划、推进项目建设中发挥的核心作用，系统地诠释出工程招标丰富的价值内涵，科学回答了全过程项目管理与工程招标的关系问题。

本书是我对工程招标的浅薄认识，供广大读者批评指正。然而，我并不希望读者纠结于书中某一具体内容的对错，更希望能够结合自身所需，在参考本书的基础上总结提炼出更适合读者的思想方法。我也希望本书能够为读者打开一扇思考的窗，以一种全新的视角来看待工程招标问题，以期抛砖引玉，唤起业内更加科学的认知和广泛的共识。

吴振全

2021年5月于北京大学